Ciência com Consciência

Obras do autor pela Bertrand Brasil:

O mundo moderno e a questão judaica

Filhos do céu [coautoria com Michel Casse]

Cultura e barbárie europeias

Meu caminho

Rumo ao abismo?

Edwige, a inseparável

O caminho da esperança [coautoria com Stephane Hessel]

Meus demônios

A religação dos saberes

Amor, poesia, sabedoria

Minha Paris, minha memória

Como viver em tempos de crise?

A via

Conhecimento, ignorância, mistério

É hora de mudarmos de via: lições do coronavírus

Ciência com consciência

Lições de um século de vida

A cabeça bem-feita

Despertemos!

História(s) de vida

Edgar Morin

Ciência com Consciência

Edição revista e modificada pelo Autor

22ª EDIÇÃO

Tradução
Maria D. Alexandre
e
Maria Alice Araripe de Sampaio Doria

Rio de Janeiro | 2024

Copyright © Librairie Arthème Fayard, 1982, para os capítulos I.1, I.3, I.4, I.5, I.7, I.8, I.9, II.2, II.4, II.5, II.6, II.7, II.8, II.9, II.10, II.11.
Copyright © Editions du Seuil, 1990, prefácio e capítulos I.2, I.6, II.1 e II.3.

Título original: *Science avec Conscience*

Capa: projeto gráfico de Simone Villas-Boas

2024
Impresso no Brasil
Printed in Brazil

CIP-Brasil. Catalogação na fonte
Sindicato Nacional dos Editores de Livros, RJ.

M85c 22ª ed.	Morin, Edgar, 1921- Ciência com consciência / Edgar Morin; tradução de Maria D. Alexandre e Maria Alice Araripe de Sampaio Doria. – Ed. revista e modificada pelo autor – 22ª ed. – Rio de Janeiro: Bertrand Brasil, 2024. 350p. Tradução de: Science avec conscience Inclui bibliografia ISBN 978-85-286-0579-2 1. Ciência – Filosofia. 2. Teoria do conhecimento. 3. Ciência. I. Título.
96-1238	CDD – 501 CDU – 50:1

Todos os direitos reservados pela:
EDITORA BERTRAND BRASIL LTDA.
Rua Argentina, 171 – 3º andar – São Cristóvão
20921-380 – Rio de Janeiro – RJ
Tel.: (021) 2585-2000

Não é permitida a reprodução total ou parcial desta obra, por quaisquer meios, sem a prévia autorização por escrito da Editora.

Atendimento e venda direta ao leitor
sac@record.com.br

Sumário

Prefácio 7

PRIMEIRA PARTE
Ciência com Consciência

1. Para a ciência 15
2. O conhecimento do conhecimento científico 37
3. A idéia de progresso do conhecimento 95
4. Epistemologia da tecnologia 107
5. A responsabilidade do pesquisador perante a sociedade e o homem 117
6. Teses sobre a ciência e a ética 125
7. A antiga e a nova transdisciplinaridade 135
8. O erro de subestimar o erro 141
9. Para uma razão aberta 157

SEGUNDA PARTE
Para o Pensamento Complexo

1. O desafio da complexidade 175
2. Ordem, desordem, complexidade 195
3. A inseparabilidade da ordem e da desordem 207
4. O retorno do acontecimento 233
5. O sistema: paradigma ou/e teoria? 257
6. Pode-se conceber uma ciência da autonomia? 277
7. A complexidade biológica ou auto-organização 291
8. Si e *autos* 311
9. *Computo ergo sum* (a noção de sujeito) 323
10. Os mandamentos da complexidade 329
11. Teoria e método 335

Referências *343*

Prefácio

Para esta nova edição, o plano do livro foi modificado, passando a comportar duas partes, a primeira denominada *Ciência com Consciência*, e a segunda, *Para o Pensamento Complexo*. Alguns textos foram suprimidos e substituídos por outros, mais recentes, sobre os mesmos temas e dentro do mesmo espírito. Os textos novos são, na primeira parte, *O conhecimento do conhecimento científico* e *Teses sobre a ciência e a ética*; na segunda parte, *O desafio da complexidade* e *A inseparabilidade da ordem e da desordem*.

Suprimi o prefácio à primeira edição, em que fiz questão de mostrar, com suporte de citações, que já havia enunciado, entre 1958 e 1968, a maior parte de minhas idéias sobre a ciência e a complexidade. Ser contestado, incompreendido, marginalizado causou-me mágoa profunda que, se não foi consolada, adormeceu com o tempo.

Algumas idéias lançadas neste livro, que foram consideradas impertinentes, são atualmente admitidas por um grande número de cientistas, como a do caos organizador. Se a reforma do pensamento científico não chegou ainda ao núcleo paradigmático em que Ordem, Desordem e Organização constituem as noções diretrizes que deixam de se excluir e se tornam dialogi-

8   *Ciência com Consciência*

camente inseparáveis (permanecendo, entretanto, antagônicas), se a noção de caos ainda não é concebida como fonte indistinta de ordem, de desordem e de organização, se a identidade complexa de caos e cosmo, que indiquei no termo *caosmo*, ainda não foi concebida, só nos resta começar a nos engajar, aqui e ali, no caminho que conduz à reforma do pensamento.

Da mesma forma, o termo complexidade já não é mais perseguido na consciência científica. A ciência clássica dissolvia a complexidade aparente dos fenômenos para revelar a simplicidade oculta das imutáveis Leis da Natureza. Atualmente, a complexidade começa a aparecer não como inimigo a ser eliminado, mas como desafio a ser enfatizado. A complexidade permanece ainda, com certeza, uma noção ampla, leve, que guarda a incapacidade de definir e de determinar. É por isso que se trata agora de reconhecer os traços constitutivos do complexo, que não contém apenas diversidade, desordem, aleatoriedade, mas comporta, evidentemente também, suas leis, sua ordem, sua organização. Trata-se, enfim e sobretudo, de transformar o conhecimento da complexidade em pensamento da complexidade.

Não entrarei aqui nesse difícil reconhecimento e definição da complexidade, a que se consagra a segunda parte deste livro. Só quero indicar que, mesmo quando tinha por objetivo único revelar as leis simples que governam o universo e a matéria de que ele é constituído, a ciência apresentava constituição complexa. Ela só vivia em e por uma dialógica de complementaridade e de antagonismo entre empirismo e racionalismo, imaginação e verificação. Desenvolveu-se apenas em e pelo conflito das idéias e das teorias no meio de uma comunidade/sociedade (comunidade porque unida em seus ideais comuns e com a regra verificadora do jogo aceita por seus membros; sociedade porque dividida por antagonismos de todas as ordens, aí compreendidas pessoas e vaidades).

A ciência é igualmente complexa porque é inseparável de seu contexto histórico e social. A ciência moderna só pôde

Ciência com Consciência 9

emergir na efervescência cultural da Renascença, na efervescência econômica, política e social do Ocidente europeu dos séculos 16 e 17. Desde então, ela se associou progressivamente à técnica, tornando-se tecnociência, e progressivamente se introduziu no coração das universidades, das sociedades, das empresas, dos Estados, transformando-os e se deixando transformar, por sua vez, pelo que ela transformava. A ciência não é científica. Sua realidade é multidimensional. Os efeitos da ciência não são simples nem para o melhor, nem para o pior. Eles são profundamente ambivalentes.

Assim, a ciência é, intrínseca, histórica, sociológica e eticamente, complexa. É essa complexidade específica que é preciso reconhecer. A ciência tem necessidade não apenas de um pensamento apto a considerar a complexidade do real, mas desse mesmo pensamento para considerar sua própria complexidade e a complexidade das questões que ela levanta para a humanidade. É dessa complexidade que se afastam os cientistas não apenas burocratizados, mas formados segundo os modelos clássicos do pensamento. Fechados em e por sua disciplina, eles se trancafiam em seu saber parcial, sem duvidar de que só o podem justificar pela idéia geral a mais abstrata, aquela de que é preciso desconfiar das idéias gerais! Eles não podem conceber que as disciplinas se possam coordenar em torno de uma concepção organizadora comum, como foi o caso das ciências da Terra, ou se associar numa disciplina globalizante de um tipo novo, como é o caso, há muito tempo, da ecologia, ou ainda se entrefecundar numa questão ao mesmo tempo crucial e global, como a questão cosmológica, em que as diversas ciências físicas, utilizadas pela astronomia, concorrem para conceber a origem e a natureza de nosso universo.

Esses mesmos espíritos não querem se dar conta de que, contrariamente ao dogma clássico de separação entre ciência e filosofia, as ciências avançadas deste século todas encontraram e reacenderam as questões filosóficas fundamentais (o que é o mundo? a natureza? a vida? o homem? a realidade?) e que os maiores cientistas desde Einstein, Bohr e Heisenberg transformaram-se em filósofos selvagens.

É de esperar que as transformações que começaram a arruinar a concepção clássica de ciência vão continuar em verdadeira metamorfose. O conceito de ciência herdado do século passado não é, como observou Bronowski, nem absoluto, nem eterno. Enquanto os físicos acreditavam, em 1900, que sua ciência suprema estivesse quase completa, essa mesma física começava uma nova aventura, arruinando seus dogmas. A pré-história das ciências não terminou no século 17. A idade pré-histórica da ciência ainda não está morta no fim do século 20. Mas em toda parte, cada vez mais, tende-se a ultrapassar, abrir, englobar as disciplinas, e elas aparecerão, pela ótica da ciência futura, como um momento de sua pré-história. Isso não significa que as distinções, as especializações, as competências devam dissolver-se. Isso significa que um princípio federador e organizador do saber deve impor-se.

Não haverá transformação sem reforma do pensamento, ou seja, revolução nas estruturas do próprio pensamento. O pensamento deve tornar-se complexo.

Ciência com consciência. A palavra consciência tem aqui dois sentidos. O primeiro foi formulado por Rabelais em seu preceito: "Ciência sem consciência é apenas ruína da alma." A consciência de que ele fala é, com certeza, a consciência moral. O preceito rabelaisiano é pré-científico, uma vez que a ciência moderna só se pôde desenvolver em se livrando de qualquer julgamento de valor, obedecendo a uma única ética, a do conhecimento. Mas ele se torna pericientífico, no sentido de que múltiplos e prodigiosos poderes de manipulações e destruições, originários das tecnociências contemporâneas, levantam, apesar de tudo, para o cientista, o cidadão e a

Ciência com Consciência

humanidade inteira a questão do controle ético e político da atividade científica.

O segundo sentido do palavra consciência é intelectual. Trata-se da aptidão auto-reflexiva que é a qualidade-chave da consciência. O pensamento científico é ainda incapaz de se pensar, de pensar sua própria ambivalência e sua própria aventura. A ciência deve reatar com a reflexão filosófica, como a filosofia, cujos moinhos giram vazios por não moer os grãos dos conhecimentos empíricos, deve reatar com as ciências. A ciência deve reatar com a consciência política e ética. O que é um conhecimento que não se pode partilhar, que permanece esotérico e fragmentado, que não se sabe vulgarizar a não ser em se degradando, que comanda o futuro das sociedades sem se comandar, que condena os cidadãos à crescente ignorância dos problemas de seu destino? Como indiquei em meu prefácio de abril de 1982: "Uma ciência empírica privada de reflexão e uma filosofia puramente especulativa são insuficientes, consciência sem ciência e ciência sem consciência são radicalmente mutiladas e mutilantes..."

Atualmente, nos dois sentidos do termo consciência, ciência sem consciência é apenas a ruína do homem. Os dois sentidos da palavra consciência devem entreassociar-se e se associar à ciência, que os deveria englobar: daí o sentido do título *Ciência com Consciência*.

E.M., janeiro de 1990

PRIMEIRA PARTE

Ciência com Consciência

1

Para a ciência

I. A Ciência-Problema

Há três séculos, o conhecimento científico não faz mais do que provar suas virtudes de verificação e de descoberta em relação a todos os outros modos de conhecimento. É o conhecimento vivo que conduz a grande aventura da descoberta do universo, da vida, do homem. Ele trouxe, e de forma singular neste século, fabuloso progresso ao nosso saber. Hoje, podemos medir, pesar, analisar o Sol, avaliar o número de partículas que constituem nosso universo, decifrar a linguagem genética que informa e programa toda organização viva. Esse conhecimento permite extrema precisão em todos os domínios da ação, incluindo a condução de naves espaciais fora da órbita terrestre.

Correlativamente, é evidente que o conhecimento científico determinou progressos técnicos inéditos, tais como a domesticação da energia nuclear e os princípios da engenharia genética. A ciência é, portanto, elucidativa (resolve enigmas, dissipa mistérios), enriquecedora (permite satisfazer necessidades sociais e, assim, desabrochar a civilização); é, de fato, e justamente, conquistadora, triunfante.

E, no entanto, essa ciência elucidativa, enriquecedora, conquistadora e triunfante, apresenta-nos, cada vez mais, problemas graves que se referem ao conhecimento que produz, à ação que determina, à sociedade que transforma. Essa ciência libertadora traz, ao mesmo tempo, possibilidades terríveis de subjugação. Esse conhecimento vivo é o mesmo que produziu a ameaça do aniquilamento da humanidade. Para conceber e compreender esse problema, há que acabar com a tola alternativa da ciência "boa", que só traz benefícios, ou da ciência "má", que só traz prejuízos. Pelo contrário, há que, desde a partida, dispor de pensamento capaz de conceber e de compreender a ambivalência, isto é, a complexidade intrínseca que se encontra no cerne da ciência.

O lado mau

O desenvolvimento científico comporta um certo número de traços "negativos" que são bem conhecidos, mas que, muitas vezes, só aparecem como inconvenientes secundários ou subprodutos menores.

1) O desenvolvimento disciplinar das ciências não traz unicamente as vantagens da divisão do trabalho (isto é, a contribuição das partes especializadas para a coerência de um todo organizador), mas também os inconvenientes da superespecialização: enclausuramento ou fragmentação do saber.

2) Constituiu-se grande desligamento das ciências da natureza daquilo a que se chama prematuramente de ciências do homem. De fato, o ponto de vista das ciências da natureza exclui o espírito e a cultura que produzem essas mesmas ciências, e não chegamos a pensar o estatuto social e históri-

co das ciências naturais. Do ponto de vista das ciências do homem, somos incapazes de nos pensar, nós, seres humanos dotados de espírito e de consciência, enquanto seres vivos biologicamente constituídos.

3) As ciências antropossociais adquirem todos os vícios da especialização sem nenhuma de suas vantagens. Os conceitos molares de homem, de indivíduo, de sociedade, que perpassam várias disciplinas, são de fato triturados ou dilacerados entre elas, sem poder ser reconstituídos pelas tentativas interdisciplinares. Também alguns Diafoirus chegaram a acreditar que sua impotência em dar algum sentido a esses conceitos provava que as idéias de homem, de indivíduo e de sociedade eram ingênuas, ilusórias ou mistificadoras.

4) A tendência para a fragmentação, para a disjunção, para a esoterização do saber científico tem como conseqüência a tendência para o anonimato. Parece que nos aproximamos de uma temível revolução na história do saber, em que ele, deixando de ser pensado, meditado, refletido e discutido por seres humanos, integrado na investigação individual de conhecimento e de sabedoria, se destina cada vez mais a ser acumulado em bancos de dados, para ser, depois, computado por instâncias manipuladoras, o Estado em primeiro lugar.

Não devemos eliminar a hipótese de um neo-obscurantismo generalizado, produzido pelo mesmo movimento das especializações, no qual o próprio especialista torna-se ignorante de tudo aquilo que não concerne a sua disciplina e o não-especialista renuncia prematuramente a toda possibilidade de refletir sobre o mundo, a vida, a sociedade, deixando esse cuidado aos cientistas, que não têm nem tempo, nem meios conceituais para tanto. Situação paradoxal, em que o desenvolvimento do conhecimento instaura a resignação à ignorância e o da ciência significa o crescimento da inconsciência.

5) Enfim, sabemos cada vez mais que o progresso científico produz potencialidades tanto subjugadoras ou mortais quanto benéficas. Desde a já longínqua Hiroxima, sabemos que a energia atômica significa potencialidade suicida para a humanidade; sabemos que, mesmo pacífica, ela comporta perigos não só biológicos, mas, também e sobretudo, sociais e políticos. Pressentimos que a engenharia genética tanto pode industrializar a vida como biologizar a indústria. Adivinhamos que a elucidação dos processos bioquímicos do cérebro permitirá intervenções em nossa afetividade, nossa inteligência, nosso espírito.

Mais ainda: os poderes criados pela atividade científica escapam totalmente aos próprios cientistas. Esse poder, em migalhas no nível da investigação, encontra-se reconcentrado no nível dos poderes econômicos e políticos. De certo modo, os cientistas produzem um poder sobre o qual não têm poder, mas que enfatiza instâncias já todo-poderosas, capazes de utilizar completamente as possibilidades de manipulação e de destruição provenientes do próprio desenvolvimento da ciência.

Assim, há:

— progresso inédito dos conhecimentos científicos, paralelo ao progresso múltiplo da ignorância;
— progresso dos aspectos benéficos da ciência, paralelo ao progresso de seus aspectos nocivos ou mortíferos;
— progresso ampliado dos poderes da ciência, paralelo à impotência ampliada dos cientistas a respeito desses mesmos poderes.

Na maior parte das vezes, a consciência dessa situação chega partida ao espírito do investigador científico que, ao mesmo tempo, reconhece essa situação e dela se protege, sob olhar tríptico em que ficam afastadas as três noções: 1) ciência (pura, nobre, desinteressada); 2) técnica (língua de Esopo que serve para o melhor e para o pior); 3) política (má e noci-

Ciência com Consciência

va, pervertora do uso da ciência). Ora, o "lado mau" da ciência não poderia ser pura e simplesmente despejado sobre os políticos, a sociedade, o capitalismo, a burguesia, o totalitarismo. Digamos até que a acusação do político pelo cientista vem a ser, para o investigador, a maneira de iludir a tomada de consciência das inter-retroações de ciência, sociedade, técnica e política.

Uma era histórica

Vivemos uma era histórica em que os desenvolvimentos científicos, técnicos e sociológicos estão cada vez mais em inter-retroações estreitas e múltiplas.

A experimentação científica constitui por si mesma uma técnica de manipulação ("uma manip") e o desenvolvimento das ciências experimentais desenvolve os poderes manipuladores da ciência sobre as coisas físicas e os seres vivos. Este favorece o desenvolvimento das técnicas, que remete a novos modos de experimentação e de observação, como os aceleradores de partículas e os radiotelescópios que permitem novos desenvolvimentos do conhecimento científico. Assim, a potencialidade de manipulação não está fora da ciência, mas no caráter, que se tornou inseparável, do processo científico → técnico. O método experimental é um método de manipulação, que necessita cada vez mais de técnicas, que permitem cada vez mais manipulações.

Em função desse processo, a situação e o papel da ciência na sociedade modificaram-se profundamente desde o século 17. Na origem, os investigadores eram amadores no sentido primitivo do termo: eram ao mesmo tempo filósofos e cientistas. A atividade científica era sociologicamente marginal, periférica. Hoje, a ciência tornou-se poderosa e maciça instituição no centro da sociedade, subvencionada, alimentada, controlada pelos poderes econômicos e estatais. Assim, estamos num processo inter-retroativo.

ciência → técnica → sociedade → Estado.

A técnica produzida pelas ciências transforma a sociedade, mas também, retroativamente, a sociedade tecnologizada transforma a própria ciência. Os interesses econômicos, capitalistas, o interesse do Estado desempenham seu papel ativo nesse circuito de acordo com suas finalidades, seus programas, suas subvenções. A instituição científica suporta as coações tecnoburocráticas próprias dos grandes aparelhos econômicos ou estatais, mas nem o Estado, nem a indústria, nem o capital são guiados pelo espírito científico: utilizam os poderes que a investigação científica lhes dá.

Uma dupla tarefa cega

Essas indicações muito breves são suficientes para o meu propósito: uma vez que, doravante, a ciência está no âmago da sociedade e, *embora bastante distinta dessa sociedade, é inseparável dela*, isso significa que *todas as ciências, incluindo as físicas e biológicas, são sociais. Mas não devemos esquecer que tudo aquilo que é antropossocial tem uma origem, um enraizamento e um componente biofísico.* E é aqui que se encontra a dupla tarefa cega: a ciência natural não tem nenhum meio para conceber-se como realidade social; a ciência antropossocial não tem nenhum meio para conceber-se no seu enraizamento biofísico; a ciência não tem os meios para conceber seu papel social e sua natureza própria na sociedade. Mais profundamente: a ciência não controla sua própria estrutura de pensamento. O conhecimento científico é um conhecimento que não se conhece. Essa ciência, que desenvolveu metodologias tão surpreendentes e hábeis para apreender todos os objetos a ela externos, não dispõe de nenhum método para se conhecer e se pensar.

Husserl, há quase cinqüenta anos, tinha diagnosticado a tarefa cega: a eliminação por princípio do sujeito observador, experimentador e concebedor da observação, da experimentação e da concepção eliminou o ator real, o cientista, homem, intelectual, universitário, espírito incluído numa cultura, numa sociedade, numa história. Podemos dizer até que o retorno reflexivo do sujeito científico sobre si mesmo é cientificamente impossível, porque o método científico se baseou na disjunção do sujeito e do objeto, e o sujeito foi remetido à filosofia e à moral. É certo que existe sempre a possibilidade, para um cientista, de refletir sobre sua ciência, mas é uma reflexão extra ou metacientífica que não dispõe das virtudes verificadoras da ciência.

Assim, ninguém está mais desarmado do que o cientista para pensar sua ciência. A questão "o que é a ciência?" é a única que ainda não tem nenhuma resposta científica. É por isso que, mais do que nunca, se impõe a necessidade do autoconhecimento do conhecimento científico, que deve fazer parte de toda política da ciência, como da disciplina mental do cientista. O pensamento de Adorno e de Habermas recorda-nos incessantemente que a enorme massa do saber quantificável e tecnicamente utilizável não passa de veneno se for privado da força libertadora da reflexão.

II. A Verdade da Ciência

O espírito científico é incapaz de se pensar de tanto crer que o conhecimento científico é o reflexo do real. Esse conhecimento, afinal, não traz em si a prova empírica (dados verificados por diferentes observações-experimentações) e a prova lógica (coerência das teorias)? A partir daí, a verdade objetiva da ciência escapa a todo olhar científico, visto que ela é esse próprio olhar. O que é elucidativo não precisa ser elucidado.

Ora, os diversos trabalhos, em muitos pontos antagônicos, de Popper, Kuhn, Lakatos, Feyerabend, entre outros, têm como traço comum a demonstração de que as teorias científicas, como os *icebergs*, têm enorme parte imersa não científica, mas indispensável ao desenvolvimento da ciência. Aí se situa a zona cega da ciência que acredita ser a teoria reflexo do real. Não é próprio da cientificidade refletir o real, mas traduzi-lo em teorias mutáveis e refutáveis.

Com efeito, as teorias científicas dão forma, ordem e organização aos dados verificados em que se baseiam e, por isso, são sistemas de idéias, construções do espírito que se aplicam aos dados para lhes serem adequadas. Mas, incessantemente, meios de observação ou de experimentação novos, ou uma nova atenção, fazem surgir dados desconhecidos, invisíveis.

As teorias, então, deixam de ser adequadas e, se não for possível ampliá-las, é necessário inventar outras, novas. De fato, "a ciência é mais mutável do que a teologia", como observava Whitehead. Com efeito, a teologia tem grande estabilidade porque se baseia num mundo sobrenatural, inverificável, enquanto o que se baseia no mundo natural é sempre refutável.

A evolução do conhecimento científico não é unicamente de crescimento e de extensão do saber, mas também de transformações, de rupturas, de passagem de uma teoria para outra. As teorias científicas são mortais e *são mortais por serem científicas*. A visão que Popper registra com relação à evolução da ciência vem a ser a de uma seleção natural em que as teorias resistem durante algum tempo não por serem verdadeiras, mas por serem as mais bem adaptadas ao estado contemporâneo dos conhecimentos.

Kuhn traz outra idéia, não menos importante: é que se produzem transformações revolucionárias na evolução científica, em que um paradigma, princípio maior que controla as visões do mundo, desaba para dar lugar a um novo paradigma. Julgava-se que o princípio de organização das teorias científicas era pura e simplesmente lógico. Deve ver-se, com Kuhn, que existem, no interior e acima das teorias, inconscientes e invisíveis, alguns princípios fundamentais que controlam e comandam, de forma oculta, a organização do conhecimento científico e a própria utilização da lógica.

A partir daí, podemos compreender que a ciência seja "verdadeira" nos seus dados (verificados, verificáveis), sem que por isso suas teorias sejam "verdadeiras". Então, o que faz que uma teoria seja científica, se não for a sua "verdade"? Popper trouxe a idéia capital que permite distinguir a teoria científica da doutrina (não científica): uma teoria é científica quando aceita que sua falsidade possa ser eventualmente demonstrada. Uma doutrina, um dogma encontram neles mesmos a autoverificação incessante (referência ao pensamento sacralizado dos fundadores, certeza de que a tese está definitivamente provada). O dogma é inatacável pela experiência. A teoria científica é biodegradável. O que Popper não viu é que a mesma teoria tanto pode ser científica (aceitando o jogo da contestação e da refutação, isto é, aceitando sua morte eventual), quanto doutrina auto-suficiente: é o caso do marxismo e do freudismo.

A partir daí, o conhecimento progride, no plano empírico, por acrescentamento das "verdades" e, no plano teórico, por eliminação dos erros. O jogo da ciência não é o da posse e do alargamento da verdade, mas aquele em que o combate pela verdade se confunde com a luta contra o erro.

A incerteza/certeza

O conhecimento científico é certo, na medida em que se baseia em dados verificados e está apto a fornecer previsões concretas. O progresso das certezas científicas, entretanto, não caminha na direção de uma grande certeza.

É certo que se julgou durante muito tempo que o universo fosse uma máquina determinista impecável e totalmente conhecível; alguns ainda crêem que uma equação-chave revelaria seu segredo. De fato, o enriquecimento do nosso conhecimento sobre o universo desemboca no mistério de sua origem, seu ser, seu futuro. A natureza do tecido profundo da nossa realidade física esquiva-se no mesmo movimento em que a entrevemos. Nossa lógica agita-se ou desnorteia-se diante do

24 *Ciência com Consciência*

infinitamente pequeno e do infinitamente grande, do vazio físico e das energias muito altas. As extraordinárias descobertas da organização simultaneamente molecular e informacional da máquina viva conduzem-nos não ao conhecimento final da vida, mas às portas do problema da auto-organização.

Podemos até dizer que, de Galileu a Einstein, de Laplace a Hubble, de Newton a Bohr, perdemos o trono de segurança que colocava nosso espírito no centro do universo: aprendemos que somos, nós cidadãos do planeta Terra, os suburbanos de um Sol periférico, ele próprio exilado no entorno de uma galáxia também periférica de um universo mil vezes mais misterioso do que se teria podido imaginar há um século. O progresso das certezas científicas produz, portanto, o progresso da incerteza, uma incerteza "boa", entretanto, que nos liberta de uma ilusão ingênua e nos desperta de um sonho lendário: é uma ignorância que se reconhece como ignorância. E, assim, tanto as ignorâncias como os conhecimentos provenientes do progresso científico trazem um esclarecimento insubstituível aos problemas fundamentais ditos filosóficos.

A regra do jogo

Assim, a ciência não é somente a acumulação de verdades verdadeiras. Digamos mais, continuando a acompanhar Popper: é um campo sempre aberto onde se combatem não só as teorias, mas também os princípios de explicação, isto é, as visões do mundo e os postulados metafísicos. Mas esse combate tem e mantém suas regras de jogo: o respeito aos dados, por um lado; a obediência a critérios de coerência, por outro. É a obediência a essa regra por parte de debatentes-combatentes que aceitam sem equívoco essa regra que constitui a superioridade da ciência sobre qualquer outra forma de conhecimento.

Quer dizer, ao mesmo tempo, que seria grosseiro sonhar com uma ciência purgada de toda a ideologia e onde não houvesse mais do que uma única visão do mundo ou teoria "verdadeira".

Ciência com Consciência

De fato, o conflito das ideologias, dos pressupostos metafísicos (conscientes ou não) é condição *sine qua non* da vitalidade da ciência. Aqui se opera uma necessária desmitificação: o cientista não é um homem superior, ou desinteressado em relação aos seus concidadãos; tem a mesma pequenez e a mesma propensão para o erro. O jogo a que se dedica, entretanto, o jogo científico da verdade e do erro, esse, sim, é superior num universo ideológico, religioso, político, onde esse jogo é bloqueado ou falseado. O físico não é mais inteligente do que o sociólogo, que ainda não consegue fazer da sociologia uma ciência. É que, em sociologia, é muito mais difícil estabelecer a regra do jogo: a verificação experimental é quase impossível, a subjetividade está sempre comprometida. A idéia de que a virtude capital da ciência reside nas regras próprias do seu jogo da verdade e do erro mostra-nos que *aquilo que deve ser absolutamente salvaguardado como condição fundamental da própria vida da ciência é a pluralidade conflitual no seio de um jogo que obedece a regras empíricas lógicas.*

Assim, vemos que, correspondendo a dados de caráter objetivo, o conhecimento científico não é o reflexo das leis da natureza. Traz com ele um universo de teorias, de idéias, de paradigmas, o que nos remete, por um lado, às condições bioantropológicas do conhecimento (porque não há espírito sem cérebro) e, por outro lado, ao enraizamento cultural, social, histórico das teorias. As teorias científicas surgem dos espíritos humanos no seio de uma cultura *hic et nunc.*

O conhecimento científico não se poderia isolar de suas condições de elaboração, mas também não poderia ser a elas *reduzido.* A ciência não poderia ser considerada pura e simples "ideologia" social, porque estabelece incessante diálogo no campo da verificação empírica com o mundo dos fenômenos.

É necessário, portanto, que toda ciência se interrogue sobre suas estruturas ideológicas e seu enraizamento sociocultural. Aqui, damo-nos conta de que nos falta uma ciência capital, a ciência das coisas do espírito ou noologia, capaz de conceber como e em que condições culturais as idéias se agrupam, se encadeiam, se ajustam, constituem sistemas que se auto-regulam, se autodefendem, se automultiplicam, se autopropagam. Falta-nos uma sociologia do conhecimento científico que seja não só poderosa, mas também mais complexa do que a ciência que examina.

Isso significa que *estamos na aurora de um esforço de fôlego e profundo, que necessita de múltiplos desenvolvimentos novos, a fim de permitir que a atividade científica disponha dos meios da reflexidade, isto é, da auto-interrogação.*

A necessidade de uma ciência da ciência já foi formulada muitas vezes. Mas há que se dizer, de acordo com as demonstrações de Tarsky e Gödel, que ela seria, em relação à ciência atual, uma "metaciência", dotada de um metaponto de vista mais rico, mais amplo, que considerasse cientificamente a própria ciência.

Essa metaciência não poderia ser a ciência definitiva. Abrir-se-ia para novos meta-horizontes. E é isso que nos revela outro aspecto da "verdade" da ciência: *A ciência é, e continua a ser, uma aventura.* A verdade da ciência não está unicamente na capitalização das verdades adquiridas, na verificação das teorias conhecidas, mas no caráter aberto da aventura que permite, melhor dizendo, que hoje exige a contestação das suas próprias estruturas de pensamento. Bronovski dizia que o conceito da ciência não é nem absoluto, nem eterno. Talvez estejamos num momento crítico em que o próprio conceito de ciência se esteja modificando.

III. VIVEMOS UMA REVOLUÇÃO CIENTÍFICA?

O conhecimento científico está em renovação desde o começo deste século. Podemos até perguntar-nos se as grandes transformações que afetaram as ciências físicas — da microfísica à astrofísica —, as ciências biológicas — da genética e da biologia molecular à etologia —, a antropologia (a perda do pri-

Ciência com Consciência 27

vilégio heliocêntrico no qual a racionalidade ocidental se via como juiz e medida de toda a cultura e civilização) não preparam uma transformação no próprio modo de pensar o real. Podemos perguntar, em suma, se em todos os horizontes científicos não se elabora, de modo ainda disperso, confuso, incoerente, embrionário, o que Kuhn denomina revolução científica, a qual, quando é exemplar e fundamental, arrasta uma mudança de paradigmas (isto é, dos princípios de associação/exclusão fundamentais que comandam todo pensamento e toda teoria) e, por isso, uma mudança na própria visão do mundo.

Tentemos indicar em que sentido cremos entrever a revolução de pensamento que se esboça. Os princípios de explicação "clássicos" que dominavam antes de ser perturbados pelas transformações que evoquei postulavam que a aparente complexidade dos fenômenos podia explicar-se a partir de alguns princípios simples, que a espantosa diversidade dos seres e das coisas podia explicar-se a partir de alguns elementos simples. A simplificação aplicava-se a esses fenômenos por separação e redução. A primeira isola os objetos não só uns dos outros, mas também do seu ambiente e do seu observador. É no mesmo movimento que o pensamento separatista isola as disciplinas umas das outras e insulariza a ciência na sociedade. A redução unifica aquilo que é diverso ou múltiplo, quer àquilo que é elementar, quer àquilo que é quantificável. Assim, o pensamento redutor atribui a "verdadeira" realidade não às totalidades, mas aos elementos; não às qualidades, mas às medidas; não aos seres e aos entes, mas aos enunciados formalizáveis e matematizáveis.

A alternativa mutilante

Assim comandado por separação e redução, o pensamento simplificador não pode escapar à alternativa mutilante quando considera a relação entre física e biologia, biologia e antropologia: ou bem separa, e foi o caso do "vitalismo", que se recusava a considerar a organização físico-química do ser

28   *Ciência com Consciência*

vivo, como é o caso do antropologismo, que se recusa a considerar a natureza biológica do homem; ou bem reduz a complexidade viva à simplicidade das interações físico-químicas, como é o caso das visões que fazem obedecer tudo quanto é humano à simples hereditariedade genética ou assimilam as sociedades humanas a organismos vivos.

O princípio de simplificação, que animou as ciências naturais, conduziu às mais admiráveis descobertas, mas são as mesmas descobertas que, finalmente, hoje arruínam nossa visão simplificadora. Com efeito, foi animada pela obsessão do elemento de base do universo que a investigação física descobriu a molécula, depois o átomo, depois a partícula. De igual modo, foi a obsessão molecular que suscitou as magníficas descobertas que esclareceram os funcionamentos e processos da maquinaria viva. Mas as ciências físicas, procurando o elemento simples e a lei simples do universo, descobriram a inaudita complexidade de um tecido microfísico e começam a entrever a fabulosa complexidade do cosmo.

Elucidando a base molecular do código genético, a biologia começa a descobrir o problema teórico complexo da auto-organização viva, cujos princípios diferem dos das nossas máquinas artificiais mais aperfeiçoadas.

A crise do princípio clássico de explicação

O princípio de explicação da ciência clássica excluía a aleatoriedade (aparência devida à nossa ignorância) para apenas conceber um universo estrita e totalmente determinista. Mas, a partir do século 19, a noção de calor introduz a desordem e a dispersão no âmago da física, e a estatística permite associar o acaso (no nível dos indivíduos) e a necessidade (no nível das populações). Hoje, em todas as frentes, as ciências trabalham cada vez mais com a aleatoriedade, sobretudo para compreender tudo aquilo que é evolutivo, e consideram um universo em que se combinam o acaso e a necessidade.

Ciência com Consciência

O princípio de explicação da ciência clássica não concebia a organização enquanto tal. Reconheciam-se organizações (sistema solar, organismos vivos), mas não o problema da organização. Hoje, o estruturalismo, a cibernética, a teoria dos sistemas operaram, cada um à sua maneira, avanços para uma teoria da organização, e esta começa a permitir-nos entrever, mais além, a teoria da auto-organização, necessária para conceber os seres vivos.

O princípio de explicação da ciência clássica via no aparecimento de uma contradição o sinal de um erro de pensamento e supunha que o universo obedecia à lógica aristotélica. As ciências modernas reconhecem e enfrentam as contradições quando os dados apelam, de forma coerente e lógica, à associação de duas idéias contrárias para conceber o mesmo fenômeno (a partícula que se manifesta quer como onda, quer como corpúsculo, por exemplo).

O princípio de explicação da ciência clássica eliminava o observador da observação. A microfísica, a teoria da informação, a teoria dos sistemas reintroduzem o observador na observação. A sociologia e a antropologia apelam à necessidade de se situar *hic et nunc*, isto é, de tomar consciência da determinação etnosociocêntrica que hipoteca toda a concepção de sociedade, cultura, homem.

O sociólogo deve perguntar-se incessantemente como pode conceber uma sociedade de que faz parte. Já o antropólogo contemporâneo indaga a si próprio: *Como é que eu, portador inconsciente dos valores da minha cultura, posso julgar uma cultura dita primitiva ou arcaica? Que valem os nossos critérios de racionalidade?* A partir daí, começa a necessária auto-relativização do observador, que pergunta "quem sou eu?", "onde estou eu?" O eu que surge aqui é o eu modesto que descobre ser o seu ponto de vista, necessariamente, parcial e relativo. Assim, vemos que o próprio progresso do conhecimento científico exige que o observador se inclua em sua observação, o que concebe em sua concepção; em suma, que o sujeito se reintroduza de forma autocrítica e auto-reflexiva em seu conhecimento dos objetos.

Para um princípio de complexidade

De toda parte surge a necessidade de um princípio de explicação mais rico do que o princípio de simplificação (separação/ redução), que podemos denominar princípio de complexidade. É certo que ele se baseia na necessidade de distinguir e de analisar, como o precedente, mas, além disso, procura estabelecer a comunicação entre aquilo que é distinguido: o objeto e o ambiente, a coisa observada e o seu observador. Esforça-se não por sacrificar o todo à parte, a parte ao todo, mas por conceber a difícil problemática da organização, em que, como dizia Pascal, "é impossível conhecer as partes sem conhecer o todo, como é impossível conhecer o todo sem conhecer particularmente as partes".

Ele se esforça por abrir e desenvolver amplamente o diálogo entre ordem, desordem e organização, para conceber, na sua especificidade, em cada um dos seus níveis, os fenômenos físicos, biológicos e humanos. Esforça-se por obter a visão poliocular ou poliscópica, em que, por exemplo, as dimensões físicas, biológicas, espirituais, culturais, sociológicas, históricas daquilo que é humano deixem de ser incomunicáveis.

O princípio de explicação da ciência clássica tendia a reduzir o conhecível ao manipulável. Hoje, há que insistir fortemente na utilidade de um conhecimento que possa servir à reflexão, meditação, discussão, incorporação por todos, cada um no seu saber, na sua experiência, na sua vida...

Os princípios ocultos da redução-disjuncão que esclareceram a investigação na ciência clássica são os mesmos que nos tornam cegos para a natureza ao mesmo tempo social e política da ciência, para a natureza ao mesmo tempo física, biológica, cultural, social, histórica de tudo o que é humano. Foram eles que estabeleceram e são eles que mantêm a grande disjunção natureza-cultura, objeto-sujeito. São eles que, em toda parte,

Ciência com Consciência

não vêem mais do que aparências ingênuas na realidade complexa dos nossos seres, das nossas vidas, do nosso universo. Trata-se, doravante, de procurar a comunicação entre a esfera dos objetos e a dos sujeitos que concebem esses objetos. Trata-se de estabelecer a relação entre ciências naturais e ciências humanas, sem as reduzir umas às outras (pois nem o humano se reduz ao biofísico, nem a ciência biofísica se reduz às suas condições antropossociais de elaboração).

A partir daí, o problema de uma política da investigação não se pode reduzir ao crescimento dos meios postos à disposição das ciências. Trata-se *também* — e sublinho o *também* para indicar que proponho não uma alternativa, mas um complemento — de que a política da investigação possa ajudar as ciências a realizarem as transformações-metamorfoses na estrutura de pensamento que seu próprio desenvolvimento demanda. Um pensamento capaz de enfrentar a complexidade do real, permitindo ao mesmo tempo à ciência refletir sobre ela mesma.

IV. Propostas para a Investigação

Não temos aqui de voltar às grandes orientações fixadas para a investigação, mas convém definir e reconhecer as seguintes orientações complementares:

1) que os caracteres institucionais (tecnoburocráticos) da ciência não sufoquem, mas estofem[1] os seus caracteres aventurosos;

2) que os cientistas sejam capazes de auto-interrogação, isto é, que a ciência seja capaz de auto-análise;

3) que sejam ajudados ou estimulados os processos que permitiriam à revolução científica em curso realizar a transformação das estruturas de pensamento.

---

[1] No original, jogo de palavras: *étouffer* (sufocar); *étoffer* (estofar).(N. T.)

A primeira orientação mencionada impõe-se com evidência, tendo sido sempre reconhecida; historicamente, na França, a política da investigação procedeu, quando a instituição preexistente se afigurava excessivamente pesada e petrificada, por saltos institucionais que avançavam criando novas instituições mais flexíveis e leves, que se petrificaram por sua vez, e assim por diante. Desse modo, foram criados o C.N.R.S., para constituir estrutura mais adaptada à investigação do que a universidade, e, depois, a D.G.R.S.T., para permitir inovações e criações que as estruturas, por se terem tornado pesadas, do C.N.R.S. já não autorizavam.

Sem dúvida, poder-se-á sempre inovar, instituindo novas estruturas, mas há que perguntar se não se pode tentar um esforço no nível das grandes instituições, em primeiro lugar o C.N.R.S.

Aqui, há que refletir sobre o problema do investigador. Na palavra investigador há algo mais do que o sentido corporativo ou profissional, algo que concerne à aventura do conhecimento e a seus problemas fundamentais. Ora, o investigador é representado de fato, de um lado, por seu sindicalismo e, de outro, por seu mandarinato. O mandarinato defende a autonomia corporativa da investigação relativa às pressões externas. O sindicato defende os interesses dos investigadores relativos não só à administração e ao Estado, mas também ao mandarinato.

O mandarinato constitui a "elite" oficialmente reconhecida dos cientistas e ocupa freqüentemente os altos postos dirigentes da investigação. Os sindicatos defendem a "massa" dos investigadores e sua promoção coletiva. O mandarinato tende a selecionar indivíduos de "elite", o sindicato, a proteger tudo o que não diz respeito ao elitismo mandarínico. Assim, os investigadores não dispõem de mais nenhuma instância para se exprimir enquanto investigadores, o que significa *que, simultaneamente, mandarinato e sindicato tendem a ocultar e a recalcar aquilo que a palavra investigação significa: exploração, questionamento, risco, aventura.*

Ciência com Consciência

Se o corpo dos investigadores é, assim, ao mesmo tempo exprimido por e laminado entre mandarinato e sindicato, torna-se capital que, na ocasião inesperada do grande colóquio, o investigador se exprima como investigador, pensando seus próprios problemas de cientista. Também é desejável que reflitamos no sentido de manter, no futuro, essa brecha entre mandarinato e sindicato.

Um sistema não-otimizável

As comissões do C.N.R.S. são instâncias em que as influências mandarínicas e sindicais se disputam ou/e se conjugam de formas muito diversificadas segundo os setores ou disciplinas. Digamos que, por princípio, a manutenção do dualismo dessa ordem, ou seja, do antagonismo, é saudável.

No setor de minha experiência, houve, primeiro, a era do feudalismo mandarínico, quando diversidades e oposições entre mestres sociólogos permitiam certa pluralidade nepótica. Os jovens investigadores considerados "brilhantes", segundo a escolha de um suserano, eram recrutados depois de negociações discretas entre grandes mandarins. Tal sistema favorecia ora o recrutamento de espíritos originais, ora o dos fiéis. A preeminência dos grandes mandarins-sociólogos apagou-se ao longo dos anos 60 em proveito do recrutamento por consenso médio e das promoções por antigüidade. O consenso médio sabota, decerto, a antiga arbitrariedade, mas em proveito de um neofuncionarismo que, evidentemente, desfavorece todo desvio e, por isso, a originalidade e a singularidade.

Existe um sistema ideal? Há que saber que em toda a problemática organizacional complexa *não existe*, *"a priori"*, *um ótimo* definível ou programável. Há que saber que a reunião em comissão de espíritos prestigiosos, cada um original e criativo no seu campo, mas cada um também animado por uma paixão ou obsessão diferente da dos outros, conduz em geral ao consenso sobre um mínimo comum desprovido de originalidade e de invenção. A opinião média, sem expressão das variedades e desabrochamento das liberdades, significa menos democracia do que mediocracia.

Sabemos que um espírito criativo, aberto, liberal pode, se for dotado de poderes, exercer um "despotismo esclarecido" que favorece a liberdade e a criação, mas sabemos também que não podemos institucionalizar o princípio do despotismo esclarecido: pelo contrário, temos de instituir comissões para fazer face aos perigos mais graves do poder incontrolado.

Proteger o desvio

Por outro lado, o peso/inércia institucional não tem só inconvenientes. É nos erros da enorme máquina tecnoburocrática, nas falhas no seio das comissões, nas negligências dos patrões que existem não só recônditos de incúria e de indolência, mas também espaços de liberdade onde se pode infiltrar e desenvolver a novidade que, finalmente, brota para a glória da instituição.

Evidentemente, não podemos contar apenas com os erros e as exceções na enorme máquina tecnoburocrática para favorecer a inovação. Também não podemos, como já dissemos, pensar que existe uma forma ótima para favorecer a invenção.

Em todo caso, se é verdade que o surgimento e o desenvolvimento de uma idéia nova precisam de um campo intelectual aberto, onde se debatam e se combatam teorias e visões do mundo, se é verdade que toda novidade se manifesta como desvio e aparece freqüentemente ou como ameaça, ou como insanidade aos defensores das doutrinas e disciplinas estabelecidas, então o desenvolvimento científico, no sentido de que esse termo comporte necessariamente invenção e descoberta, necessita fundamentalmente de duas condições: 1) manutenção e desenvolvimento do pluralismo teórico (ideológico, filosófico) em todas as instituições e comissões científicas: 2) proteção do desvio, ou seja, tolerar/favorecer os desvios no seio dos progra-

Ciência com Consciência

mas e instituições, apesar do risco de que o original seja apenas extravagante, de que o espantoso não passe de absurdo.

Mais ainda, a inovação deve beneficiar-se, no seu estado inicial, de medidas de exceção que protejam sua autonomia. Supondo que não se pode provar *a priori* a justeza das iniciativas que comportam probabilidades, porque, por isso mesmo, comportam riscos, há que correr o risco/probabilidade de confiar a responsabilidade a um pequeníssimo grupo de pessoas que, embora com opiniões diferentes, tenham todas a mesma paixão pela nova intenção.

As soluções para os problemas suscitados pelo peso excessivo das determinações tecnoburocráticas no seio da instituição científica podem ser institucionais (como a descentralização), mas só podem ser institucionais. São precisos estímulos não só do alto da instituição (das instâncias superiores ou centrais), mas também do cerne da instituição, dos próprios investigadores; voltamos, então, a este problema-chave: é preciso que os investigadores despertem e se exprimam enquanto investigadores.

A necessidade, para a ciência, de se auto-estudar supõe que os cientistas queiram auto-interrogar-se, o que supõe que eles se ponham em crise, ou seja, que descubram as contradições fundamentais em que desembocam as atividades científicas modernas e, nomeadamente, as injunções contraditórias a que está submetido todo cientista que confronte sua ética do conhecimento com sua ética cívica e humana.

A crise intelectual que concerne às idéias simplórias, abstratas, dogmáticas, a crise espiritual e moral de cada um diante de sua responsabilidade, no seu próprio trabalho, são as condições *sine qua non* do progresso da consciência. As autoglorificações, felicitações, exaltações abafam a tomada de consciência da ambivalência fundamental, ou seja, da complexidade do problema da ciência, e são tão nocivas quanto denegrimentos e vitupérios.

Os dois deuses

Dissemos justamente que já não se tratava tanto, hoje, de dominar a natureza quanto de dominar o domínio. Efetivamente, *é o domínio do domínio da natureza que hoje causa problemas*. Simultaneamente, esse domínio é, por um lado, incontrolado, louco e pode conduzir-nos ao aniquilamento; por outro lado, é demasiado controlado pelos poderes dominantes. Esses dois caracteres contraditórios explicam-se porque nenhuma instância superior controla os poderes dominantes, ou seja, os Estados-nações.

O problema do controle da atividade científica tornou-se crucial e supõe o controle dos cidadãos sobre o Estado que os controla, bem como a recuperação do controle pelos cientistas, o que exige a tomada de consciência de que falei ao longo destas páginas.

A recuperação do controle intelectual das ciências pelos cientistas necessita da reforma do modo de pensar, que, por sua vez, depende de outras reformas, havendo, naturalmente, interdependência geral dos problemas; essa interdependência, entretanto, não deve permitir o esquecimento da reforma-chave.

Todo cientista serve, pelo menos, a dois deuses que, ao longo da história da ciência e até hoje, lhe pareceram absolutamente complementares. Hoje, devemos saber que eles não são apenas complementares, mas também antagônicos. O primeiro é o da ética do conhecimento, que exige que tudo seja sacrificado à sede de conhecer. O segundo é o da ética cívica e humana.

O limite da ética do conhecimento era invisível *a priori*, e nós o transpusemos sem saber; é a fronteira além da qual o conhecimento traz em si a morte generalizada: hoje, a árvore do conhecimento científico corre o risco de cair sob o peso dos seus frutos, esmagando Adão, Eva e a infeliz serpente.

2

O conhecimento do conhecimento científico

Minha exposição será incompleta e fragmentada. Em primeiro lugar, não vou repetir o que já publiquei sobre o problema do conhecimento científico. Vou experimentar partir desses problemas e tentar montar um tipo de balanço da grande aventura epistemológica vivida no mundo germânico e anglo-saxão (da qual a França se manteve afastada).

Que aventura é essa? Ela começou no famoso Círculo de Viena, nesse grupo de cientistas, lógicos e matemáticos que tinham em comum a total ojeriza pelo arbitrário da filosofia e da metafísica. Em suma, eles queriam que a filosofia, o pensamento, refletisse a imagem da ciência, isto é, que houvesse enunciados dotados de sentido, e que fossem baseados no que é observável e verificável. Eles achavam ser possível encontrar enunciados chamados de "atômicos", fundamentados num dado empírico formalmente definido, e que a partir desses enunciados atômicos seria praticável construir proposições e teorias, havendo, então, a possibilidade de ter um tipo de pensamento verdadeiro, seguro, científico. Para eles, a ciência era o modelo e levantaram o seguinte problema: "O que é a ciên-

Ciência com Consciência

cia?" Quiseram estudar o modelo e o estudo desse modelo levou a uma série de desventuras e decepções: eles acreditaram ter encontrado um fundamento e este fracassou.

Um desses malogros aconteceu, por exemplo, no plano da lógica (ou da lógica matemática) com o teorema da indecidibilidade de Gödel. Outro malogro foi a renúncia e a desilusão de Wittgenstein. Porém, um outro cientista e filósofo, Whitehead, colaborador de Russell, já havia feito a observação de que a ciência é ainda mais mutável do que a teologia — estes são os seus conceitos. Nenhum sábio, dizia ele, poderia endossar sem reservas as crenças de Galileu, ou as de Newton e nem mesmo todas as suas próprias crenças científicas de dez anos atrás. Ele punha em evidência o fato surpreendente de que, ao contrário do que se pensava, a cientificidade não se define pela certeza, e sim pela incerteza. E aí se situa a contribuição decisiva de Karl Popper.

Karl Popper combinava com os positivistas lógicos do Círculo de Viena por sua vontade de criar, de encontrar uma demarcação entre ciência e pseudociência. Porém, ele se diferenciou ao introduzir na ciência a idéia de "falibilismo". Ele disse o seguinte: "O que prova que uma teoria é científica é o fato de ela ser falível e aceitar ser refutada."

Aqui entra a famosa palavra "falsificação", sobre a qual muito já se escreveu. Sem razão; o que significa essa palavra falsificação/falseabilidade empregada por Popper num sentido não previsto no léxico inglês? Ele quis encontrar uma palavra forte que pudesse fazer oposição a "verificabilidade". Ele disse: "Não basta que uma teoria seja verificável, é preciso que ela possa ser falsificada", isto é, que, eventualmente, se possa provar que ela é falsa. É isso o que ele quis dizer e é por isso que os tradutores franceses de Popper fizeram uma tradução correta ao usar a palavra falseabilidade. Eles não eram ignorantes que não consultaram o dicionário e sim quiseram resgatar essa oposição, forte em Popper, entre a verificação e a falsificação. E, por que a oposição é tão importante em Popper? Bom, ela está ligada a uma crítica da indução.

Popper dá um exemplo: nós constatamos, nós vemos os cisnes e percebemos que todos os cisnes são brancos. Então, pensamos ter verificado a lei segundo a qual todos os cisnes são brancos. Mas, basta que apareça um só cisne negro para que essa lei seja considerada falsa. Isso quer dizer duas coisas. Primeiro, que a indução, partindo de fatos da observação incessantemente verificados, não leva à certeza verdadeira; a certeza teórica só pode se basear na dedução. E, segundo, que o problema da indução está ligado ao da verificação: não é suficiente que uma tese seja verificada para ser provada como lei universal; também é preciso considerar o caso no qual ela não é verificada, é preciso que possamos testá-la e que, efetivamente, possamos refutá-la. Sobre isso, Popper nos diz: nenhuma teoria científica pode ser provada para sempre ou resistir para sempre à falseabilidade. Ele desenvolveu um tipo de teoria de seleção das teorias científicas, digamos, análogas à teoria darwiniana da seleção: existem teorias que subsistem, mas, posteriormente, são substituídas por outras que resistem melhor à falseabilidade. Pela mesma razão Popper troca a certeza pelo falibilismo, porém, não abandona a racionalidade. Ao contrário, ele diz que o que é racional na ciência é que ela aceita ser testada e aceita criar situações nas quais uma teoria é questionada, ou seja, aceita a si mesma como "biodegradável". E a opinião de Popper sobre o freudismo e o marxismo, por exemplo, é de que não são teorias científicas porque nunca poderemos provar que são falsas, isto é, os adeptos sempre podem dizer que são os opositores, seja na ilusão libidinal e que, por razões psicanalíticas, recalcam a psicanálise, ou na ilusão de classe que os faz desconhecer o verdadeiro motor da história.

Depois de Popper, houve uma grande reviravolta epistemológica na qual, de alguma forma, surgiram todos os problemas que o positivismo lógico pensava ter resolvido. Qual é o fundamento da ciência? Muitos não o encontraram; temos posições extremas como as de Feyerabend que diz: "Não é preciso procurar a racionalidade, tudo é igual, e não devemos procurar mais..." Entramos numa época em que, finalmente, o fracasso do ambicioso empreendimento de fundamentar a verdade da ciência, a certeza da ciência e a do pensamento fizeram surgir um certo número de perguntas essenciais.

Agora vou abordar o problema da objetividade.

A objetividade parece ser uma condição *sine qua non*, evidente e absoluta, de todo o conhecimento científico. Os *dados* nos quais se baseiam as teorias científicas são objetivos, objetivos pelas verificações, pelas falsificações, e isso é absolutamente incontestável. O que se pode contestar, com razão, é que uma *teoria* seja objetiva. Não, uma teoria não é objetiva; uma teoria não é o reflexo da realidade; uma teoria é uma construção da mente, uma construção lógico-matemática que permite responder a certas perguntas que fazemos ao mundo, à realidade. Uma teoria se fundamenta em dados objetivos, mas uma teoria não é objetiva em si mesma.

A objetividade é uma coisa absolutamente certa. Ela é determinada por observações e verificações concordantes. Para serem estabelecidas, essas observações e essas verificações precisam de comunicações intersubjetivas. Mas é evidente que essas comunicações são feitas num meio, no centro do que se pode chamar de comunidade científica. Aí, também, existe uma idéia de Popper muito interessante. Ele diz mais ou menos o seguinte: "A ciência não é um privilégio de uma teoria ou de uma mente, a ciência é a aceitação pelos cientistas de uma regra do jogo absolutamente imperativa." No entanto, para obedecer a regra do jogo da verificação e da experimentação, é preciso que haja uma grande atividade de crítica mútua. Para que haja uma grande atividade de crítica mútua, é preciso que as teorias se confrontem, que existam pontos de vista diferentes, até mesmo idéias "bizarras", idéias metafísi-

Ciência com Consciência

cas. Portanto, não podem existir só fatores comunitários mas, também, devem existir fatores de rivalidade e fatores conflitantes; por conseguinte, é um verdadeiro meio social onde existem antagonismos. Mas, para que essa sociedade, essa comunidade funcione, é preciso — isso também foi dito por Popper — que ela esteja enraizada numa tradição histórica e no seio de uma cultura: a tradição crítica, nascida da filosofia, em Atenas, cinco séculos antes da nossa era, interrompida cinco séculos depois na nossa era, foi reconstituída com o Renascimento; foi o primeiro caldo de cultura da ciência que se destacou como um ramo da filosofia mas que, mesmo assim, obedece a essa tradição crítica que marcou a história ocidental e que hoje em dia se universaliza através da difusão da ciência no mundo. Desde o século XIX, o desenvolvimento da ciência está ligado ao desenvolvimento de uma nova camada social, a *intelligentsia* científica dos sábios e pesquisadores.

Tudo isso nos leva de volta aos fenômenos da cultura, da sociedade e da história. Todos sabem que existe esse interessante processo que, uma vez estabelecida a objetividade, faz o cientista apagar todo esse *hinterland*, toda essa enorme infraestrutura que permite a objetividade. Seria mesmo preciso apagá-la? Acho que não, porque é preciso refletir sobre o seguinte: logicamente a objetividade (as observações astronômicas, por exemplo) é estabelecida independentemente dos observadores, porém, podemos muito bem supor que tal objetividade — para ser operacional na atividade científica — precisa ser sempre verificada ou reverificável pelos cientistas. É todo um enorme processo sociológico, cultural, histórico e intelectual que produz a objetividade. E, eis que a objetividade, produto dessa atividade, transcende a si própria e volta para fundamentar de novo e relançar a tradição crítica, a comunidade científica, as atividades de verificação etc. Isso quer dizer que, de fato, o problema da demarcação entre o científico e o não-científico é um problema que não pode ser resolvido por um princípio claro ou fácil: a demarcação é o resultado de uma grande atividade que a comunidade científica mantém — ao menos no C.N.R.S (Comitê Nacional para Pesquisas Científicas) e nas universidades — e que continua a viver através de intercâmbios, congressos, palestras, artigos de revistas etc. Melhor dizendo, a própria objetividade dos dados científicos é mantida por um processo regenerador ininterrupto que questiona as mentes, os indivíduos, os grupos sociais etc.

Portanto, eis a minha idéia: a objetividade é o resultado de um processo crítico desenvolvido por uma comunidade/sociedade científica num jogo em que ela assume plenamente as regras. Ela é produzida por um consenso, porque qualquer um que reflita sobre a objetividade pode dizer: "O que nos faz ver que alguma coisa é objetiva?" Bom! Na verdade, é um consenso de pesquisadores. Temos confiança nesse consenso de pesquisadores e, como diz Popper, a objetividade dos enunciados científicos reside no fato de eles poderem ser intersubjetivamente submetidos a testes. Só que, aí também, vocês percebem que isso constitui um círculo. Porque uma vez que esses testes começam a ser feitos, eles fundamentam novamente a objetividade real do fenômeno estudado. Chamo a atenção para um problema muito interessante: é que, assim, descobrimos que existe uma ligação inaudita entre a intersubjetividade e a objetividade; acreditamos poder eliminar o problema dos assuntos humanos, mas, na realidade, isso não é possível. Se a objetividade se baseia numa dinâmica complexa, então, efetivamente, vocês podem compreender uma coisa muito importante, na qual Popper insistiu muito: se a objetividade científica fosse fundamentada na imparcialidade ou na objetividade do sábio individualmente, então deveríamos desistir dela. A objetividade não é uma qualidade própria das mentes científicas superiores. Além disso, vocês sabem muito bem que fora dos seus laboratórios as grandes cabeças, os prêmios Nobel, os sábios eminentes se comportam como seres passionais, pulsionais, ao emitirem suas opiniões sobre a sociedade e sobre a política, opiniões tão lastimáveis quanto as de qualquer outro cidadão e mais deploráveis ainda por causa do prestígio de que gozam e dos erros que propagam.

Logo, vocês compreendem que a objetividade não é uma qualidade própria do espírito do sábio. No laboratório, o cientista, submetido à regra do jogo, sofre uma coação que o empurra para o rigor e para a objetividade. E, às vezes, mesmo no laboratório, vocês sabem que existem estranhas exceções.

Em contrapartida, um outro ponto bem "desentulhado" por diversos debates foi que, evidentemente, não existe um fato "puro". Os fatos são impuros. É por isso, finalmente, que a atividade do cientista consiste numa operação de seleção dos fatos; de eliminação dos fatos que não são pertinentes, interessantes, quantificáveis e julgados contingentes. O dispositivo experimental, em última instância, é a seleção de um certo número de dados; é um transplante no meio artificial, que é o laboratório, e permite agir nas variações desejadas. Dito de outro modo, fazemos recortes na realidade e é por isso que se diz que não existe um fato puro, um fato sem teoria. Será que isso quer dizer que não existe fato objetivo? Não! É preciso dizer que graças às idéias bizarras, graças às hipóteses, graças aos pontos de vista teóricos é que, efetivamente, conseguimos selecionar e determinar os fatos nos quais podemos trabalhar e fazer operações de verificação e falsificação. E esta é outra idéia muito importante: o conhecimento não é uma coisa pura, independente de seus instrumentos e não só de suas ferramentas materiais, mas também de seus instrumentos mentais que são os conceitos; a teoria científica é uma atividade organizadora da mente, que implanta as observações e que implanta, também, o diálogo com o mundo dos fenômenos. Isso quer dizer que é preciso conceber uma teoria científica como uma construção. Mas, então, quais são os ingredientes dessa construção? Aí é que as coisas começam a ficar interessantes.

Popper disse e viu muito bem que na elaboração das teorias científicas entram em jogo pressupostos, postulados metafísicos. Outros autores, como Holton, perceberam que os cientistas sempre têm idéias bizarras. E, nós também sabemos, quando examinamos a história das ciências, que os grandes fundadores da ciência moderna eram impelidos por idéias místicas: os pioneiros da nova cosmologia, desde Kepler até Newton, fundamentaram suas explorações da natureza na convicção mística de que existiam leis por trás das confusões dos fenômenos e que o mundo era uma criação racional, harmoniosa. Isso é um postulado. Podemos nos perguntar: será que Newton foi fecundo, apesar de ser alquimista, místico e deísta? Ou porque era alquimista, místico e deísta. Vocês viram que as polêmicas entre Bohr e Einstein ocultam oposições de postulados, idéias inverificáveis sobre a própria natureza do real. Portanto, existem crenças não experimentais e não testáveis por trás das teorias, isto é, na mente dos sábios e dos pesquisadores. Existem impurezas não só metafísicas mas, sem dúvida, também sociológicas e culturais. Foi aqui que Holton, que fez estudos notáveis sobre o tema da imaginação científica, propôs a noção de *themata*.

Themata, o que é? Um *thema* (*thema*, singular/ *themata*, plural) é uma preconcepção fundamental, estável, largamente difundida e que não se pode reduzir diretamente à observação ou ao cálculo analítico do qual não deriva. Isso significa que os *themata* têm uma caraterística obsessiva, pulsional que estimula a curiosidade e a investigação do pesquisador. Tomemos Einstein como exemplo: Max Born diz que Einstein acreditava no poder da razão de captar, por intuição, as leis pelas quais Deus criou o mundo, isto quer dizer que, na mente de Einstein, Deus não é totalmente metafórico. *Thema* einsteiniano (a

Ciência com Consciência

frase é de Einstein): "A única fonte autêntica da verdade está na simplicidade da matemática." É claro que não é verificável, mas é fecundo. Pode-se até dizer que existem tipos de explicações bizarras que entram nos grandes esquemas. Nesse campo, o livro de Schlanger é interessante: ele diz que existem explicações platônicas (procuram a explicação descobrindo as essências escondidas por trás dos fenômenos aparentes); explicações aristotélicas (procuram mais as causalidades, os jogos de causa e efeito no mundo dos fenômenos); explicações estóicas (procuram a satisfação na finalidade e na funcionalidade). Os que são impulsionados por *themata* sentem um tipo de gozo — eu diria quase um coito psicológico — quando acham que o universo responde à intenção que os incita. Todos somos assim, senão seríamos somente burocratas, somente funcionários da pesquisa. A seu modo, Piaget também viu que existiam certos modelos profundos, como o modelo reducionista e o modelo construtivista, que diferenciavam os tipos de mente e os tipos de explicações. Nesse aspecto Thomas Kuhn (autor de *La Structure des révolutions scientifiques/A estrutura das revoluções científicas*) trouxe uma coisa muito importante que ele chama de paradigma.

O paradigma também é alguma coisa que não resulta das observações. De alguma forma, o paradigma é aquilo que está no princípio da construção das teorias, é o núcleo obscuro que orienta os discursos teóricos neste ou naquele sentido. Para Kuhn, existem paradigmas que dominam o conhecimento científico numa certa época e as grandes mudanças de uma revolução científica acontecem quando um paradigma cede seu lugar a um novo paradigma, isto é, há uma ruptura das concepções do mundo de uma teoria para outra. Às vezes, basta uma simples mudança, uma simples troca, como a troca entre o Sol e a Terra, para derrubar toda a concepção do mundo. Kuhn (e outros autores como Feyerabend) inferiram a incomensurabilidade das teorias científicas: eles afirmaram que não se pode dizer que as teorias científicas se acumulam umas sobre as outras, sendo a nova maior, mais extensa e absorvendo a precedente. Afirmaram que há saltos ontológicos de um universo para outro. Mudamos de universo quando passamos do universo newtoniano para o universo einsteiniano. Mudamos de universo quando passamos do universo einsteiniano para o universo da física quântica, sobretudo como ele aparece depois das experiências de Aspect. Então, em vez de vermos um tipo de racionalidade progressiva e ascensional em marcha na história, percebemos que a história das ciências, como a história das sociedades, conhece e passa por revoluções. Aí, também, existem muitas polêmicas e *grosso modo* (voltarei a esse assunto) é preciso ter uma visão multidimensional da evolução científica. Porém, quero insistir no fato de que muitos autores formularam as idéias de *themata*, de paradigmas, de postulados metafísicos, de imagens do conhecimento (Elkana); outro autor (Mayurama) falou de *mindscape* (de paisagem mental) e a idéia de "programas de pesquisa", também interessante e muito popularizada desde então, foi uma idéia de Lakatos, enunciada no seu famoso artigo da coletânea *Criticism and Development of Knowledge*.

O que é um programa de pesquisa? Lakatos acha que existem grupos de teorias ligadas, umas às outras, por princípios e postulados comuns. É isso o que ele chama de programa de pesquisa. Nesses grupos de teorias, nesses programas, existe um núcleo duro, o núcleo de postulados fundamentais que incentivam a pesquisa, e existe o que ele chama de cinto de segurança que é o dispositivo experimental, observacional, que pode se modificar. Porém, o núcleo duro é aquilo que resiste por mais tempo. A idéia de núcleo duro de Lakatos está muito próxima da idéia de paradigma de Kuhn, ou seja, que no núcleo da atividade científica existe alguma coisa que não é científica mas, da qual, paradoxalmente, depende o desenvolvimento científico. Então, teoria, *themata*, programa de pesquisa, paradigma etc. são noções que introduzem na cientificidade os elementos aparentemente impuros mas, repito, necessários ao seu funcionamento.

Talvez vocês conheçam um ponto de vista que vou assinalar de passagem. É o ponto de vista de Habermas sobre o que ele chama de os interesses. Ele diz o seguinte: existem tipos diferentes de conhecimento científico; diferentes porque são impulsionados por interesses diferentes. Por exemplo, há o interesse técnico que é o interesse de domínio da natureza que marca profundamente as ciências empírico-formais; há o interesse prático, quer dizer, o controle (especialmente o controle da sociedade) que, segundo Habermas, é a característica principal das ciências histórico-hermenêuticas; e há o interesse reflexivo: "Quem somos nós, o que fazemos?" que impulsiona o que ele chama de ciência crítica. Para ele, esse é o bom interesse porque a ciência crítica, motivada pela reflexividade, tem por interesse a emancipação dos homens, enquanto os outros interesses conduzem à dominação e à sujeição. Citei esse ponto de vista — que aliás vocês já conhecem — porém, não creio que possamos fazer distinções tão nítidas como faz Habermas. Acho que interesses diferentes se misturam na mente dos pesquisadores de modo completamente diverso e que, justamente, essa mistura é o problema.

Habermas diz o seguinte: na medida em que a ciência precisa, em primeiro lugar, conquistar a objetividade, ela dissimula os interesses fundamentais aos quais ela deve não só os impulsos que a estimulam, mas também as condições de toda objetividade possível. Ele propõe um tipo de psicanálise científica ao dizer: conscientizem-se dos interesses que os animam, dos quais vocês não têm consciência.

Em contrapartida, quando vocês levam em consideração teorias como a das construções, percebem que não se trata,

48   *Ciência com Consciência*

simplesmente, de um jogo de montar, de um *meccano*,[1] que ligam as noções por operações lógicas, e que não é só a integração coerente de dados verificados e testados que importa; existem muitas outras atividades e, entre elas, a atividade individual criadora. Aí, existe um tipo de esquizofrenia no universo científico. De um lado, existem livros e monumentos consagrados à glória dos grandes gênios, como Newton, Einstein etc. e, do outro lado, quando vemos os tratados e os manuais, esses grandes gênios famosos desapareceram por completo, isto é, vemos que a atividade da mente humana que inventou a teoria foi completamente esvaziada. O curioso é que o aspecto criativo individual é um aspecto ao mesmo tempo conhecido e totalmente recalcado, totalmente imerso! O que quer dizer idéia genial? É muito complicado, não podemos racionalizá-la e não podemos dar uma equação genial do tipo $E = mc^2$, não é? (se bem que foi um gênio que encontrou essa equação). É o famoso problema de o ato da descoberta escapar à análise lógica, como dizia Reichenbach que, no entanto, era pioneiro da Escola de Viena, do positivismo lógico. Portanto, existe o problema da imaginação científica que eliminamos porque não saberíamos explicá-lo cientificamente, mas que está na origem das explicações científicas.

Hanson, um autor que também refletiu sobre esse ponto (inicialmente, muitos desses autores são físicos, cientistas que refletem sobre a ciência porque os filósofos não fazem mais esse trabalho) tentou compreender o elo entre a visão original, a percepção original e a descoberta, destacando o que ele chama de "retrodução". Ele diz: "Qualquer ato específico de descoberta traz consigo a capacidade de considerar o mundo da realidade sob uma nova luz. A observação empírica não é um simples fato físico e não é uma operação teórica neutra." Evidentemente, aí temos perplexidade e surpresa! Einstein

---

[1] Jogo de construção metálica.(N.T.)

Ciência com Consciência 49

dizia de si mesmo: "Eu era uma criança retardada. O tempo sempre me deixava estupefato, enquanto os outros achavam o tempo muito normal." Positivamente, é um problema de questionamento do real e o próprio questionamento do real é um fenômeno muito particular, muito singular. Foi Pierce quem usou a palavra abdução para caracterizar a invenção das hipóteses explicativas; ele achava que indução e dedução eram termos insuficientes e que a abdução era uma noção indispensável para compreender o desenvolvimento do pensamento. Vocês têm problemas de estratégia na pesquisa e na descoberta que apelam aos recursos organizadores da mente, e um dos problemas é que o inventor é imprevisível e relativamente autônomo em relação ao próprio meio científico. Isso foi verdade no passado e continuará sendo verdade no futuro; no dia em que a invenção for programada, não haverá mais invenção.

Por exemplo, é preciso ver que os anos admiráveis de Newton, de Newton jovem, correspondem aos da peste que levou a Universidade de Cambridge a fechar suas portas. Durante dois anos, Newton ficou sozinho, devaneando, olhando para as macieiras e, de alguma forma, podemos dizer que se a universidade tivesse permanecido aberta e ele tivesse continuado a assistir as aulas, talvez não descobrisse a gravidade. Quem sabe deveríamos desejar o fechamento do C.N.R.S durante dois anos para que as pesquisas fossem estimuladas...

Munford disse uma coisa muito interessante sobre Darwin:

"Darwin escapou dessa especialização profissional unilateral que é fatal a uma plena compreensão dos fenômenos orgânicos. Para esse novo papel, o amadorismo da preparação de Darwin revelou-se admirável. Embora estivesse a bordo do *Beagle* na qualidade de naturalista, ele não tinha nenhuma formação universitária especializada. Mesmo como biólogo, ele não tinha nenhuma instrução anterior a não ser como apaixonado pesquisador de animais e colecionador de coleópteros. Diante da ausência de fixação e da inibição de escola, nada impedia o despertar de Darwin para as manifestações do meio ambiente vivo."

No plano da Universidade, encontramos aí um fenômeno que a etologia (estudo do comportamento animal) revelou, que é o *imprinting*. Trata-se da famosa história dos passarinhos de Konrad Lorenz: o passarinho sai do ovo, sua mãe passa ao lado do ovo e ele a segue. Para o passarinho, o primeiro ser que passa perto do ovo de onde ele saiu é a sua mãe. Como foi o gordo Konrad Lorenz quem passou ao lado do ovo, o passarinho tomou-o por sua mãe e temos toda uma ninhada de passarinhos correndo atrás de Konrad, persuadidos de que ele é a mãe. Isso é o *imprinting*, marca original irreversível que é impressa no cérebro. Na escola e na universidade, sofremos *imprinting* terríveis, sem que possamos, então, abandoná-los. Depois disso, a invenção acontecerá entre aqueles que sofreram menos o *imprinting* e que serão considerados como dissidentes ou discordantes.

Nesse sentido existe todo um problema, muito difícil de ser resolvido, de sociologia da invenção com o problema da dissidência ou do desvio, uma vez que o destino da pesquisa é administrado por comissões. O drama das comissões é que elas são compostas de mentes notáveis individualmente: porém, a originalidade delas faz com que se anulem umas às outras e a resultante é uma média, principalmente no recrutamento e na seleção. Infelizmente, o despotismo de um tirano ou de um mandarim não é o remédio para esse tipo de regra de mediocrização... Na verdade, existe um grande problema de caráter psicossociológico. Como uma instituição ortodoxa pode favorecer o desvio que, no entanto, é necessário para seu próprio desenvolvimento? Isso merece uma reflexão para futuras reformas.

De resto, vocês vêem que, quando pensamos na pesquisa,

Ciência com Consciência

com suas atividades da mente, com o papel da imaginação e o papel da invenção, nos damos conta de que as noções de arte e de ciência, que se opõem na ideologia dominante, têm algo em comum. Chegamos a essa idéia por um meio inesperado, o da inteligência artificial, na qual, de alguma forma, graças aos atuais sistemas especializados e aos *softwares*, centralizou-se a idéia de G.P.S. (*General Problem Solver*). Percebemos que é necessário uma atividade capaz de resolver os problemas *em geral*. É claro que essa atitude geral só pode resolver problemas particulares se tiver à disposição uma documentação especializada absolutamente validada e totalmente confiável. Melhor dizendo, a boa especialização necessita, no início, de uma competência polivalente; a má especialização, que odeia as idéias gerais, ignora que esse ódio tem origem na mais simplória das idéias gerais.

Descrevi um rápido panorama de alguns temas que a destruição do positivismo lógico fez emergir na epistemologia anglo-saxônica. Haveria muitas outras coisas para serem ditas, vamos discuti-las... Queria dizer duas palavras sobre a evolução científica. Falei que Popper fez uma teoria, digamos "darwiniana", da evolução teórica pela seleção/eliminação das teorias depois da refutação; vocês sabem que Kuhn fez uma oposição a esse evolucionismo com um revolucionismo, operado pelas mudanças de paradigmas: ele quis dizer que existem épocas do que ele chama de ciência normal, quando nos dedicamos a verificar o paradigma dominante; porém, num certo momento, o paradigma dominante tem cada vez mais dificuldade em poder prestar contas de fenômenos e de novas observações e uma revolução instaura um período extraordinário que ele chama de ciência extraordinária. Este ponto de vista despertou múltiplas controvérsias, bem interessantes. Ele precisa ser melhorado. Na minha opinião, a evolução é mais complexa: existem diversos fatores de evolução, derivas, deslocamentos. Também é preciso dizer que, mesmo na atividade da ciência dita normal, existe uma revolução científica permanente. No fundo, a ciência está sempre em movimento, em ebulição e, talvez, o próprio fundamento de sua atividade — mesmo tendo suas formas burocratizadas — é ser impulsionada por um poder de transformação. Isso é para lhes dizer que é preciso abandonar a idéia, um pouco tola, um pouco ingênua, do progresso linear das teorias que se aperfeiçoam mutuamente.

Contudo, chego ao ponto crucial — para mim — que é a idéia de comunidade/sociedade científica. Como já disse, o pensamento científico não comporta só *themata*, metafísicas, postulados, com base nas teorias, mas é preciso acrescentar que é o conflito entre esses pontos de vista, entre *themata* e entre teorias que exprime e, no fundo, explica a vitalidade e o desdobramento da ciência, seja numa forma evolutiva, evolucionista, seja numa forma revolucionante ou revolucionária. Foi Popper quem insistiu nesse estilo de conflito, porém, o próprio Holton observa que o conflito dos *themata* talvez seja um dos maiores estimulantes da pesquisa. De alguma forma, a ciência é um lugar onde se desfraldam os antagonismos de idéias, as competições pessoais e, até mesmo, os conflitos e as invejas mais mesquinhas. É claro que tudo isso está longe de ser só positivo, mas faz parte da conflituosidade que só é operacional e fecunda por causa da aceitação da regra do jogo e do consenso fundamental de todos os parceiros em conflito. Essa conflituosidade é permanente — e podemos vê-la mesmo nos domínios em que o conflito parece ter sido apaziguado. Por exemplo, temos a impressão de que, na biologia, o darwinismo triunfou, pelo menos sob a forma neodarwinista. De jeito algum! Grassé e outros questionam, novamente, o dogma neodarwinista. Eles estão vencidos, são minoritários, mas o conflito continua e vai ressurgir de um outro modo! O conflito entre o ponto de vista corpuscular e o ponto de vista ondulatório da luz é secular e, atualmente, há um empate...

O conflito é fecundo e podemos dizer que a ciência, mesmo

Ciência com Consciência

quando conclui por teorias extremamente simplificadoras, está fundamentada na complexidade do conflito: ela tem quatro pernas, independentes entre si: empirismo e racionalismo, imaginação e verificação.

Não são as mesmas mentes que são quadrúpedes, algumas são mais verificadoras, outras mais imaginativas. Na minha opinião, é o todo conflitante, no centro da regra do jogo, que dá, finalmente, o caráter extremamente interessante e rico da atividade científica. O que quer dizer que, uma vez mais, a ciência, enquanto movimento, enquanto fenômeno, é bem mais bonita do que a atividade isolada de um cientista ou do que um ponto de vista isolado, que não passam de uma parte da dinâmica desse todo. Também podemos dizer que a ciência é ao mesmo tempo unitária e diversificante porque, por exemplo, para muitos, a atividade científica consiste em colocar fronteiras e barreiras, consiste em compartimentos e separações entre as disciplinas. Sim, mas com a condição de também dizer o contrário. É impressionante ver a que ponto os matemáticos são transdisciplinares por natureza, e também como é forte a idéia de unidade do mundo. O que motivou Einstein foi a idéia de *Das eigentliche Weltbild*, ou seja, a idéia de um mundo unitário. No newtonismo, no einsteinismo, existe a idéia de fazer, de encontrar a unidade dos fenômenos heterogêneos. As grandes descobertas, as grandes teorias são teorias que fazem a unidade onde só se vê heterogeneidade. De um lado, a ciência divide, compartimenta, separa e, do outro, ela sintetiza novamente, ela faz a unidade. É um erro ver só um desses aspectos; é a dialética, a dialógica entre essas duas características que, também nesse caso, faz a vitalidade de uma atividade científica. A ciência é impelida e agitada por forças antitéticas que, na realidade, vitalizam-na.

São impressionantes os grandes conflitos, na época moderna, entre Einstein, de Broglie, de um lado, animados pela idéia de unidade lógica e Niels Bohr, Heisenberg de outro, sensíveis à dualidade contraditória, à indecidibilidade profunda do real. E, na matemática, as discussões extraordinárias entre Russell, Brouwer e Hilbert. É um ponto de vista que deve ser destacado e não simplesmente catalogado, dizendo: "Existe a escola intuicionista que diz que.... Existe a escola construtivista que afirma..." Não é nada disso. É o próprio motor da ciência que é feito dessas oposições. Além disso, existem todos os problemas de conflitos interpessoais etc. Eis por que a ciência progride a despeito das comissões incompetentes, a despeito dos júris incapazes, a despeito das amarguras, dos humores, das pestes e dos amores-próprios. Eu não diria só a despeito, mas "com" e "por causa de" todos esses defrontamentos. Quero insistir num ponto dessa exposição: a fecundidade da atividade científica está ligada ao fato de ela ser motivada por fenômenos antagonistas ou contraditórios, por mitos, por idéias e por sonhos. Sem dúvida, o determinismo é um grande sonho — um sonho fecundo — porém, ele respeita as regras do jogo. Popper foi longe nessa concepção, uma vez que fez desse conflito a própria base da objetividade científica. Ele disse que a objetividade da ciência — e podemos voltar a esse esquema — é função da concorrência do pensamento, quer dizer, da liberdade no mundo científico, que eu chamo de sociedade/comunidade (uso as duas palavras porque, no alemão, ambas têm um sentido forte: *Gemeinschaft* é aquilo que une e *Gesellschaft* é a sociedade na qual funcionam os conflitos, os interesses, as concorrências, a economia etc.).

Toda sociedade é uma comunidade/sociedade. Por exemplo, a França é uma sociedade rivalitária com conflitos de todos os tipos mas, também, é uma comunidade: em caso de perigo externo, defendemos a integridade do território ou da pátria. O fenômeno comunidade/sociedade é um fenômeno normal para todas as sociedades organizadas que necessitam de um tecido comunitário, de um tecido fraternizante. A ciên-

Ciência com Consciência

cia é uma comunidade/sociedade original. O que nos leva a um problema de sociologia porque, efetivamente, a ciência também deriva da sociologia, do meio que ela constitui. Isso não quer dizer que a sociologia da ciência explica toda a ciência. Sou totalmente contra essa pretensão arrogante. Porém, é preciso ver que a essência das relações entre cientistas é, ao mesmo tempo, de natureza amigável e hostil, de colaboração, de cooperação e de rivalidade e competição. Esse é um traço que define a atividade científica com a regra do jogo de verificação; é a sua originalidade em relação às outras realidades culturais ou coletivas. Existem os conflitos, mas a comunidade científica também é real. Em primeiro lugar, é uma comunidade epistemológica unida por princípios fundamentais comuns — o princípio da objetividade, o princípio da verificação e o da falsificação — que aceita sem dificuldade as regras do jogo do qual falamos, que se inscreve com convicção numa mesma tradição histórica e com o mesmo ideal de conhecimento — este é um fator de comunidade — que, às vezes, dispõe de um arsenal transteórico ou transdisciplinar comum, isto é, de temas que motivam teorias diferentes. Além disso, essa comunidade continua a alimentar e a se alimentar de um mito comum no papel da fecundidade da ciência na sociedade humana. Vocês sabem que, atualmente, esse mito está muito doente.

De tudo isso, resulta que a ciência é, de fato, uma boa sociedade democrática.

O que é democracia? Vocês sabem que Popper também se preocupava muito com a idéia de democracia (sua obra foi amadurecida no momento do triunfo do nazismo e do triunfo do stalinismo) e ele fazia uma ligação desses dois problemas: a reflexão sobre a ciência e a reflexão sobre a democracia. Ele não foi muito longe, eu creio, mas a idéia importante é a seguinte: qual é a natureza da democracia? É uma aceitação de uma regra do jogo que permite aos conflitos de idéia serem produtivos. Quer saber o que é democracia? É um sistema que não tem verdade. Porque a verdade é a regra do jogo, como na ciência. A ciência não tem verdade, não existe uma verdade científica, existem verdades provisórias que se sucedem, onde a única verdade é aceitar essa regra e essa investigação. Portanto, existe uma democracia propriamente científica, como funcionamento regulamentado e produtivo da conflituosidade. Isso resulta no fato de que, embora detestasse a filosofia de Marx e de Hegel — a dialética —, Popper introduz uma idéia bem hegeliana: o papel "positivo" do negativo. Popper acredita na razão, mas através de uma "razão negativa": a ciência progride por refutação de erros. Qual é o progresso da ciência? É o fato de os erros serem eliminados, eliminados, eliminados. Nunca temos certeza de possuir a verdade, já que a ciência está marcada pelo falibilismo. O combate pela verdade progride, mas de modo negativo, através da eliminação das falsas crenças, das falsas idéias e dos erros. Na filosofia de Hegel, o móbil era parecido: a negação da negação, o trabalho do negativo na obra. O que não pode deixar de ser dito é que a regra do jogo científico é mental e institucional, simultaneamente. Ela é garantida pelas instituições, mas, ao mesmo tempo, funciona por ela mesma, nas mentes. Isso também é algo muito interessante: em certos momentos, Estados totalitários quiseram controlar as ciências e impor sua verdade. O nazismo quis introduzir o racismo como verdade científica na biologia e Stálin — *via* Lyssenko —, quis impor sua concepção pessoal genética (o que ele pensava da genética?)... Acontece que esses sistemas que, é claro, detestavam a democracia, também detestavam que a ciência fosse um meio de pluralidade e de debates. Só agora o sistema totalitário compreendeu que perde muito mais ao fingir que não percebe que seus cientistas não produzem mais, não inventam ou partem para o exterior. Ele criou, então, verdadeiros isolamentos, um tipo de oásis totalmente isolado, onde os cientistas têm uma grande liberdade — interna eviden-

Ciência com Consciência

temente —, de modo a criar um ambiente no qual a democracia (o funcionamento conflituoso e a livre expressão das idéias científicas) não contamine a sociedade. É óbvio que eles fazem isso para as ciências interessantes do ponto de vista industrial e militar. Fazem isso pela física nuclear, e agora o fazem até pela biologia, pela genética (no momento, a sociologia não tem nenhum domínio sobre a sociedade balbuciante e, ao contrário, mostra os vícios que a propaganda quer dissimular). Ou seja, uma sociedade moderna, mesmo hipertotalitária, vai respeitar esse tipo de ilhota de comunidade/sociedade democrática científica para conseguir benefícios porque, vocês sabem, são os Estados os principais beneficiários das grandes descobertas científicas.

Não quero falar aqui (vocês terão outras conferências, outras exposições) do papel da ciência na sociedade. Se quiserem, poderemos discuti-lo, mas vocês sabem que esse problema é multidimensional e eu não quero sobrecarregá-los com esse catálogo de problemas. Quero chegar a algumas idéias conclusivas.

A primeira é que devemos continuar a considerar a ciência como uma atividade de investigação e de pesquisa. Investigação e pesquisa da verdade, da realidade etc. Porém, a ciência está longe de ser só isso e é aqui que muitos cientistas caem num idealismo vicioso, numa auto-idealização; eles se apresentam como pesquisadores puros, iguais aos anjos e aos santos que contemplam o Senhor nas reproduções da Idade Média... A ciência não é só isso e, constantemente, ela é submergida, inibida, embebida, bloqueada e abafada por efeito de manipulações, de prática, de poder, por interesses sociais etc. Contudo, repito, a despeito de todos os interesses, de todas as pressões, de todas as infiltrações, a ciência continua sendo uma atividade cognitiva. E, mesmo quando procuramos, na atividade científica, fórmulas para manipular, para o poder e para agir, a dimensão cognitiva ainda persiste.

O segundo ponto é que a ingênua idéia de que o conhecimento científico é um puro reflexo do real precisa ser completamente destruída: ele é uma atividade construída com todos os ingredientes da atividade humana. Todavia, apesar disso, comporta uma dimensão objetiva fundamental. O que isso significa? Isso quer dizer que a realidade pesquisada pela ciência não é uma realidade trivial, não são verdades evidentes sobre as quais podemos chegar a um acordo num bar. O real é surpreendente. É por isso que Popper tem razão quando diz: uma boa teoria científica é uma teoria bem audaciosa, ou seja, uma teoria totalmente estupefaciente. A ciência não é uma operação de verificação das realidades triviais, ela é a descoberta de um real escondido ou, como diz Espagnat, velado. Em contrapartida, é preciso citar que, no diálogo que a atividade científica estabelece com o mundo dos fenômenos, com o mundo do real que se oculta, há um problema de sacrifício de ambas as partes. Para que haja uma aproximação e um diálogo entre a inteligência do homem e a realidade ou a natureza do mundo, são precisos sacrifícios enormes: para manter o formalismo ou a quantificação, o conhecimento científico sacrifica as noções de ser, de existência e a integridade dos seres. Deve-se pensar nesse problema, saber o que se sacrifica, o que se deve sacrificar e até onde se deve sacrificar. Existe, também, uma outra idéia, muito importante, de que a objetividade científica não exclui a mente humana, o sujeito individual, a cultura, a sociedade: ela os mobiliza. E a objetividade se fundamenta na mobilização ininterrupta da mente humana, de seus poderes construtivos, de fermentos socioculturais e de fermentos históricos. E, repito, nesse quadro, se quisermos achar alguma coisa importante, crucial (embora não haja UM fundamento da objetividade), esta seria a livre comunicação; é a crítica intersubjetiva o ponto crucial e nodal da idéia de objetividade.

Outro ponto sobre o qual quero insistir é que a idéia de cer-

Ciência com Consciência

teza teórica, enquanto certeza absoluta, deve ser abandonada e deve-se dar lugar ao que Popper chama de falibilismo, que está ligado a um progresso que pode ser ultrapassado e que permanece incerto. Há uma frase maravilhosa de Popper, que talvez vocês já conheçam mas, mesmo assim, vou lê-la:

> "A história das ciências, como a de todas as idéias humanas, é uma história de sonhos irresponsáveis, de teimosias e de erros. Porém, a ciência é uma das raras atividades humanas, talvez a única, na qual os erros são sistematicamente assinalados e, com o tempo, constantemente corrigidos."

Outra idéia conclusiva: a ciência é impura. A vontade de encontrar uma demarcação nítida e clara da ciência pura, de fazer uma decantação, digamos, do científico e do não-científico, é uma idéia errônea e diria também uma idéia maníaca. Na minha opinião, esse foi um dos raros e grandes erros de Popper. O notável é que a ciência não só contém postulados e *themata* não-científicos, mas que estes são necessários para a constituição do próprio saber científico, isto é, que é preciso a não-cientificidade para produzir a cientificidade, do mesmo modo que, sem cessar, produzimos vida com a não-vida.

Outra nota conclusiva: é preciso desinsularizar o conceito de ciência. Ele só precisa ser peninsularizado, isto é, efetivamente, a ciência é uma península no continente cultural e no continente social. Por isso, é preciso estabelecer uma comunicação bem maior entre ciência e arte, é preciso acabar com esse desprezo mútuo. Isso porque existe uma dimensão artística na atividade científica e, constantemente, vemos que os cientistas também são artistas que relegaram para uma atividade secundária ou adotaram como *hobby* seu gosto pela música, pela pintura e até mesmo pela literatura... Também dizemos que não existe uma fronteira nítida entre ciência e filosofia. É claro que nos seus pólos e núcleos centrais elas são bem diferentes, já que a característica original da ciência é, principalmente, a obsessão verificadora, falsificadora e a obsessão central da filosofia é a reflexividade e a introspecção do sujeito. Mesmo assim, é preciso dizer que na atividade científica há muita reflexividade, há pensamento, e que a filosofia — por natureza — não despreza a verificação ou a experimentação. Creio que a ciência tem necessidade de introduzir nela mesma não a reflexão dos filósofos, mas a reflexividade. É curioso, pois muitas vezes achamos que é próprio da ciência se auto-afirmar rejeitando a filosofia. Mas reparem como os grandes cientista são filósofos selvagens, desde o início do século. Quando digo selvagens, é porque partiu deles próprios abordar os problemas filosóficos fundamentais. Isso aconteceu com Poincaré, com Einstein, com Niels Bohr, com Born, com Heisenberg e continua atualmente com Lévy-Leblond, com Prigogine, com Espagnat, com Costa de Beauregard. É incrível: existe uma atividade especulativa e filosófica que nasce da ciência. (Atualmente, alguns jovens neotecnocratas da ciência desprezam-na como especulações senis e discussões de fundo. Mas eles envelhecerão.) Certamente, deve-se fazer uma distinção desses domínios. Logicamente, eles são diferentes um do outro, porém devem se comunicar e, além disso, precisam ter uma comunicação interna. É preciso dizer, também, que, infelizmente, devido à hiperespecialização, à clausura e ao esoterismo disciplinar, os filósofos não podem mais se alimentar de conhecimentos científicos, eles se fecham com frieza e vivem nesse universo abstrato da pura especulação.

Por fim, a última idéia é que a ciência deve ser considerada como um processo recursivo auto-ecoprodutor. Vou explicar essa fórmula cruel: uma vez que a objetividade remete ao consenso, e que este remete à comunidade/sociedade que remete à tradição crítica etc., isso quer dizer que a cientificidade se constrói, se desconstrói e se reconstrói sem cessar, já que

Ciência com Consciência

existe um movimento ininterrupto. A ciência se autoproduz nesse processo, porém, quando digo "ela se autoproduz", também quero dizer que ela não se autoproduz entre quatro paredes: ela se auto-ecoproduz, já que sua ecologia é a cultura, é a sociedade, é o mundo. A ciência é um fenômeno relativamente autônomo na sociedade, e não é uma pura ideologia social, e sim, a ciência é auto-ecoprodutora. Por que eu digo um "processo recursivo"? Porque a idéia de recursão, no sentido que eu uso, indica um processo cujos efeitos ou produtos se tornam produtores e causas. Nada pode ilustrar melhor essa idéia do que a idéia de objetividade: eis que a objetividade é o produto último da atividade científica e esse produto se torna a causa primeira e o fundamento de onde ela vai partir novamente. Por isso, se é preciso distinguir, também é preciso ver que nada é isolável: não há um fato puro totalmente isolável; a objetividade não é isolável das crenças, o círculo passa e repassa pela lógica, pela linguagem, pelos paradigmas, pela metafísica, pela teoria, pela cooperação, pela competição, pelas oposições, pelo consenso. E tudo isso é alimentado pelas aplicações sociais, pelo Estado, pelas empresas. Há uma interpenetração e uma interconexão entre esse círculo da ciência que se auto-ecoproduz e se auto-eco-organiza e todos os outros círculos da sociedade que funcionam a seu modo. E no centro intelectual e mental do círculo científico, existe esse circuito entre empirismo e racionalismo, entre imaginação e verificação, entre ceticismo e certeza.

INTERVENÇÃO: *Para minha surpresa o senhor não citou o nome de Gaston Bachelard. É um ótimo exemplo de cientista que fez epistemologia; devemos lembrar que ele era professor de física e que escreveu uma obra muito importante (que provavelmente o senhor conhece) sobre a formação da mente científica. Gostaria de perguntar, na sua opinião, qual seria a posição dele em relação aos anglo-saxônicos, já que o senhor falou sobre os anglo-saxônicos em relação a Popper e também a Kuhn.*

E.M.: Você tem razão. Minha única desculpa é o que eu disse no início: peguei o ponto de vista, o ângulo de ataque, partindo da aventura do positivismo lógico, e não mencionei Bachelard que, para mim, tem uma importância fundamental e considerável. É preciso observar também que todas essas discussões anglo-saxônicas redescobriram as idéias que Bachelard já havia expressado, a seu modo. Por exemplo, a famosa idéia de corte epistemológico, de ruptura epistemológica de Bachelard, foi recobrada por Kuhn na sua idéia de paradigma. A obra fundamental de Popper sobre a lógica da descoberta científica é meio contemporânea dos trabalhos de Bachelard; isso data de antes da guerra. Eles não se conheciam, mas acho que Bachelard tinha uma mente muito potente que tratou de problemas que a epistemologia anglo-saxônica ignorou. Por exemplo, o problema da complexidade; ele percebeu que, no universo, não existe o simples, só o simplificado e, assim, ele percebeu a atividade simplificadora do conhecimento científico. Na minha opinião, seu pensamento continua surpreendentemente forte em muitos outros campos. Isso aparece ainda mais porque, decididamente, tudo o que volta através dos debates anglo-saxônicos descobre coisas já pensadas, já formuladas, já ditas. Bachelard apareceu no universo científico e universitário francês como uma espécie de meteoro e não foi bem integrado porque era uma mente original demais e porque tinha dois interesses: de um lado, seus estudos sobre o sonho, sobre o imaginário e sobre a psicanálise da água, do fogo, e, de outro, ele se apaixonou pelas revoluções provocadas pela microfísica e pelos problemas fundamentais da racionalidade aí colocados. No meu pensamento, no meu trabalho, dou uma importância considerável a Bachelard.

INTERVENÇÃO: *Essa idéia dos paradigmas que o senhor retomou parece esquecer uma parte do desenvolvimento científico ao qual somos muito sensíveis, enquanto pessoas que traba-*

*lham em laboratórios. É o caráter do desenvolvimento científi-
co em grandes sistemas tecnológicos. As grandes revoluções
científicas estão ligadas a um sistema de tecnologia que existe
num dado momento. Parece-me que isso talvez escape a essas
revoluções teóricas; os epistemologistas talvez tenham ficado
muito impressionados com os modelos de Newton, de Einstein,
etc. e com essas grandes revoluções conceituais, mas, da
mesma maneira, a ciência repousa num grande número de
experiências, de medidas, de observações de fatos objetivos,
graças às tecnologias; e essas tecnologias não são independentes umas das outras. Acho que um historiador das técnicas já
havia insistido sobre essa noção de "sistema tecnológico" que
nos impõe um molde e não só idéias conceituais. Nós trabalha-
mos com máquinas tecnológicas e só podemos fazer certas coisas se conseguirmos essas máquinas tecnológicas.*

E.M.: Você tem razão. Em primeiro lugar observe que as
mudanças de paradigmas estão ligadas a mudanças tecnológicas. Por exemplo, estudamos o papel da luneta, no caso de
Galileu. É evidente que o desenvolvimento dos meios de
observação, o desenvolvimento da ótica veio junto com o que
chamamos de revolução copérnica e galileana. Você tem
razão de insistir nessa zona de silêncio da minha exposição.
Eu quis isolar o problema de comunidade/sociedade científica
na sociedade e não falei da interação, sobretudo entre o
desenvolvimento tecnológico e o desenvolvimento científico,
um fenômeno circular perfeitamente observável, já que ciência permite produzir a tecnologia e esta permite o desenvolvimento da ciência, que, por sua vez, desenvolve a tecnologia;
atualmente vemos bem isso nos laboratórios espaciais.
Porém, o que quero dizer é que tudo isso é intersolidário: por
exemplo, se, num dado momento, o desenvolvimento das
observações feitas fora da atmosfera terrestre, em laboratórios ou observatórios espaciais, nos fazem descobrir um certo

número de dados que nos obrigam a modificar nossa visão do universo que é aceita há mais de vinte anos, então isso levará a uma mudança de paradigma, ou seja, será preciso encontrar outros princípios de reestruturação do saber. Dito de outro modo, a tecnologia, o avanço tecnológico, alarga consideravelmente o campo do cognoscível, isto é, o campo do que pode ser visto, percebido, observado e concebido.

Esse alargamento do cognoscível faz surgir novos dados — certamente eles existiam, mas eram desconhecidos — e o aparecimento desses novos dados como anomalias em relação à teoria existente produz um questionamento da teoria. Se o questionamento for muito profundo, não só a teoria deve ser abandonada, mas também os princípios escondidos por trás da teoria, os princípios que governavam um conjunto de teorias que formavam a visão de mundo e, aí, você pode chegar a uma mudança de paradigma. Estou totalmente de acordo com você sobre o aumento da importância daquilo que podemos chamar de sistema tecnológico.

INTERVENÇÃO: *A relação entre os sistemas de tecnologia e o conhecimento também está ligada às formas sociais e às formas de cultura. Ou seja, que não é de todo evidente que haja um vínculo necessário entre o desenvolvimento desta ou daquela tecnologia e deste ou daquele modo de conhecimento e vice-versa. Existem civilizações nas quais o conhecimento pode ter uma forma autônoma, que não desemboque nas tecnologias. Porém, é claro que as representações que esse tipo de sociedade dá de si mesma não são semelhantes às que existem nas sociedades industriais do Ocidente. Portanto, a característica da relação entre tecnologia e conhecimento está ligada a formas relativamente, geograficamente (digamos em mentalidades) limitadas, o que leva a relativizar o que pode acontecer, em outros lugares, no que se refere ao conhecimento.*

Ciência com Consciência

O segundo ponto que eu gostaria de abordar refere-se ao fato de Morin ter dito "a ciência". Ele caracterizou a ciência como um conjunto de atividades cognitivas que tem suas condições de produção, suas condições de fecundação e assim por diante. Primeiramente, ele ligou-a ao problema de um consenso, em segundo lugar ao problema de um sistema conflituoso e, finalmente, às regras do jogo. Ora, a questão que eu gostaria de ver debatida é a da natureza dessas regras do jogo. Será que essas regras são do tipo puramente metodológico? Será que são do tipo das representações mentais, do tipo de um projeto social ou de qualquer outra coisa? Porque, se se trata de comprovar um consenso para gerar conflitos num sistema, podemos muito bem imaginar, por exemplo, uma comparação com a teologia medieval. Ela também tem seus critérios de falseabilidade, de verificabilidade e, no entanto, atualmente, não tem o mesmo status da ciência. Mutações são efetuadas e a natureza dessas mutações não pode, simplesmente, estar ligada à posição de objetividade porque quando a teologia se desenvolve como um sistema que esculpe de algum modo a sociedade, organizando-a e fazendo dela um elemento compreensível, nesse momento, não nos interrogamos sobre os pontos cegos correspondentes.

INTERVENÇÃO: *Queria dizer que, nesse tipo de processo, existe uma simultaneidade que não me parece evidente. Sobretudo, tenho a impressão de que se a cultura, a sociedade têm alguma relação com esse desenvolvimento, existe uma diferença de ritmo que se deve levar em conta; essa interação não aparece no nível dos paradigmas, nem no do progresso da descoberta, mas sim por intermédio das conseqüências tecnológicas, isto é, pelos efeitos no mundo prático. Por exemplo, quantas pessoas — hoje em dia, atualmente — são capazes de compreender o sentido profundo de*

$E = mc^2$? *Muito poucas. Não podemos dizer que isso tenha causado grandes mudanças no plano da cultura, das sociedades. Em contrapartida, o que é percebido é a guerra nuclear, ou seja, a conseqüência. Parece-me que a sensibilidade das pessoas à poesia está bem mais generalizada: isso não tem mais influência. Então, será que não devemos nos preocupar com a diferença entre a duração do desenvolvimento de toda essa parte importante da cultura, sociedade, história etc. e os efeitos das descobertas científicas?*

E.M.: Vou dizer duas palavras sobre o que vocês falaram.

Sobre a regra do jogo: é evidente que a característica original da regra do jogo científico é o teste. "Testar", através de observadores/verificadores, diferentes opiniões ou diferentes idéias. Há uma idéia de que não há nenhum limite moral, religioso ou político à crítica e à investigação. É isso que a diferencia da regra do jogo medieval ou de outros jogos. A última regra do jogo é empírica, ou melhor, empírico-crítica. Ela é também empírico-lógica porque, assim, podemos contestar uma teoria naquilo que ela tem de incoerência; porém, sobretudo, é o teste empírico que é decisivo. Essa é a regra fundamental do jogo. É claro que um teste — prestem bem atenção — não tem valor absoluto, ou seja, uma, duas ou três experiências aparentemente decisivas talvez não sejam decisivas. Holton conta o que aconteceu com Einstein quando foi publicado um artigo circunstanciado, demonstrando que sua primeira teoria (sobre a relatividade restrita) era forjada pela experiência. Einstein respondeu: "Talvez seja verdade... mas não acredito..." No entanto, ele estava preparado para aceitar. Só depois é que se percebeu que as experiências haviam sido malfeitas.

Existe um outro problema que está enxertado nisso, é o problema da prova. Na ciência, é um teste decisivo que vai trazer a solução. Contudo, para que ele traga a solução, é pre-

Ciência com Consciência

ciso que o problema esteja bem amadurecido. Suponham que, no início do século XIX, tenham sido feitos testes que desmentiram completamente a teoria da gravidade de Newton. Eles não seriam levados a sério e teriam ficado por conta das anomalias. Por exemplo, há um ano ou dois, vi em *La Recherche* o artigo de um astrofísico nórdico que se opunha à tese dominante do Big-Bang, dizendo: "Há um quasar que parece estar ligado a uma estrela ou a um grupo de estrelas que, normalmente, não poderia estar situado na mesma distância, uma vez que os quasars deveriam estar bem mais longe, haja vista o efeito Doppler." O que ele quer dizer é o seguinte: eis uma coisa que parece mostrar que tudo o que é fundamentado no *red-shift*, nem sempre significa o afastamento das galáxias. Mas, no momento, a maioria da comunidade científica diz o seguinte: "Trata-se de uma anomalia que certamente tem outra explicação, mas não vamos desmentir uma teoria que parece tão bem corroborada por tantos indícios (embora ninguém tenha verificado o Big-Bang), e não vamos destruir uma teoria como essa. O que acontece é que, num dado momento, uma teoria é considerada sólida quando é um pouco confirmada de um modo "multicruzado" (como nas palavras cruzadas), ou seja, quando diferentes indícios, diferentes inferências lógicas, diferentes verificações fazem com que essa teoria se ache bem consolidada por diversos lados. Se, nesse momento, uma única experiência se opõe, pensamos que alguma coisa não funcionou direito. Portanto, nunca é uma experiência que vai decidir, mas a regra do jogo será respeitada, a experiência será refeita, outras experiências serão refeitas etc. Quando a seleção está pronta, a experiência decisiva aniquila a antiga teoria deteriorada, justificando a nova teoria. Isso acontece com a experiência de Aspect sobre o paradoxo E.P.R.

A outra idéia está certa: eu não fiz um quadro sincrônico. O que eu quis dizer quando me referi, por exemplo, à tradição

68 *Ciência com Consciência*

crítica (a tradicão crítica remonta à Grécia do século V, com interrupções...) é que essa tradição é constantemente renovada — mesmo hoje em dia — para que a ciência continue. Quis dizer alguma coisa desse tipo. Suponham que, na nossa história futura, aconteça alguma coisa que já aconteceu na nossa história passada, como por exemplo o fechamento da Escola de Atenas. A Escola de Atenas foi fechada por um imperador muito piedoso, a filosofia laica, sem Deus, foi proibida, interditada. Portanto, houve um corte; sobraram elementos, fontes, genes, germes, livros que ficaram parados; isso permaneceu no pensamento teológico até o Renascimento. Vamos fazer a suposição de que, numa certa época, um Estado, um poder (se houvesse um imã na França) tome a decisão: É satânico, absolutamente satânico, vocês produzem bombas atômicas, manipulam genes, vocês são seres completamente imundos e completamente odiosos, vamos fechar os laboratórios e os aiatolás vão explicar o que se deve pensar. Nesse momento, a tradição crítica estaria acabada, seria clandestina e vocês poderiam imaginar uma parada ou um esgotamento da atividade científica. Isso quer dizer que esse fenômeno, essa referência à história, não é uma referência de um esquema aparentemente presente que faz um falso retorno ao passado, e sim que essa mesma fonte continua viva, que essa fonte que alimenta a atividade científica é, por sua vez, realimentada pela atividade científica; isso quer dizer que é a atividade científica que mantém a tradição crítica em seu seio e que faz com que ela recalque sem interrupção a tendência espontânea, humana, para a reformação do dogmatismo e do julgamento de autoridade. Essa é uma característica que merece reflexão. É fantástico ver a que ponto e como se reconstitui — no seio do meio científico — o julgamento da autoridade: diante do grande patrão não ousamos contradizê-lo; nós o suportamos, esperamos que ele morra, que se aposente. Porém, acredito que existam forças extraordinárias

Ciência com Consciência

ligadas à tradição crítica que fazem com que combatamos o julgamento da autoridade. Foi isso o que eu quis dizer nesse quadro aparentemente sincrônico.

INTERVENÇÃO: *A propósito dos conflitos: o senhor não falou da crise ou das crises. Será que a crise está na passagem de um paradigma para outro, já que o senhor falou de ruptura na visão de mundo, ou será que é nas mudanças que a crise se instala? Onde poderíamos colocá-la ou colocá-las no seu esquema e será que existem outros fatores internos ou externos da crise?*

INTERVENÇÃO: *Como psicólogo, eu me dou o direito de intervir baseando-me no elogio do amadorismo que Edgar Morin fez há pouco. Até que ponto nosso pensamento científico depende ou não de nosso meio, de nossas características, de nossas estruturas mentais profundas? Será que podemos imaginar o mundo de um modo completamente diferente da nossa forma de pensar? Por exemplo, eu penso em todos os conflitos que surgiram na ciência entre o determinismo, o princípio de causalidade etc. Cada um de nós tem meios de pensamento muito profundos. A discussão está aberta: alguns acham que esses meios são inatos, que derivam da estrutura neurofisiológica do nosso sistema nervoso, outros — e provavelmente é aí que Piaget se encaixa — pensam que se trata de interiorizações das nossas primeiras experiências do mundo que nos cerca e que, depois, constituem essas formas de pensar que projetamos nos níveis do pensamento superior. É uma questão aberta e que, talvez, possa se juntar a uma outra que muito me preocupa: as razões extremamente complexas e profundas pelas quais certas etnias e certas civilizações, como a civilização que chamamos de ocidental, desenvolveram o pensamento técnico-científico, pelo menos do modo que o manipulamos e o* conhecemos, e por que outras, com evoluções e eclipses históricos, ficaram totalmente afastadas desse movimento (e que, agora, fazem uso do nosso, já que nosso pensamento científico se difundiu pelo mundo inteiro através da mídia). São questões extremamente profundas.

INTERVENÇÃO: *Existem ciências mais científicas do que outras? Outra pergunta: a ciência é fundada porque escolheu seus objetos ou é fundada porque procede de uma atitude? Acho que o que falamos sobre o inconsciente, sobre a diversidade das ciências ou não-ciências sociológicas, psicológicas, em relação ao que seriam as ciências exatas, poderia ser esclarecido com uma resposta a essa questão.*

E.M.: Quantas perguntas! Primeiro, a noção de crise. Acho que uma crise acontece, numa teoria científica ou num meio científico, a partir do momento em que a dita teoria, em vez de integrar os dados, não pode mais fazê-lo e quando as anomalias (o que é reputado como anomalia e que separamos esperando resolvê-la mais tarde) se multiplicam tanto que, decididamente, questionam a teoria. Esse é o caso em que uma teoria está em crise. E, às vezes, o que está em crise não é a própria teoria, mas um princípio de explicação fundamental que está por trás. No início do século, por exemplo, houve uma grande crise com a física quântica. Por quê? Porque ela colocava um princípio fundamental que punha em xeque um outro princípio que parecia válido universalmente, o do determinismo universal. A disputa levava à época da indeterminação e do determinismo. E, para a maioria dos cientistas, dos físicos da época, a microfísica parecia uma regressão do conhecimento, já que se entrava no desconhecido, no indeterminado. Parecia algo impensável: o conhecimento progride para nos ensinar a ignorância; não se pode determinar a velocidade ao mesmo tempo que a posição etc. Eis um momento

Ciência com Consciência 71

de crise. A crise continuou em outros aspectos, mas o que se passou foi que a mecânica quântica provou que, mantendo suas incertezas fundamentais, ela dava meios e um instrumento de previsão válido, eficiente, confiável e que, no fundo, não era a ruína da determinação ou do determinismo, e sim um modo flexível de ver as relações entre o determinismo e o seu oposto. Eis os problemas de crise que podem acontecer.

Agora, há um conjunto de perguntas sobre o tema: a ciência, as ciências. Se dizemos "a ciência; a ciência", acabamos fazendo um discurso completamente abstrato que esquece as diversidades entre as ciências. Porém, se dizemos "as ciências; as ciências", falamos como se se tratasse de categorias que não tivessem nada em comum. Citei exemplos da física: privilegiei a física porque é evidente que ela é uma ciência canônica, a primeira das ciências; ela que se considerou uma ciência completa, que tratou ao mesmo tempo do real e do universo, que executou um movimento extraordinário, porque, quando achava ter atingido a perfeição, bruscamente perdeu seus fundamentos. É uma aventura, digamos, autocrítica e auto-reflexiva extraordinária, que acontece na física contemporânea. Melhor dizendo, os postulados fundamentais que incentivaram a pesquisa nos séculos 17, 18 e 19 — sobretudo a pesquisa da pedra fundamental, do átomo, do elemento primário, estável, claro —, todo esse movimento resultou no contrário: descobriram partículas, noções ambíguas, noções confrontantes etc. Portanto, a física é interessante porque põe no estado mais puro, mais exemplar, todos os problemas da cientificidade. Atualmente, poderíamos pegar exemplos não menos importantes na biologia.

Por que não falei muito das ciências sociais? É um problema que me interessa bastante, mas é que são ciências muito difíceis; são ciências que têm por objeto fenômenos que não podem ser descritos formalmente. A física fala de coisas que estão por trás dos corpos, que estão por trás dos objetos.

Mas, se você faz uma sociologia (falo da penúltima intervenção) que ignora as pessoas humanas, que ignora o fato de que os seres não são feitos só de carne e sangue, mas também de espírito, que existem sofrimentos, infelicidades, se fazemos uma sociologia puramente abstrata, puramente demográfica, puramente quantitativa, perdemos algo absolutamente essencial. Existem problemas importantes colocados pelas ciências sociais, mas não quis falar deles, tenho um tempo limitado. Tenho plena consciência de ter escolhido algumas "fatias" num problema múltiplo e multidimensional e dei ênfase a certos problemas. Estou consciente das lacunas e carências dessa exposição. As ciências constroem seu objeto, porém, justamente o problema é que nas ciências humanas não é preciso construir porque, nesse momento, destruímos. Os objetos construídos são objetos que têm um lado relativamente abstrato.

Vocês perguntaram sobre "o teste". Não existe evidência de que um teste seja um teste. Existem problemas de incerteza e de indeterminação. O que significa que é preciso abandonar um sonho. Nessa exposição não falei do sonho demarcatório que, no meu ponto de vista, é capital. As pessoas do Círculo de Viena se fundamentavam na idéia de que a demarcação entre ciência e não-ciência era evidente; Popper criticou o Círculo de Viena, porém, manteve a idéia da demarcação clara e nítida entre a ciência e a não-ciência: era a falseabilidade. Deve-se abandonar a idéia de que há uma fronteira clara e nítida e, na minha opinião, deve-se chegar a problemas de multicruzalidade, de concordância, de convergir que, finalmente, dão uma grande plausibilidade, credibilidade, a um conjunto de inferências convergentes. Portanto, nada está absolutamente nítido, nada é absolutamente claro em seu princípio.

Passemos ao inconsciente. Na realidade, não estava pensando na psicanálise — podemos fazer isso. Eu digo que o incons-

Ciência com Consciência 73

ciente é o fenômeno maior. Primeiro a mente: quando falo, não estou nem um pouco consciente de todos os mecanismos neurocerebrais que entram em ação, dos milhões de conexões sinápticas; nem mesmo estou consciente do uso que faço da lógica, da sintaxe etc. Diria até que minha atividade mais nobre, espiritual, comporta uma parte inconsciente: é preciso o inconsciente para que o consciente funcione. Nossa mente depende de um corpo, mas não sabemos o que se passa dentro de nosso corpo. Primeiro, foi preciso descobrir (muito tarde) que o cérebro era o lugar onde se localizava o pensamento; podia-se pensar que era no fígado, que era numa outra parte qualquer. Muito tarde, descobriu-se que somos feitos de muitos milhões de células. Então, eu não sei que sou feito de muitos milhões de células e minhas células não sabem que eu sou eu. O inconsciente está em toda parte, o que é maravilhoso na pesquisa é que estamos numa nuvem — num oceano — de desconhecimento e de inconsciência. Meu trabalho atual chama-se "o conhecimento do conhecimento" porque o conhecimento não se conhece a si mesmo. E se ele quiser se conhecer, encontra um pequeno pedaço de conhecimento nos trabalhos de neurociência, um outro pequeno pedaço, uns vislumbres, nos trabalhos sobre computadores, a inteligência artificial, um outro na psicologia, outro na psicologia cognitiva, outro na lógica. Quanto à psicanálise, sim, ela é muito interessante, contudo, vocês sabem que as psicanálises têm uma tendência a se fechar e a se ritualizar. Enfim, o que diferencia uma teoria científica de uma doutrina é que a teoria é "biodegradável", ela aceita a regra do jogo e sua morte eventual. Enquanto uma doutrina se fecha, é auto-suficiente e recusa, de alguma forma, os veredictos que a contradizem e que emanam do mundo real ou de seu adversário. Eu diria que uma teoria e uma doutrina podem ter os mesmos constituintes, formar um mesmo sistemas de idéias e a única diferença é que uma se fecha, se autojustifica e se refere às citações dos fundadores sempre pomposamente.

Vocês têm um modo limitado e fechado de conceber a psicanálise, freudiana ou outra qualquer, um modo limitado e fechado de conceber o marxismo: vocês citam litanicamente "Freud disse que...; Marx disse que...; Engels... etc." A psicanálise é uma coisa que acho absolutamente genial, por quê? Porque Freud compreendeu que o nó górdio estava no cruzamento do que podemos chamar as ciências da mente, os conhecimentos psicológicos, as fantasias, os sonhos, as idéias, de um lado, e de organismo biológico, do outro. Por sua idéia de pulsão, ele compreendia que era preciso conceber o ser humano na sua totalidade multidimensional, em vez de recortar um pequeno pedaço que vai cair na aptidão para letras, que é a parte mente, e a parte corpo que deriva da biologia. Ele é um pensador extremamente poderoso cujas intuições devem ser examinadas sem cessar. Todavia, existem escolas — seitas — de psicanálise fechadas e rituais que, pessoalmente, me assustam e me aborrecem.

Uma outra questão, verdadeiramente capital, uma questão que, acho eu, se deslocou, é a questão filosófica sobre os limites do nosso conhecimento, os limites das possibilidades de nossa mente. Como vocês sabem, o primeiro filósofo que enfrentou essa questão foi Emmanuel Kant na sua *Crítica da Razão Pura*; ele disse que o tempo e o espaço são formas *a priori* da sensibilidade, ou seja, o tempo e o espaço não existem, somos NÓS que os colocamos no mundo dos fenômenos para poder ordená-los e, ao mesmo tempo, a causalidade, a finalidade somos NÓS que as damos aos fenômenos para poder compreendê-los. Então, só podemos compreender um mundo de fenômenos, isto é, marcado por nossa mente, mas o mundo real, o mundo das coisas em si, escapa a nossa inteligência. Dito de outro modo, nossa inteligência só pode conceber uma fímbria da realidade. Esse ponto de vista era filosófico.

Ele repousa nas neurociências, a partir do momento em que se descobriu que o cérebro humano era uma caixa-preta,

Ciência com Consciência

fechada, que conhecia o mundo exterior através de terminais sensoriais e o que podemos dizer desses terminais? O que eles recebem? Freqüências? Impulsos? Diferenças? Dizendo de outra forma, através dos sentidos, pelo olfato, pelos olhos tratamos as diferenças e essas diferenças são computadas, são codificadas, sendo que nossa mente faz representações e idéias. No entanto, há um problema, uma relação surpreendente: traduzimos a realidade em idéia e em representações, mas não temos um conhecimento direto dela. Além disso, as experiências como a de Aspect são muito importantes porque elas levam certos cientistas a questionar o tempo e o espaço. Até Espagnat ou Costa de Beauregard e mesmo Vigier que retomam a questão do vácuo para concebê-lo como um caos de energia infinita. O problema está em pauta: o que é determinado por nosso entendimento, o que é determinado pelo real? Acho que é preciso colocar essa abertura e essa incerteza.

Podemos dizer: há limites para o conhecimento que são limites impostos pela constituição de nossa mente. Acontece que aquilo que permite nosso conhecimento é o que limita nosso conhecimento. Evidentemente, porque dispomos de um cérebro muito ramificado, complexo — produto da evolução biológica — é que podemos conhecer. Porém, ao mesmo tempo, esse cérebro está encravado numa caixa-preta, nossos sentidos só podem captar uma parte das diferenças e das variações que se acham no mundo externo, existem limites para nosso entendimento e, hoje em dia, compreendemos que existem limites para nossa lógica. Justamente, um dos maiores problemas colocados pela física é a questão da realidade última da matéria particular: ela é corpuscular ou ondulatória? Isso quer dizer que chegamos logicamente a uma contradição: se, efetivamente, as verificações e as observações nos mostram comportamentos de ondas e se outras observações, experiências, executadas de outro modo, mostram comportamentos de corpúsculos, é claro que é pela lógica que chega-

76   *Ciência com Consciência*

mos a uma contradição. Será que nossa mente e nossa lógica são insuficientes para conceber alguma coisa que ultrapassa a possibilidade do entendimento humano? Caos, incerteza! O problema está levantado.

Porém, o problema dos limites do nosso conhecimento é, ao mesmo tempo, o problema do ilimitado do problema do conhecimento. Sabemos que há um campo inaudito do desconhecido, do inconhecível talvez, e que a aventura humana do conhecimento e da pesquisa é interrogar, sem parar, um universo que, a cada novo conhecimento, nos dá um mistério a mais e um paradoxo a mais. Decididamente, essa aventura, foi, originalmente, ocidental. A origem da ciência ocidental é inseparável de um desenvolvimento tecnológico ocidental que é inseparável de problemas e de convulsões sociais de todo tipo. Vocês conhecem a tese de Needham que observou, por exemplo, que a China havia descoberto a pólvora, a bússola... e toda uma série de invenções das quais o Ocidente se apossou; porém, ele notou que a China, a despeito dos conflitos que afligiam o Império, era uma sociedade homeostática, onde não havia grandes conflitos sociais: a sociedade era piramidal, havia o imperador, havia os mandarins, não havia homens livres, mas as pessoas estavam numa sociedade muito hierarquizada que se mantinha a si própria, e as grandes invenções não produziram grandes perturbações. Sendo que, numa sociedade em ebulição, com conflitos entre o rei e os feudatários, por exemplo, o aparecimento do canhão foi um acontecimento capital que permitiu derrubar os castelos dos senhores e ao rei estender seus domínios, isto é, assegurar o progresso das nações modernas.

A bússola: os chineses navegadores foram a Madagáscar, mas evidentemente, no Ocidente, a bússola ajudou Cristóvão Colombo, e foi a descoberta da América que modificou tudo. Melhor dizendo, foi a característica contrastante, conflituosa, de alguma forma turbulenta, da história ocidental que permitiu

Ciência com Consciência

o progresso comum e correlativo da ciência e da técnica, progresso que aumenta sem parar de maneira exponencial e, sem dúvida, de forma demente. Portanto, temos um fenômeno de origem ocidental mas que se universalizou, porque a característica da ciência é dupla: ela é tipicamente ocidental por seus traços constitutivos, por essa nítida separação não só entre o pensamento laico e o pensamento religioso, mas também pela separação — não menos fundamental — entre o julgamento de fato e o julgamento de valor. Dito de outra forma: não existe consideração moral na ciência, conhecemos para conhecer.

Essa separação fez com que um certo tipo de pensamento disjuntivo, dissociativo, analítico ocidental se tornasse o motor fundamental para o conhecimento científico. Contudo, quando esse tipo de conhecimento se desenvolve, ele se torna universal. Naturalmente, é preciso que haja um certo estágio de desenvolvimento na sociedade para que sejam criadas as universidades, as instituições e os aparelhos de verificação. Assim, por esse movimento de universalização da ciência se produz a ocidentalização do resto do mundo, o que, em troca, provoca choques de contra-ocidentalização de culturas que parecem perder sua identidade. Em contrapartida, a universalização ativa processos cognitivos universais que são a dedução, a indução e a análise. De fato, o pensamento empírico-racional-lógico não é monopólio da ciência ocidental; ele se isolou, criou autonomia e se superdesenvolveu na ciência ocidental, mas está em todas as civilizações, misturado, num grau maior ou menor, a um pensamento simbólico-mitológico-mágico.

Vou retomar um problema tratado por Elkanna. Ele disse o seguinte: mesmo nas sociedades primitivas e nas sociedades pré-históricas existiu ciência. É claro que foi uma ciência difusa, misturada à magia, mas ela existiu. Nossos ancestrais, os cro-magnon,[2] não caçavam os bisões e os grandes animais

---

2 Cro-Magnon — sítio da Dordogne, França, que deu seu nome a uma raça humana pré-histórica. (N.T.)

com pinturas nas paredes, com feitiços, esperando que eles lhes caíssem assados aos seus pés. Vocês sabem muito bem que eles faziam feitiços e pinturas mas tinham uma habilidade técnica extraordinária, tinham estratégias, conhecimentos, baseavam-se nos excrementos dos animais, em resumo, possuíam os meios empíricos lógicos racionais para interrogar o real. Ainda não era ciência enquanto entidade isolada, mas faziam uso de todos os recursos G.P.S. (General Problem Solver), de todos os recursos estratégicos: indução a partir de dados do real, crítica, controle, verificação, intercomunicação. E todos esses procedimentos, que são os da mente humana, foram submetidos a testes, a verificações, a filtros cada vez maiores até que a atividade científica se diferenciasse no seio da atividade humana.

Falei de arte, de ciência, de filosofia: o mesmo espírito funciona, mas, aí, surgem regras socioculturais e regras verificadoras imperiosas e precisas; a ciência é muito exigente no plano fundamental do teste, da refutação e da verificação.

E agora, vamos aos problemas das pessoas: estou consciente dos problemas que vocês falaram. Acho que o modo como considerei as coisas reintroduz o jogo concreto no universo abstrato. Quando faço alusão aos conflitos pessoais, à imaginação, à paixão, às pulsões, às obsessões, às ambições etc., tento não esquecer que a ciência é feita por cientistas que também são seres humanos, com todos os defeitos dos seres humanos. É por isso que Popper percebeu, acertadamente, que não existe uma qualidade superior inerente na mente do cientista. Não falei nada sobre a essência porque já se escreveu tanto sobre isso que eu não queria discutir novamente. Mas vou dizer o seguinte: da minha parte, acredito que, decididamente, cresce um neo-obscurantismo no desenvolvimento da ciência. Não quero dizer que o desenvolvimento da ciência é o desenvolvimento do obscurantismo, de jeito nenhum, pois foi o conhecimento científico que nos deu os

Ciência com Consciência

conhecimentos mais fabulosos sobre o universo, sobre a vida e é ele que fará descobertas ainda mais surpreendentes. O que é então esse neo-obscurantismo do qual eu falo? Atualmente, as grandes disjunções e separações nos campos da ciência — entre as ciências naturais, entre as ciências humanas — fazem, por exemplo, com que não possamos compreender a nós mesmos, nós que somos seres culturais, psicológicos, biológicos e físicos. Não podemos compreender essa unidade multidimensional porque tudo isso está separado e desmanchado.

Na sociologia, às vezes eliminamos a noção de homem porque não sabemos o que fazer dela. O que se passa é o seguinte: chegamos a uma reclusão disciplinar, hiperdisciplinar, na qual cada um de nós é proprietário de um magro território que compensa a incapacidade de refletir nos territórios dos outros com uma interdição rigorosa, feita ao outro, de penetrar no seu. Vocês sabem que os etólogos reconheceram esse instinto de propriedade territorial nos animais. Quando entramos nos territórios deles, os pássaros piam forte, os cães latem etc. Esse comportamento mamífero diminuiu muito na espécie humana, salvo em universitários e em cientistas.

O que acontece é que a reflexão só pode se fazer na comunicação dos pedaços separados do quebra-cabeça, mas o especialista não pode nem mesmo refletir sobre sua especialidade e, é claro, proíbe aos outros de nela refletirem. Isso faz com que ele condene a si próprio ao obscurantismo e à ignorância do que é feito fora da sua disciplina e condena o outro, o público, o cidadão a viver na ignorância. Isso é o obscurantismo, o ignorantismo generalizado: temos os produtos de um conhecimento cuja tendência é ir diretamente para um banco de dados, serem processados por computadores e, então, atingirmos uma coisa extraordinária — corremos o risco de chegar a isso: o desapossamento da mente humana. Tradicionalmente, o conhecimento é feito para ser refletido, pensado, discutido e, se possível, incorporado na vida para ter elementos de reflexão ou de sabedoria.

Na minha opinião, o trágico, não é tanto o que representa o processo de desapossamento e de perda da reflexão, mas é que a maior parte das pessoas está feliz com isso, "se é assim, está bom" e elas estão absolutamente encantadas. É a história de La Fontaine, O cachorro e o lobo: o cachorro está muito orgulhoso da coleira que usa no pescoço. E chegamos a esse fenômeno: a recusa de se conscientizar da perda da possibilidade de refletir. Dramaticamente, existem dois problemas. O primeiro é o das idéias gerais. Sobre as idéias gerais — as dos outros —, dizemos: são palavras, palavras vazias, abstrações. Infelizmente, todos se nutrem das idéias gerais. Sobre a vida, sobre a sociedade, sobre o amor, sobre a política, sobre Mitterrand, sobre Giscard, sobre qualquer coisa que você queira... sobre o mundo, sobre o determinismo... Todos temos idéias gerais, arbitrárias, não fundamentadas, que derivam do humor, e não se podem dispensar as idéias gerais. E aquele que diz que não se devem ter idéias gerais está enunciando uma idéia geral que, infelizmente, é a mais oca de todas. É importante perceber: não podemos passar sem as idéias gerais. Vocês dizem: "Estamos perdendo tempo, isso impede que nos dediquemos aos nossos microscópios." Não é verdade! Desgraçadamente as idéias gerais são vitais, sinto muito. Como disse Gadamer, "o interesse que há de integrar nosso saber, de aplicar todo o saber na nossa situação pessoal, é muito mais universal do que a universalidade das ciências". Mas, existem abusos, isto é, infelizes ensaístas como Camus ou Sartre que, de tempos em tempos, pegavam um problema e o tratavam de uma maneira desajeitada, insuficiente, arbitrária, dogmática; pobres intelectuais que tentavam fazer o trabalho, tentavam tratar as idéias gerais.

Nesse caso, existe um problema em termos de democracia. Num artigo sobre a democracia industrial, Simon colocou

Ciência com Consciência

muito bem que um problema político surge pelo superdesenvolvimento da especialização disciplinar. Vivemos numa sociedade na qual, cada vez mais, os problemas derivam dos especialistas. É especialista disso, especialista daquilo... Perdemos o direito de ter um ponto de vista em favor do especialista que monopoliza o direito à decisão, já que ele tem competência. Como pode funcionar uma democracia a não ser cada vez mais esvaziada quando o cidadão é desqualificado pelo especialista? E, infelizmente, os especialistas são totalmente incompetentes quando surge um problema novo. O especialista é competente para resolver problemas já solucionados no passado. Porém, os novos problemas são impossíveis de ser resolvidos. Olhem os especialistas em economia numa crise. Como contava Philippe Beauchard, o presidente Mitterrand lhe disse: "Sabe, durante um ano, vi economistas de todos os tipos. Vi liberais, ortodoxos, marxistas, vi até budistas (são os menos ruins)." Ele viu muitos. "Eles me deram opiniões diferentes. A única coisa sobre a qual todos estavam de acordo era que o dólar não podia subir acima de cinco francos." Esse problema de especialistas é muito grave em todos os aspectos. Não vejo como resolvê-lo, mas, ao menos, ele precisa ser levantado. Esse problema aparentemente de pura especulação, de pura reflexão, é um problema cívico; estou completamente convencido disso.

INTERVENÇÃO: *Há pouco o senhor falou do problema do poder da ciência. Acho que ele existe e que é um problema importante porque, como lembrou um dos interventores, somos confrontados com grandes conjuntos nos quais a ciência é organizada — ao menos num certo número de disciplinas, não em todas — como nos sistemas nos quais reina uma divisão de trabalho. Portanto, sempre existe o problema de fazer escolhas. O senhor falou de experiências que enviam satélites na alta atmosfera ou fora dela para fazer observa-*

ções: isso é o resultado de decisões, de escolhas. Acontece que uma decisão é algo que não é científico.

O senhor sublinhou que, quando se trata de falar da veracidade ou da falsidade de uma teoria, a democracia é uma boa coisa. O senhor lembrou, há pouco, as comissões, o sistema do C.N.R.S. e, então, o senhor disse: é a mediocridade. Isso coloca um problema fundamental: se, numa atividade reputada como democrática, ao menos em certos aspectos, como a discussão das teorias, a democracia parece ser uma boa coisa, em contrapartida, quando essa atividade científica deve gerir a si própria, a democracia parece ser uma coisa má. Acho que existe uma conseqüência: isso quer dizer, em primeiro lugar, que corremos o risco de sermos condenados ao elitismo na ciência e no funcionamento científico. E, além disso (o senhor acabou de falar do problema dos especialistas), se, na ciência, é preciso recorrer ao elitismo para que ela caminhe, o que é feito do resto da sociedade, o que é feito da democracia? Isso quer dizer que a sociedade também deve caminhar de uma maneira elitista, a partir do momento em que ela achou que é a ciência que deve estar na sua base, que é a ciência que deve fazê-la funcionar e determinar o essencial de sua atividade. Esse é um problema que eu gostaria de ver respondido.

INTERVENÇÃO: *Atualmente, vejo reaparecer, nos escritos de pessoas como Yves Barel e outros, o interesse pela indecidibilidade nos fenômenos sociais e, igualmente, pela complexidade, depois de Morin. Não sei se a indecidibilidade tratada segundo Barel tem alguma coisa a ver com a indecidibilidade do teorema de Gödel que, é claro, eu ignoro. Porém, parece-me que pode haver uma convergência de tratamento, que eu situo, de um lado, no interesse dessa referência à indecidibilidade, o que alarga o dilema popperiano da verificação e da falseabilidade ao introduzir o terceiro termo que é a indecidibilidade e, de outro lado, acredito que isso*

Ciência com Consciência   83

nos interessa na medida em que nos lembra que os testes ou os fatos não são verdadeiramente verificados ou falsificados, mas que houve decisões de verificação ou de falsificação. O que também é interessante, porque leva ao encontro direto da sociologia e da lógica, a saber, que são atos sociais de decisão: decidimos que tal teoria, tal fato é verdadeiro ou falso, ou decidimos que ele é indecidível. Assim, todo o problema repousa na crítica da nossa instituição.

Fiquei feliz que, na segunda parte da sua intervenção, você tenha atenuado um pouco o otimismo da primeira. Na primeira parte, você disse: a instituição pode suportar seus conflitos, enfim, isso não é tão mal, podemos combater os argumentos de autoridade, sempre conseguimos. Na segunda parte, você descreveu que as pessoas defendem seus territórios, e isso está mais para um cesto de caranguejos do que para uma comunidade científica. Eu, que pratico um pouco a pesquisa na prática do conhecimento em ciências sociais, vejo muitos ajudantes, isto é, vejo muitas pessoas que dizem "não posso saber". Não é que eles não queiram saber se a questão é verdadeira ou falsa, eles não querem, nem mesmo, que seja feita a pergunta se é verificável ou falsificável. Quando existem tais bloqueios na instituição, eu não sou tão otimista quanto você para dizer que podemos sair disso.

INTERVENÇÃO: *Da minha parte, eu queria levantar o problema particular de certas ciências: as ciências para o engenheiro. Um dos autores que o senhor citou (Habermas) avaliou as diferentes motivações, o interesse reflexivo, o interesse técnico... Sobretudo, o senhor desenvolveu exemplos de avanço das ciências através do interesse reflexivo, ao citar Einstein e Newton, que evocam problemas desse tipo. Philibert disse há pouco: também existem interesses técnicos, também existem pessoas que criaram o microscópio eletrônico e seus continuadores que o aperfeiçoaram. Eu diria*

84 *Ciência com Consciência*

*que também há uma grande motivação prática que anima
certas ciências. Tomemos o exemplo das pessoas que reuniram os transistores em circuitos integrados e, depois, criaram uma lógica nos circuitos integrados. Isso resultou nos
microprocessadores e, agora, estão nos circuitos de auto-
aprendizagem. Esse tipo de ciência levanta problemas espe-
ciais como: primeiro, ela cria seus próprios objetos e,
depois, cria novas ciências — a microeletrônica que é considerada como uma nova disciplina. Segundo, essa ciência
não é mais impura do que qualquer outra, e posso dizer que
ela não tem nenhum complexo de inferioridade em relação à
ciência puramente cognitiva, felizmente! Terceiro, é preciso
notar que ela é bem ortogonal a uma ciência motivada pelo
interesse reflexivo. Por quê? Não só o senhor mas muitos que
fizeram uma intervenção retomaram a idéia que o teste da
ciência, da pesquisa, é a verdade. Bom, nessas ciências, isso
não se aplica: não é a pesquisa da verdade, é a pesquisa da
eficácia. É outra coisa. É por isso que há um grande conflito
entre aqueles que o senhor citou. É, também, um dos conflitos que vemos todos os dias nas comissões; um outro conflito. É algo que diferencia profundamente essa categoria de
ciências. Para concluir, vou citar um último ponto: essas
motivações práticas são um motor extremamente potente;
não acho que o mito da fecundidade científica esteja doente.*

INTERVENÇÃO: *Não creio ter ouvido a palavra "interpretação", nessa discussão. Parece-me que na volta daquilo que
vocês chamam a objetividade para a criação de cultura,
essa etapa da interpretação é fundamental. É a interpretação das realidades objetivas que podemos alcançar com medidas mais ou menos independentes do observador, é isso
que cria a cultura e não a etapa de criação da objetividade.*

*Existem dois exemplos famosos: um deles é o caso dos
"raios N" quando as observações foram mal-interpretadas e*

Ciência com Consciência

outro as irregularidades na órbita de Marte, que não quise-
ram interpretar em termos de órbita elíptica e disseram:
azar! Vamos acrescentar um ou dois epiciclos e a velha his-
tória vai continuar a funcionar. Portanto, acho que seria
preciso insistir nessa noção de interpretação que podemos
fazer das medidas.

E.M.: Primeiro vamos à idéia das comissões. Não sou elitista, se constatei isso é que justamente uma comissão científica *ad hoc*, do tipo C.N.R.S., não funciona bem, segundo o modelo popperiano. Isso porque, no modelo popperiano, fazem-se testes, falsificações, operações que fazem com que, num dado momento, um inventor dissidente deixe de ser dissidente para se tornar o fundador da nova ortodoxia. A característica própria de uma comissão do C.N.R.S. — já muito burocrática — (não sei como as coisas se passam em outros lugares, só conheço alguns campos) é, em primeiro lugar, que seus membros mal têm tempo de ler os dossiês e os relatórios e o controle é muito malfeito; os controladores conhecem os controlados quando há ligações de nepotismo ou de amizade, mas, então, o rigor do controle é perdido.

Há também a impossibilidade de julgar intrinsecamente o trabalho ou a aptidão: a decisão é tomada baseada em critérios de antiguidade, de publicação. Existem pesos terríveis que levam à "mediocracia". Contudo, para mim, a democracia não é a mediocracia, eu não sou o senhor Le Pen; além disso tenho idéias muito claras: a democracia é a combinação de uma regra que permite a permuta, que uma maioria assuma o poder enquanto maioria, mas com a condição de que a diversidade seja salvaguardada, isto é, o jogo e a ação das minorias e das dissidências. Dito de outra forma, a democracia é a produtividade da diversidade. Ora, vocês têm uma comissão que comporta a diversidade, mas, constantemente, vocês têm fortes tendências homogeneizantes, sobretudo com as ordens

86   *Ciência com Consciência*

sindicais. Na realidade, essa diversidade se resolve por um compromisso num denominador comum e esses compromissos se fazem segundo critérios conformistas.

Eis um problema: na comissão que citei, assisti, durante a minha carreira, a um fenômeno interessante, assisti à passagem de um reinado de mandarinato para um reinado burocrático-sindical. No reinado de mandarinato, onde cada mandarim tinha seu caráter, havia tiranos caprichosos, havia aqueles que exigiam que os artigos do protegido citassem seus nomes ao menos duas vezes por página (e havia alguns que, ao bajularem, faziam um trabalho de mestre, o que possibilitava uma promoção rápida), havia os bonachões, havia muitos que tinham suas manias, e era preciso falar delas... Os mandarins tinham diversos tipos de manias. Constantemente, antes da reunião, quatro ou cinco mandarins se encontravam num café e diziam: "Sabe, meu caro, tenho um jovem absolutamente notável." "Olha, eu também tenho um que não é nada mal..." E os jogos eram feitos desse modo. Esse não é o modelo que eu quero que volte, só estou dizendo que temos um problema bastante grave, porque o interessante da ciência é que ela é uma atividade que não deve só verificar e corroborar, mas deve também inventar. As mentes devem ser diferentes e opostas; mas é preciso haver uma paixão comum. Porque, se houver paixões contrárias, elas se anulam e caem na platitude. Existe um problema terrível, ele está em pauta. Ele está em aberto, mas, eu repito, a democracia também é a possibilidade do jogo das diversidades e a possibilidade de que as diversidades sejam toleradas e não reprimidas como insuportáveis desvios, com a grande dificuldade de distinguir o inventor genial do biruta agitado. Evidentemente isso é bem difícil, muitas vezes um tem a aparência do outro. Existem escolhas duvidosas em todos esses campos.

Eu não quis falar a respeito das ciências sociais — questão que volta ao debate — mas é claro que o problema da sua cientificidade traz dificuldades fundamentais. Em primeiro

Ciência com Consciência

lugar, o problema das leis não é colocado como no campo das ciências físicas. As leis físicas são rigorosas, exatas, precisas e não triviais. As "leis"sociológicas são vagas e triviais. O equivalente sociológico da lei da gravitação não desperta nenhum interesse, porque não pode medir a atração exercida sobre este ou aquele indivíduo ou elemento no social. Além disso, as condições de verificação da sociologia são limitadas e duvidosas. A sociologia, que pretendeu ser científica ao trabalhar com amostras de população e de acordo com os métodos matemáticos, fracassou até no campo da cientificidade. Seus resultados não têm nenhum valor cognitivo ou de prognóstico. Por isso é que estamos numa crise da sociologia.

O problema da sociologia é que ela só pode se fundamentar no mesmo tipo de cientificidade da ciência modelo que era a física clássica, e o próprio modelo de cientificidade clássica não é mais válido para a física que descobriu novos problemas e novos métodos. Por outro lado, existe a realidade humana da qual falamos. Existe uma primeira indecidibilidade no plano tolo, elementar, da prova, da corroboração. Existe também uma segunda: tomemos a versão Tarski no plano da lógica semântica do teorema de Gödel; um sistema semântico ou conceitual não dispõe de meios suficientes para se julgar ou se explicar totalmente. É preciso recorrer a um metassistema que vai considerar o referido sistema como sistema-objeto para poder examiná-lo bem. É claro que o próprio metassistema só poderá examinar a si mesmo a partir de um metassistema... e assim até o infinito. O que isso significa? Significa que, se somos membros de uma certa sociedade, fazemos parte do dito sistema que queremos conceber e compreender. Há um problema situacional de indecidibilidade. Como encontrar esse metassistema que nos tornaria estranhos à nossa própria sociedade? Podemos criar meios de descentração, podemos ler sobre outras sociedades, nos interessarmos pelas tribos da Amazônia etc. Existem muitos meios para fazer uma relativa descentração, mas, na realidade não podemos nos "metassistematizar" a nós mesmos. Não temos o ponto de vista de exterioridade que nos é necessário. E, ao mesmo tempo, o ponto de vista de interioridade nos é útil, porque há a intercomunicação que entra nas relações humanas, que não existe no conhecimento da matéria física, que permite o que Max Weber chamava de compreensão.

Já que vocês falaram de mim, vou especificar algumas coisas. Em primeiro lugar é preciso ver as condições nas quais a sociologia foi constituída no C.N.R.S. Ela foi criada depois da guerra, numa época em que não havia licenciatura em sociologia e nem mesmo um diploma de sociologia. O que havia, no quadro de licenciatura em filosofia, era simplesmente um certificado de ética e de sociologia. Quem se interessou pela sociologia nessa ocasião? Autodidatas, diletantes, um ex-sacerdote que largou a batina, um ex-trotskista, um oficial de marinha, um aviador, pessoas desse tipo e, entre elas, eu.

Por felicidade e por infelicidade, criaram uma licenciatura em sociologia e, nesse momento, começaram a aparecer sociólogos em toda a França. Uma parte dos sociólogos conseguiu emprego nos novos postos criados, mas a outra parte sobrecarregou o mercado de trabalho e, sobretudo, congestionou o acesso ao C.N.R.S. Havia dúvidas de como fazer o julgamento. Havia casos em que, na verdade, era melhor tirar a sorte. Havia uma dúzia de casos que pareciam inteligentes, interessantes. Dessa vez não era culpa das comissões, era o sistema: alguma coisa que não funcionava entre a oferta e a demanda, uma situação assustadora. Eu havia sido recrutado antes dessa época, mas, uma vez, a instituição quase me pôs para fora. Não quero contar minha vida, mas o caso é interessante: foi porque eu tinha trabalhado bem demais.

Seria feito um estudo multidisciplinar, decidido pela D.G.R.S.T. (Diretoria Geral de Pesquisa Científica e Técnica) numa comuna da Bretanha, na região de Bigouden, que se chamava Plozévet; participavam geógrafos, historiadores, médicos, hematólogos. Os cientistas desabaram como uma nuvem de gafanhotos sobre os infelizes habitantes da região de Bigouden. Disseram-me: "Será que você se interessa (havia sobrado algum dinheiro dos créditos concedidos) em tratar a modernidade, a modernização?" Na realidade, isso não me interessava, mas disse para mim mesmo: "Um jovem pesquisador, sem recursos, vai se beneficiar de uma pequena subvenção passando um ano na região."

Fui para a região e fiquei completamente apaixonado pelo lugar e pelas pessoas. Descobri grandes problemas que, porém, não estavam previstos no programa e não entravam no roteiro disciplinar. Por exemplo, havia problema entre as gerações, um movimento de revolta dos jovens na relação jovens/adultos, havia o problema das mulheres, havia um problema de terrenos rurais que revelava toda uma série de questões e conflitos sociais. Criavam cooperativas rurais para responder à crise dos camponeses. Apaixonado pelos problemas (evidentemente, isso não estava previsto no programa), comecei a trabalhar neles. Ao tratar desses problemas, eu "pisava nos calos" de uma disciplina, esmagava outra, enfim, fazia meu trabalho.

A princípio, disseram: não é para publicar, é preciso esperar; depois disseram: publiquem, porque gastamos um bilhão com isso e Pompidou já está perguntando onde foi parar essa grana. Nessa época Pompidou era primeiro-ministro e de acordo com um procedimento comum na época — não sei se continua — as equipes pegavam o dinheiro dos créditos com o objetivo oficial "de fazer um estudo num tal lugar" e depois disfarçavam com uma nuvem de fumaça (por exemplo, colocando alguém nesse estudo) e usavam o benefício dos financiamentos para fazer alguma coisa que realmente interessasse os laboratórios beneficiários. Procedimento absolutamente condenável e que eu condeno energicamente!

Passei um ano na região, foi uma das melhores experiências da minha vida, fui muito feliz. Acontece que eu fiz demais. Escrevi um livro com o título *Commune en France, la métamorphose de Plozévet* (*Comuna da França, a metamorfose de Plozévet*). Essa publicação provocou uma maldita união contra mim: dos jovens pesquisadores escravos que obedeciam ao patrão e que estavam furiosos por me ver agir livremente e dos mandarins que ficaram em Paris. Eles nunca se locomoveram. Eu passei um tempo num *penty*, à beira-mar, numa região admirável. Vivi entre os habitantes de Plozévet, fiz amigos, estava muito contente. Porém, o que eu fiz foi absolutamente atípico, absolutamente anormal e, com muita seriedade, esses senhores da D.G.R.S.T. se reuniram para resolver se me dariam ou não uma repreensão. Fiquei sabendo da história e disse: "Olha, se vocês me derem uma repreensão, vou atacá-los e fazer várias perguntas sobre o uso que vocês fizeram da grana, sobre fecundidade dos seus métodos etc." A briga não aconteceu porque, felizmente, os acontecimentos de maio de 1968 destruíram a maldita união dos pesquisadores escravos e dos mandarins todo-poderosos; conflitos enormes desabaram sobre a casta dos sociólogos; quanto a mim, eu tinha outros interesses... Além disso, eu me beneficiei automaticamente da promoção mediocrática, ou seja, da idade. Tornei-me diretor de pesquisa há dez anos, beneficiando-me da promoção automática, e eis que estou no topo, graças à promoção burocrática.

Não sou a caução da instituição. Sou muito grato à Comissão de Sociologia de me haver tolerado. Sei de muitas mentes originais que foram expulsas. Conheço o Dr. Gabel, que está fora de qualquer classificação, e que foi expulso, conheço Lapassade (que é meio louco, mas tem uma mente muito estimulante e interessante) que foi expulso, Roland Barthes foi expulso da Comissão de Lingüística porque fazia semiologia. A instituição normalmente elimina os que se desviam, é uma pena. Eu tive a chance de ser tolerado. Nunca me deram grandes facilidades, todas as viagens que fiz foram pagas por

Ciência com Consciência 91

quem fez o convite, organizadores de congressos ou universidades estrangeiras — e, agora, eu me tornei um monumento familiar da instituição, tornei-me um móvel. Contudo, as coisas estão bem, fizemos um acordo tácito, mas eu não desempenho nenhum papel, nunca tive poder. Bom, *star* talvez, mandarim, não.

Há um outro problema que o senhor levantou: a idéia do mundo dos engenheiros, que surge como uma espécie de cultura própria sob a cultura científica e à qual os cientistas não dão atenção. É um mundo que, de fato, tem uma grande vitalidade científica. Se, por exemplo, não consideramos como pensadores pessoas como Wiener ou Ashby, acho que é porque os vemos como práticos, como engenheiros. Na minha opinião, são pensadores, são grandes pensadores; porque a atividade puramente prática que nasceu do mundo dos engenheiros (que ao mesmo tempo concebem idéias) é uma ciência da concepção e vemos através da obra de Simon que essa atividade prática não é só prática.

Provavelmente, eu me exprimi muito rápido quando falei de Habermas. Quis dizer que Habermas fez uma grande distinção entre os diferentes tipos de interesse: práticos ou reflexivos. Na realidade, eles se combinam, permutam, movem-se em cada campo científico. E o interessante, por exemplo, no campo da inteligência artificial, é que muitos pesquisadores procuram mais do que uma eficácia, estimulando a inteligência humana; também é interessante a elucidação do que é inteligência e raciocínio; se alguns tentam elaborar sistemas capazes de auto-aprendizagem é porque sentem, em resumo, o desafio. Disseram para eles: "As máquinas não pensam, vocês são uns ignorantes." E eles aceitaram o desafio: vamos fazer máquinas que pensam melhor do que vocês e vocês vão ver qual dos dois é mais idiota. Portanto, existe um desafio intelectual. Todas as pessoas que querem criar uma nova geração de *softwares* estão completamente fascinadas pela idéia de dar mais competência, qualidades cada vez maiores a essas máquinas e esse interesse é fundamentalmente especulativo. Alguns têm ilusões, acreditam que vamos conhecer a mente humana, o cérebro, embora o cérebro não seja organizado como um computador, mas, por comparação, por oposição, poderemos conhecer melhor a mente humana, graças a isso. Como disse, muitas vezes, Jean-Louis Le Moigne, também há uma ciência de concepção, herdeira de Leonardo da Vinci! E uma coisa muito interessante é a fecundidade dos diferentes caminhos do conhecimento.

Também havia uma discussão sobre o Big-Bang e sua difusão na mídia. É comum vermos os cientistas acusarem a mídia de vulgarizar, de degradar. Não se pode esquecer que, constantemente, são os próprios cientistas que aparecem na mídia e que discutem. Eu vi Reeves e Schatzman falarem sobre o universo. Não são os maus jornalistas que desvirtuam, simplesmente é o modo de consumo que está em jogo e não o que é dito. Acho que muitas emissões de programas científicos são bem-feitas, bem melhores do que as emissões de programas artísticos. Mas só que elas são transmitidas na hora das refeições, do descanso, e se transformam em espetáculos.

A segunda coisa que é preciso dizer é que perdemos nosso mundo por causa do desenvolvimento do conhecimento científico. Tínhamos um mundo absolutamente confortável. Tínhamos a Terra que estava no centro do mundo, havia o bom Deus que nos criou a sua imagem, os animais eram feitos para servir e obedecer. E eis que o conhecimento científico manda tudo para o alto. Não estamos mais no centro do mundo, estamos na terceira fila da orquestra e depois percebemos que o Sol não passa de um pequeno astro miserável de segunda. Não há mais centro do mundo, não sabemos mais o que acontece, em vez de ser uma máquina perfeita, admirável e que se mantém sozinha, o universo parece ter nascido de uma grande explosão incompreensível e que vai não se sabe

Ciência com Consciência   93

para onde. Então, vocês mandam para o alto o mundo dos honestos cidadãos: eles precisam ter um mundo sobressalente. Onde eles vão encontrá-lo? Nas emissões televisivas!

Felizmente, no campo da astrofísica, contam-se bonitas histórias. Dizem: "No começo não sabíamos de nada, havia um começo que não era um verdadeiro começo, o tempo não tinha tempo, mas alguma coisa acontecia sem acontecer e, de repente, de um ponto que não existe mas que é infinito, invisível e microscópico, acontece uma enorme explosão." Ah, é, na verdade não é tão ruim. Porém, reparem, o que acontece é que é preciso fazer uma crítica à ausência de cultura filosófica dos cientistas.

Kant levantou o problema do começo do mundo. Como pode haver um começo a partir de nada, mas como pode existir um mundo sem um começo? É como o problema do infinito e do finito. São contradições lógicas, são os famosos problemas dos limites da nossa mente. Os físicos agiram como se pudessem resolver o começo por um acontecimento empírico, imaginário, hipotético: não se preocupem, havia um ponto infinito que, é evidente, não tinha lugar no espaço, já que o espaço não existia, mas, bruscamente, tudo explode. Eles não percebem que dizer isso é levantar problemas terríveis para a mente humana; o que significa a idéia de começo?

Se houvesse esse tipo de reflexão nas emissões dos programas científicos, acho que os cidadãos estariam mais aptos para considerar o caráter complexo, surpreendente, misterioso, assustador e maravilhoso do universo no qual vivemos. Porém, acho que primeiro devemos compreender o seguinte: os humanos precisam de uma visão de mundo; é por isso que existe uma avalanche científica, periicientífica, paracientífica na imprensa, nos jornais etc. As pessoas precisam se alimentar de ciência. Antes, elas buscavam esse alimento nas religiões e nos mitos, compreendem?

Não podemos fazer muita coisa contra esse tipo de fetichização da ciência que está se transformando na nova religião, no novo ídolo ou no novo Satã — já que tudo isso faz parte do mesmo processo, com aspectos pejorativos ou, ao contrário, que exaltam — e é preciso criar um novo tipo de comunicação entre o problema do conhecimento científico e o problema, digamos, do cidadão.

Com certeza, os cientistas são os únicos que podem manipular seus objetos, suas retortas, seus aparelhos, suas medidas e só eles têm a inteligibilidade direta das fórmulas e das equações que preparam. Só que, por trás dessas equações, dessas fórmulas ou dessas teorias formalizadas, até existem idéias. Acontece que as idéias podem ser partilhadas, comunicadas, na "língua natural". Os problemas científicos também são os grandes problemas filosóficos: os da natureza, da mente, do determinismo, do acaso, da realidade, do desconhecido. Eu acho que esses problemas de idéias são problemas clássicos da filosofia que são renovados e colocados em termos completamente novos.

O desenvolvimento do conhecimento científico lembra os antigos problemas de fundamento e os renova. Esses problemas dizem respeito a todos e a cada um. Eles precisam da comunicação entre cultura científica e cultura humanista (filosofia) e da comunicação com a cultura dos cidadãos, que passa pela mídia. Tudo isso exige esforços consideráveis das três culturas e também dos cidadãos.

3

A idéia de progresso do conhecimento

Tendo que tratar o tema "Problemas ligados ao progresso do conhecimento", parece-me evidente que o primeiro obstáculo é o da problemática das noções de progresso e de conhecimento. Quer dizer: a noção de progresso que utilizamos é verdadeiramente progressista? O conhecimento de que falamos é verdadeiramente conhecente? É verdadeiramente conhecido? Quer dizer: sabemos sobre o que falamos quando falamos sobre conhecimento? Isso me obriga a uma breve introdução, a uma breve tentativa de reflexão sobre a idéia de progresso, em primeiro lugar.

Fazer progredir a idéia de progresso: o progresso é noção aparentemente evidente; sendo por natureza cumulativa e linear, traduz-se de forma simultaneamente quantitativa (crescimento) e qualitativa (isto é, por um "melhor"). Vivemos durante dezenas de anos com a evidência de que o crescimento econômico, por exemplo, traz ao desenvolvimento social e humano aumento da qualidade de vida e de que tudo isso constitui o progresso. Mas começamos a perceber que pode haver dissociação entre quantidade de bens, de produtos, por exemplo, e qualidade de vida; vemos, igualmente, que, a partir de certo limiar, o crescimento pode produzir mais prejuízos do que bem-estar e que os subprodutos tendem a tornar-se os produtos principais. Portanto, a palavra progresso não é tão clara quanto parece.

Em segundo lugar, estamos habituados a associar à idéia de progresso à de racionalidade, ordem e organização; o que deve progredir, para nós, é a ordem e não a desordem; a organização e não a desorganização. Em outras palavras, se o universo se decompõe, se a vida morre e a humanidade se afunda no caos, é evidente que a idéia de progresso deve dar lugar à de regressão. Aqui se nos apresenta, há mais de um século, surpreendente problema físico que tendemos a negligenciar em nosso universo humano e social. Esse problema foi levantado pelo segundo princípio da termodinâmica, que é um princípio de degradação da energia quando essa se transforma em calor. Ora, todo trabalho produz calor e, assim, a energia tende, irreversivelmente, a degradar-se. O calor não é apenas degradação, como pareceu a Carnot e Clausius; manifesta-se também, em sua própria natureza, como agitação, dispersão molecular e, segundo os trabalhos estatísticos de Botzmann, como desordem; isso significa que, no universo físico, há um princípio de agitação, de dispersão, de degradação, de desordem e, eventualmente, de desorganização. Nosso universo provoca importante questão pelo fato de, supostamente, ter sido produzido, de acordo com a hipótese hoje em dia admitida, por uma deflagração, isto é, por um fenômeno calorífico de agitação e de dispersão; é desintegrando-se, dispersando-se, contudo, que ele se organiza, fragmentária e localmente, mas com produção de núcleos, átomos, astros, moléculas. Em outras palavras, observamos no universo físico duplo jogo, estando seu progresso na organização e na ordem ao mesmo tempo associado de forma perturbadora a ininterrupto processo de degradação e de dispersão. De resto, sabemos que mesmo aquilo que é mais organizado — os nossos astros, os nossos sóis que podem viver milhares de milhões de anos — vai morrer por explosão ou extinção; assim, nosso Sol morreu provavelmente três ou quatro vezes e reconstituiu-se por gravitação. Sabemos também que a vida, fenômeno progressivo e multiprogressivo, com sua evolução selvagem nos reinos animal e vegetal, conhece a morte, isto é, todos os seres vivos morrem num dado momento e não só os indivíduos, mas também as espécies: a história da vida é uma hecatombe de espécies. Assim, também nesse campo, o progresso é acompanhado por seu contrário. Isso significa que o progresso não representa a dimensão total da sua realidade, sendo um aspecto devir, mas não o único. O progresso unilateral, como o de especialização, pode traduzir insuficiências que sabemos mortais. Assim, por exemplo, espécies animais que conseguiram excelente adaptação a determinado meio tornaram-se, quando esse meio se transformou, incapazes de sobreviver e desapareceram. Podemos dizer também — é uma idéia que já enunciei — que os subprodutos regressivos ou destrutivos de um progresso podem, em dado momento, tornar-se os produtos principais e aniquilar o progresso. E, se assim é, se o progresso é sempre acompanhado por seu contrário em relação totalmente misteriosa, por que nos recusamos a considerar essa complexidade do progresso quando consideramos as sociedades humanas e a história social? Por que temos visão alternativa, ora eufórica, acreditando no progresso automático, indefinido, natural e mecânico, ora pessimista, não vendo senão decadência e degradação? (E, de resto, quanto mais velhos nos tornamos mais tendemos a perceber que tudo se degrada.)

Há também que dizer que, no universo físico, biológico, sociológico e antropológico, há uma problemática complexa do progresso. Complexidade significa que a idéia de progresso, aqui empregada, comporta incerteza, comporta sua nega-

98   *Ciência com Consciência*

ção e sua degradação potencial e, ao mesmo tempo, a luta contra essa degradação. Em outras palavras, há que fazer um progresso na idéia de progresso, que deve deixar de ser noção linear, simples, segura e irreversível para tornar-se complexa e problemática. A noção de progresso deve comportar autocrítica e reflexividade.

Conhecer o conhecimento

Agora, duas palavras sobre o problema do conhecimento. O poeta Eliot dizia "que conhecimento perdemos na Informação e que sabedoria perdemos no Conhecimento?", querendo dizer com isso que o Conhecimento não é harmonia e comporta diferentes níveis que se podem combater e contradizer. Conhecer comporta "informação", ou seja, possibilidade de responder a incertezas, mas o conhecimento não se reduz a informações; ele precisa de estruturas teóricas para dar sentido às informações; percebemos, então, que, se tivermos muitas informações e estruturas mentais insuficientes, o excesso de informação mergulha-nos numa "nuvem de desconhecimento", o que acontece freqüentemente, por exemplo, quando escutamos rádio ou lemos jornais. Muitas vezes a concepção de mundo do cidadão do século 17 opôs-se à do homem moderno; aquele tinha limitado estoque de informações sobre o mundo, a vida, o homem; tinha fortes possibilidades de articular essas informações, segundo teorias teológicas, racionalistas, céticas; tinha fortes possibilidades reflexivas porque dispunha de tempo para reler e meditar. No século 20, o cidadão ou pretendente a tal categoria depara incrível número de informações que não pode conhecer e nem sequer controlar; suas possibilidades de articulação são fragmentárias ou esotéricas, ou seja, dependem de competências especializadas; sua possibilidade de reflexão é pequena, porque já não tem tempo nem vontade de refletir. Portanto, levanta-se

Ciência com Consciência

uma questão: o excesso de informações obscurece o conhecimento; o excesso de teoria, entretanto, também o obscurece. O que é a má teoria? A má doutrina? É aquela que se fecha sobre si mesma porque julga que possui a realidade ou a verdade. A teoria fechada tudo prevê antecipadamente. A leitura de certos jornais de partidos bem exemplifica esse fato: os acontecimentos confirmam sempre a linha política do jornal e, quando não a confirmam, não são mencionados. Em outras palavras, a teoria que tudo sabe detesta a realidade que a contradiz e o conhecimento que a contesta. Assim, temos no Conhecimento a mesma ambigüidade, a mesma complexidade presente na idéia de progresso.

Além disso, há outro problema: *os* conhecimentos e o Conhecimento não se identificam. O progresso dos conhecimentos especializados que não se podem comunicar uns com os outros provoca a regressão do conhecimento geral; as idéias gerais que restam são absolutamente ocas e abstratas; temos, portanto, que escolher entre idéias especializadas, operacionais e precisas, mas que não nos informam sobre o sentido de nossas vidas, e idéias absolutamente gerais, que já não mantêm, entretanto, nenhum contato com o real. Assim, o progresso *dos* conhecimentos provoca o desmembramento do conhecimento, a destruição do conhecimento-sabedoria, ou seja, do conhecimento que alimente nossa vida e contribua para nosso aperfeiçoamento.

O conhecimento unidimensional, se cega outras dimensões da realidade, pode causar cegueira. Em outras palavras, uma visão da sociedade que observasse na sociedade apenas os fenômenos econômicos, por exemplo, seria unidimensional, esquecendo outros problemas sociais, de classe, de Estado, psicológicos e individuais. Por outro lado, há diferentes ordens de conhecimentos (filosóficos, poéticos, científicos) ou um só Conhecimento, uma só ordem verdadeira? Durante séculos, a ordem verdadeira do Conhecimento era a Teologia;

100   *Ciência com Consciência*

hoje, chama-se Ciência; é por isso que toda vontade de monopolizar a Verdade pretende deter a "verdadeira" ciência.

O problema do conhecimento científico

É indubitável que o conhecimento científico realizou, a partir do século 17 e ao longo dos séculos 18, 19 e 20, progressos extraordinários, mesmo sem falar — não estou produzindo um catálogo — dos progressos mais recentes em matéria de microfísica, astrofísica ou biologia, com as descobertas da genética, da biologia molecular e da etologia. Esses progressos são, evidentemente, verificados por aplicações técnicas, desde a energia atômica até as manipulações genéticas. Assim, sabemos com certeza crescente a composição física e química do nosso universo, as leis de interação que o regem; conhecemos nosso lugar neste universo físico — estamos no terceiro planeta de um pequeno astro numa galáxia de periferia —, conhecemos cada vez melhor a organização do nosso Sol, sabemos situar-nos cada vez com mais precisão na evolução que levou um ramo dos primatas — mediante evolução muito diversificante — a produzir diferentes espécies hominídeas e, finalmente, a do *homo* dito *sapiens*; mas, ao mesmo tempo que adquirimos essas certezas, perdemos outras antigas, pseudocertezas e ganhamos uma incerteza fundamental: deixamos de julgar-nos o centro de um universo fixo e eterno, que não sabemos de onde vem, para onde vai, nem por que nasceu; sabemos agora que a vida se organiza em função de um código genético que se encontra no ácido desoxiribonucléico. Mas onde surgiu essa informação codificada? Como se produziu? Qual é o sentido da evolução, se existe algum? Qual é o sentido de nossa existência? E qual é a natureza desse espírito com que pensamos tudo isso? Em outras palavras, correlativo ao progresso dos conhecimentos, há o progresso da incerteza e, diria mesmo, da ignorância.

Ciência com Consciência 101

Os fenômenos progressivos/regressivos, ou seja, que fazem progredir simultaneamente o conhecimento e a ignorância, constituem progressos reais; quero dizer que, a meu ver, reconhecer uma ignorância e uma incerteza constitui progresso. Mas sabemos também que, na Ciência, as conseqüências dos progressos de conhecimentos não são necessariamente progressivas. Esse, de resto, é um dos pontos há muito estabelecidos, uma vez que se diz: a Ciência progride como conhecimento, mas suas conseqüências podem ser atrozes, mortais (bomba atômica). Gostaria de lembrar aqui que as potencialidades negativas ou destrutivas não se encontram unicamente no exterior do conhecimento científico, ou seja, na Política, no Estado, na Sociedade; encontram-se também no interior. Assim, durante muito tempo, o método fundamental da Ciência foi o experimental, que consistia em tomar um objeto ou um ser e colocá-lo em condições artificiais para tentar controlar as variações nele provocadas. Ora, a experimentação, que serviu para alimentar os progressos do conhecimento, provocou o desenvolvimento da manipulação, ou seja, das disposições destinadas à experimentação, e essa manipulação, de subproduto da Ciência, pôde tornar-se o produto principal no universo das aplicações técnicas, onde, finalmente, se experimenta para manipular (em vez de manipular para experimentar). Em outras palavras, as potencialidades manipuladoras de que acusamos os Estados foram produzidas pelo desenvolvimento do próprio conhecimento científico, ou seja, o conhecimento científico tem caráter tragicamente ambivalente: *progressivo/regressivo*.

Falei da especialização e quero dizer que ela comporta progresso, efetivamente, porque o progresso está na especialização do trabalho, que permite o desenvolvimento dos conhecimentos; mas produz também regressão, no sentido de que conhecimentos fragmentários e não comunicantes que progridem significam, ao mesmo tempo, o progresso de um conheci-

102 *Ciência com Consciência*

mento mutilado; e um conhecimento mutilado conduz sempre a uma prática mutilante. Podemos dizer que o progresso do conhecimento científico é inseparável dos progressos da quantificação: é incontestável. Mas isso se torna regressão quando há o que Sorokin chama de quantofrenia, ou seja, visão unicamente quantitativa de que toda concepção de qualidades desaparece. Sabemos, como acabo de dizer, que a experimentação constitui progresso, mas, ao mesmo tempo — além do problema da manipulação recém-mencionado —, a experimentação pode conduzir à regressão do conhecimento na medida em que crê conhecer um objeto abstraindo-o de seu ambiente. Descobrimos cada vez mais que, com relação aos seres vivos superiores, a observação é superior à experimentação. Como vocês sabem, pratica-se a experimentação com os animais, nomeadamente com os macacos e os chimpanzés nos laboratórios; assim, era em animais isolados, fechados em gaiolas, que se aplicavam testes; testes, entretanto, incapazes de revelar aptidões e qualidades que se manifestam na vida social, afetiva e prática dos chimpanzés em liberdade. Fez-se progresso quando se abandonou a experimentação para estudar os chimpanzés em sua sociedade e no seu ambiente naturais. A paciente observação de uma ex-datilógrafa, Janette Lawick-Godal, autora de conhecido livro sobre os chimpanzés, foi mais útil ao conhecimento científico, revelando complexidade de comportamento e de inteligência imperceptíveis ao método experimental, do que este último.

Outro exemplo: pode dizer-se que a formalização das teorias científicas constitui incontestável progresso, sobretudo porque permite a dessubstancialização do universo, ou seja, deixa-se de considerar o universo constituído por substâncias fixas e estáveis, atribuindo-se, em seu lugar, relações; mas, ao mesmo tempo, se a formalização se torna o único modo de conhecimento, ela provoca regressão, porque conduz a um mundo desencarnado, já constituído apenas por idealidades matemáticas. E, por espantoso paradoxo, observamos cientistas regressarem ingenuamente ao platonismo, ou seja, consideram realidade única as equações que se aplicam ao real, *mas, nunca, não o real a que elas se aplicam.*

A redução e a simplificação foram métodos heurísticos. Assim, por exemplo, foi preciso simplificar, ou seja, pôr entre parênteses o problema do sujeito para ver apenas o objeto; foi preciso isolar o objeto estudado tanto do sujeito que o concebe quanto de seu ambiente. Há que reconhecer que essa simplificação, essa disjunção, essa redução conduziram a progressos fabulosos, uma vez que a obsessão do elementar e da lei simples conduziram à descoberta da molécula e, posteriormente, do átomo e da partícula. A procura de uma grande lei do universo conduziu à genial teoria de Newton e, depois, à não menos genial teoria de Einstein. Hoje, entretanto, parece que essa simplificação atinge um limite: a partícula não é a entidade simples, não há uma fórmula única que detenha a chave do universo; chegamos, assim, aos problemas fundamentais da incerteza, como no caso da microfísica e da cosmologia. Por outro lado, podemos, por método e provisoriamente, isolar um objeto do seu ambiente; mas não é menos importante, por método também, considerar objetos e, sobretudo, seres vivos sistemas abertos que só podem ser definidos ecologicamente, ou seja, em suas interações com o ambiente, que faz parte deles tanto quanto eles fazem parte do ambiente. Isso significa que os efeitos conjugados da sobreespecialização, da redução e da simplificação, que trouxeram progressos científicos incontestáveis, hoje levam ao desmembramento do conhecimento científico em impérios isolados entre si (Física, Biologia, Antropologia), que só podem ser conectados de forma mutiladora, pela redução do mais complexo ao mais simples, e conduzem à incomunicabilidade uma disciplina com outra, que os poucos esforços interdisciplinares não conseguem superar. Hoje, vela-se tudo aquilo que se encontra entre as disciplinas, *que é apenas o real*, a ponto de não conseguirmos conceber que os seres que somos, vocês e eu, são seres humanos, espirituais, biológicos e físicos; apesar de termos certeza disso, não conseguimos fazer essa articulação que demanda o espaço entre as disciplinas. E alguns cientistas julgam, ingenuamente, que não existe o que seus instrumentos não podem apreender. Nesse sentido, os biólogos afirmam: "Nós estudamos moléculas, mas nada sabemos sobre a vida, portanto a vida é noção puramente ideal." Da mesma forma, julgou-se que o homem não existia; como se pensava que só existiam as sociedades ou as estruturas, podia-se economizar o conceito de homem. Mas por que economizar mais o conceito de homem do que o de rato ou de pulga?

O extraordinário é que nos damos conta de que o corte entre ciência e filosofia que se operou a partir do século 17 com a dissociação formulada por Descartes entre o eu pensante, o *Ego cogitans*, e a coisa material, a *Res extensa*, cria um problema trágico na ciência: a ciência não se conhece; não dispõe da capacidade auto-reflexiva. Esse drama concerne também à filosofia, que, deixando de ser empiricamente alimentada, sofreu a agonia da *Naturphilosophie* e o fracasso da *Lebensphilosophie*; há tanta extralucidez em Husserl quando diagnosticava a crise do conhecimento científico como há ilusão metafísica, evasão estratosférica na idéia de "ego transcendental". Assim, a filosofia é impotente para fecundar a ciência que é, por sua vez, impotente para conceber-se.

O que quero dizer agora, para concluir, é que temos de compreender que os progressos do Conhecimento não podem ser identificados com a eliminação da ignorância. Estamos numa nuvem de desconhecimento e de incerteza, produzida pelo conhecimento; podemos dizer que a produção dessa nuvem é um dos elementos do progresso, desde que o reconheçamos. Em outras palavras, conhecer é negociar, trabalhar, discutir, debater-se com o desconhecido que se reconstitui incessantemente, porque toda solução produz nova questão.

Ciência com Consciência

Assim, portanto, devo deter-me nesta conclusão provisória: o progresso da ciência é idéia que comporta em si incerteza, conflito e jogo. Não se pode conceber absoluta ou alternativamente Progresso e Regressão, Conhecimento e Ignorância. E, sobretudo, para que haja novo e decisivo progresso no conhecimento, temos de superar esse tipo de alternativa e conceber em complexidade as noções de progresso e de conhecimento.

4

Epistemologia da tecnologia

Se tento refletir sobre esse título, começo a perguntar-me se, de fato, não estamos num universo em que a epistemologia já está tecnologizada sem saber, considerando este objeto abstrato: a tecnologia. Primeira observação: creio que, do ponto de vista epistemológico, é impossível isolar a noção de tecnologia ou *techné*, porque bem sabemos que existe uma relação que vai da ciência à técnica, da técnica à indústria, da indústria à sociedade, da sociedade à ciência etc. E a técnica aparece como um momento nesse circuito em que a ciência produz a técnica, que produz a indústria, que produz a sociedade industrial; circuito em que há, efetivamente, um retorno, e cada termo retroage sobre o precedente, isto é, a indústria retroage sobre a técnica e a orienta, e a técnica, sobre a ciência, orientando-a também. Portanto, direi que o primeiro problema, ao longo do nosso discurso, é evitar isolar o termo *techné*, ou seja, reificá-lo e, diria eu, idolatrá-lo: idolatrar a técnica não é só fazê-la objeto de culto, mas também considerá-la ídolo a derrubar, à maneira de Moisés ou, ainda, de Polieuto. Então, penso que é no não isolamento do termo "técnica" que começa esse difícil debate. Em contrapartida, conceber em termos disjuntores e simplificadores a técnica, que se torna uma espécie de entidade que se racha, é, eu diria, o debate do mal-entendido.

Se não queremos isolar a tecnologia, devemos unir o termo em macroconceito que reagrupe em constelação outros conceitos interdependentes. Já não se podem separar o conceito, a tecnologia, do conceito ciência, do conceito indústria; trata-se de conceito circular, porque, no fundo, todos sabem que um dos maiores problemas da civilização ocidental está no fato de a sociedade evoluir e se transformar exatamente no circuito

$$\text{ciência} \to \text{tecnologia} \to \text{indústria}$$

em que, aliás, tenho a impressão de que o termo "técnica", *techné*, polariza alguma coisa; e o que se polariza em primeiro lugar é a idéia de manipulação.

De onde vem essa manipulação? A ciência ocidental desenvolveu-se como ciência experimental e, para suas experiências, teve de desenvolver poderes de manipulação precisos e seguros, ou seja, técnicas de verificação. Em outras palavras, a ciência começou como um processo em que se manipula para verificar, ou seja, para encontrar o conhecimento verdadeiro, objeto ideal da ciência. Mas a introdução do circuito *manipular* $\to$ *verificar* no universo social provo-

ca, ao contrário, inversão de finalidade, isto é, cada vez mais verifica-se para manipular. Em seu universo fechado, o cientista está convencido de que manipula (experimenta) para a verdade, e manipula não só objetos, energias, elétrons, não só unicelulares, bactérias, mas também ratos, cães, macacos, convencido de que atormenta e tortura pelo ideal absolutamente puro do conhecimento. Na realidade, ele alimenta também o circuito sócio-histórico, em que a experimentação serve à manipulação. A manipulação dos objetos naturais foi concebida como emancipação humana pela ideologia humanista-racionalista. Até época recente, o domínio da natu-

Ciência com Consciência

reza identificava-se como o desabrochar do humano. Verificou-se, entretanto, uma tomada de consciência nos últimos decênios: o desenvolvimento da técnica não provoca somente processos de emancipação, mas também novos processos de manipulação do homem pelo homem ou dos indivíduos humanos pelas entidades sociais. Digo "novos" porque se tinham inventado, desde a pré-história, processos muito requintados de sujeição ou subjugação, sobretudo com relação aos animais domesticados. A sujeição significa que o sujeito sujeitado sempre julga que trabalha para seus próprios fins, desconhecendo que, na realidade, trabalha para os fins daquele que o sujeita. Assim, efetivamente, o carneiro-chefe do rebanho julga que continua a comandar seu rebanho, quando, na realidade, obedece ao pastor e, finalmente, à *lógica do matadouro*.

Com a tecnologia, inventamos modos de manipulação novos e muito sutis, pelos quais a manipulação exercida sobre as coisas implica a subjugação dos homens pelas técnicas de manipulação. Assim, fazem-se máquinas a serviço do homem e põem-se homens a serviço das máquinas. E, finalmente, vê-se muito bem como o homem é manipulado pela máquina e para ela, que manipula as coisas a fim de libertá-lo.

Agora, passemos a outro nível: vejo a infiltração da técnica na epistemologia de nossa sociedade e de nossa civilização, no sentido em que é a lógica das máquinas artificiais que se aplica cada vez mais às nossas vidas e sociedade. Justamente aqui reside a origem da nova manipulação. Em outras palavras, não aplicamos os esquemas tecnológicos apenas ao trabalho manual ou mesmo à máquina artificial, mas também às nossas próprias concepções de sociedade, vida e homem. Penso que o aparecimento conjunto da cibernética e da teoria da informação tem importância capital. É preciso falar sobre a cibernética como sobre todo grande sistema de pensamento; apresenta-se em duas vertentes: uma em que existe nova mensagem e nova complexidade que nos levam a modificar e a enriquecer o olhar; outra é a da redução de qualquer aspecto do real em favor do elemento novo que deixa de ser complexo porque reduz tudo a si.

A importância da teoria da informação e da cibernética pode significar alta fecundidade para as ciências sociais, como testemunha a obra de Abraham Moles, aqui presente.

Assim, a cibernética restaurou cientificamente a idéia de finalidade, tornando-a complexa; restaurou a idéia de totalidade não no sentido global, difuso, vago ou imperialista, mas no sentido de organização de um todo que não se reduz à soma de suas partes; enriqueceu a causalidade com as idéias de retroação negativa e positiva. Se essa é a vertente fecunda, é evidente que, outra, a cibernética serviu para a redução de tudo aquilo que é social, humano e biológico à lógica unidimensional das máquinas artificiais.

Resumindo ao extremo, quais são os traços dessa lógica das máquinas artificiais? Em primeiro lugar, sabe-se — foi, aliás, o que Neumann trouxe à luz de maneira brilhante nos anos 50 — que a máquina artificial, em relação às outras máquinas naturais, vivas (como a sociedade humana), não pode integrar nem tolerar a desordem. Ora, a desordem tem duas faces, sendo, por um lado, a destruição e, por outro lado, a liberdade, a criatividade. É certo que essa lógica de ordem, julgando-se *racional*, traz com ela a vontade de liquidar toda a desordem como nefasta e disfuncional.

Por outro lado, as máquinas artificiais não têm geratividade. O impressionante na mais ínfima bactéria é sua capacidade de auto-reprodução, autoprodução e auto-reparação à medida que as moléculas que a constituem se degradam, enquanto a máquina artificial não se pode regenerar nem reproduzir, o que está relacionado ao fato de que ela não tolera a desordem. Na verdade, as máquinas vivas estão em permanente estado de reorganização, ou seja, implicam, toleram, utilizam e combatem a desordem.

A máquina artificial aplica um programa, evidentemente fornecido pelos engenheiros. As máquinas vivas autoproduziram seu programa e elaboram estratégias, isto é, condutas inventivas, modificando-se segundo as aleatoriedades e mudanças de situação.

Enfim, os esquemas fundamentais da máquina artificial baseiam racionalidade e funcionalidade na centralização, na especialização e na hierarquia. Bem entendido, não há ser, ente ou sujeito na teoria da máquina artificial. Vocês têm, portanto, um modelo ideal de tecno-lógica. A informação desencarnada comanda por computador central e comunica informações programáticas à máquina, que executa. Vocês têm esse esquema de funcionalidade artificial. Naturalmente, isso não se aplica de maneira crua à sociedade e, sim, pela base paradigmática, pela base epistemológica, visto que se obedece a um princípio de racionalidade e de funcionalidade que é aquele. Ora, como sabemos, o grande problema de toda organização viva — e, sobretudo, da sociedade humana — é que ela funciona com muita desordem, muitas aleatoriedades e muitos conflitos, e, como dizia Montesquieu, referindo-se a Roma, os conflitos, as desordens e as lutas que marcaram Roma não são foram apenas a causa de sua decadência, mas também de sua grandeza e existência. Quero dizer que o conflito, a desordem, o jogo não são escórias ou anomias inevitáveis, não são resíduos a reabsorver, mas constituintes-chaves de toda existência social. *É isso que se deve tentar conceber epistemologicamente.*

Como dizem e reconhecem numerosos sociólogos, a sociedade é fenômeno de autoprodução permanente. Os processos de criatividade e de invenção não são redutíveis à lógica da máquina artificial. Devemos conceber que a estratégia, em seu caráter aleatório e inventivo, é mais fecunda do que o programa que é *a priori* e *ne varietur* fixado. A estratégia é o que integra a evolução da situação e, por conseguinte, os acasos e os novos acontecimentos, a fim de se modificar e corrigir.

Enfim, sabemos que somos seres, indivíduos, sujeitos, e que essas realidades existenciais são centrais, não redutíveis. Enquanto na visão econocrática ou tecnocrática o *fator humano* é a pequena irracionalidade que tem de ser integrada para funcionalizar os rendimentos, é preciso integrar, pelo contrário, o *fator* econômico e técnico na realidade multidimensional, que é biossocioantropológica.

A tecnologia tornou-se, assim, o suporte epistemológico de simplificação e manipulação generalizadas inconscientes que são tomadas por racionalidade. Aqui, é absolutamente necessário distinguir razão e racionalização. Esta última é lógica fechada e desmentidora, que julga poder aplicar-se ao real; quando o real se recusa a aplicar-se a essa lógica, é negado ou então submetido a ferros para que obedeça: é o sistema do campo de concentração. A racionalização, apesar de desmentidora, tem os mesmos ingredientes que a razão. A única diferença é que a razão deve estar aberta e aceita, e reconhece, no universo, a presença do não racionalizável, ou seja, o desconhecido ou o mistério. Vimos — e, aliás, é um belo tema, salientado por Adorno e Horkheimer — desde o século 18, processos de autodestruição da razão. A razão enlouquece não por algum fator externo, mas por algum fator interno, e eu diria que a verdadeira racionalidade se manifesta na luta contra a racionalização.

Assim, a tecnologização da epistemologia é a inserção do complexo de manipulação/simplificação/racionalização no âmago de todo pensamento relativo à sociedade e ao homem.

Eu dizia há pouco que a sociedade comporta porção significativa de desordem, de acaso. Tudo se passa como se a sociedade se baseasse numa espécie de simbiose de duas fontes absolutamente diferentes. Uma é a inclusão numa comunidade em que todos os membros se sentem absolutamente solidários em relação às agressões exteriores; há o lado *Gemeinschaft* presente em todas as sociedades. Mas, ao mesmo tempo, no interior dessa sociedade vê-se o jogo dos conflitos e das rivalidades. Então, a sociedade é bipolarizada: num pólo está o conflito, a concorrência; no outro, a comunidade; e, a partir dessa bipolarização, a sociedade reorganiza-se e produz-se incessantemente. As sociedades humanas vivem essa formidável dualidade. As sociedades históricas são, ainda, mistos de coações e de ordem imposta (o aparelho de Estado, com seus recursos militar, administrativo e policial) e de interações espontâneas, como em nossas grandes cidades, onde o destino de cada um se forja incessantemente nos encontros; encontro no mercado, mercado de negócios, de sentimentos, de sexo. Essas interações aleatórias criam elas próprias sua regulação global. Nenhuma sociedade pode viver apenas de autoridade, regulamentos, normas, imposições. Mesmo numa sociedade como a da URSS, onde tudo é dirigido, regulamentado, totalizado na cúpula pelo aparelho do partido, que culmina o aparelho de Estado e é omnicompetente, a sociedade vive porque existe na base uma espécie de anarquia de fato, em que as pessoas se desvencilham e trapaceiam, e a ordem superior só vive pela desordem inferior, o que, apesar de grande paradoxo, é encontrado em todos os campos, porque na fábrica Renault, os estudos de Mothé mostraram que, se se tomassem ao pé da letra as instruções da direção e dos engenheiros, tudo pararia. É evidente que, para fazer funcionar o sistema que oprime, é preciso trapaceá-lo. Resiste-se assim ao sistema, deixando-o funcionar. É uma das ambigüidades típicas de nossa situação atual.

O interessante é que estamos numa época em que nossas sociedades, Estados-nações, desenvolvem a concentração dos poderes de Estado, os controles econômicos e a função assistencial do Estado, o *Welfare State*. A partir daí, parece que nossas sociedades se tornam seres do terceiro tipo.

O que significa *ser do terceiro tipo?* Denomino ser ou indivíduo do primeiro tipo o unicelular. Seres do segundo tipo somos nós, organismos multicelulares do reino animal, mamíferos, primatas, homens que constituímos uma população de 30 mil milhões de células sujeitadas em nós. Mas, ao longo da história, a sociedade humana tende a constituir-se em ser do terceiro tipo, dispondo de patrimônio próprio, que é a cultura de um centro de comando próprio, que é o Estado. Decerto, os desenvolvimentos dos indivíduos e da sociedade são interdependentes no sentido em que os indivíduos extraem conhecimentos, cultura, da sociedade que permite seu desenvolvimento. Mas, inversamente, são inibidos ou reprimidos pelas leis, pelas normas, pelas proibições. Há um jogo muito complexo de complementaridade e antagonismo entre o indivíduo e a sociedade. Então, o que se passa atualmente? É que essa realidade de terceiro tipo, feita não de células em organismo individual, mas de indivíduos em organização social, vem-se hipertrofiando.

Naturalmente, não faço aqui uma analogia organicista, porque meu propósito consiste em dizer que, desde o início, as sociedades são diferentes dos organismos, que são constituídas por *indivíduos* policelulares dotados de autonomia central, e não de células. Houve desenvolvimento da individualidade nesses sujeitos de segundo tipo, que somos nós. Hoje, desenvolve-se o ser do terceiro tipo; que novo papel desempenha a tecnologia?

É que ela permite constituir-se para essa entidade central um aparelho nervoso tão requintado — talvez ainda mais — quanto aquele que usamos para controlar nossas células. Elas, entretanto, escapam ao controle direto de nosso aparelho neurocerebral, enquanto, hoje, o Estado pode dispor tecnicamente de um arquivo completo contendo todas as informações sobre um indivíduo. Resumindo, a tecnologia moderna permite o desenvolvimento de um aparelho de controle capaz de manter sob domínio todos os indivíduos. Temos de considerar agora a associação desses dois desenvolvimentos,

Ciência com Consciência

ambos no sentido do hiperdesenvolvimento do Estado-nação: por um lado, o de uma tecnologia que fornece meios de informação e de controle inauditos; por outro, o do partido-aparelho totalitário, detentor da verdade sócio-histórica. Eis o Leviatã entrando em nosso horizonte quotidiano, se estendendo em nosso "horizonte 80", que está longe de ser o das pobres profecias econocratas, e, nessa perspectiva, a técnica e a informática poderão desempenhar papel capital. Ainda não vivemos, mas vamos viver — e, portanto, devemos estar preparados — um encontro de terceiro tipo.

Esse não é o encontro com uma nave vinda de Alfa de Centauro ou de Betelgeuse, mas com um monstro que se criou em nós e por nós, de que fazemos parte e que faz parte de nós. E contra o qual talvez se vá travar combate decisivo para toda a história da humanidade e, quem sabe, da vida. Eu diria que a condição primeira e decisiva para esse combate — antes mesmo das questões de ação e organização, e até da tomada de consciência — é pensar de outra maneira, isto é, não funcionar mais segundo o paradigma dominante, a epistemologia tecnologizada que nos leva a isolar o conceito de técnica, separar e distinguir o que devemos tentar pensar conjuntamente. Em outras palavras, a resistência à tecnologização da epistemologia é problema não só *especulativo*, mas também vital para a humanidade.

5

A responsabilidade do pesquisador
perante a sociedade e o homem

Neste simpósio consagrado ao método, vou abordar a questão que carece de método: a responsabilidade do pesquisador perante a sociedade e o homem.

A ausência de responsabilidade científica
e de ciência da responsabilidade

Responsabilidade é noção humanista ética que só tem sentido para o sujeito consciente.

Ora, a ciência, na concepção "clássica" que ainda reina em nossos dias, separa por princípio fato e valor, ou seja, elimina do seu meio toda a competência ética e baseia seu postulado de objetividade na eliminação do sujeito do conhecimento científico. Não fornece nenhum meio de conhecimento para saber o que é um "sujeito".

Responsabilidade é, portanto, não sentido e não ciência. O pesquisador é irresponsável por princípio e profissão.

Ao mesmo tempo, a questão da responsabilidade escapa aos critérios científicos mínimos que pretendem guiar a distinção do verdadeiro e do falso. Está entregue às opiniões e convicções, e, se cada um pretende e julga ter conduta "responsável", não existe fora da ciência nem dentro dela um critério verdadeiro da "verdadeira" responsabilidade. Assim, Einstein sentiu-se profundamente responsável perante a humanidade quando, primeiro, lutou contra todos os preparativos militares. Sentiu-se ainda mais responsável perante a humanidade quando interveio insistentemente para a fabricação da bomba atômica.

O exemplo de Einstein é elucidativo. O espírito mais genial não dispõe de condições que lhe permitam pensar a ciência na sociedade, isto é, conhecer o lugar e o papel da ciência na sociedade.

Efetivamente, não existe sociologia da ciência. Existem apenas inquéritos parcelares sobre a vida dos laboratórios e os costumes dos cientistas, concepções deterministas pueris que transformam a ciência em mero produto da sociedade ou, mesmo, em ideologia de classe. Uma sociologia da ciência deveria ser cientificamente mais forte do que a ciência que abarca e, no entanto, é cientificamente enferma em relação às outras ciências. Então, se não se sabe conceber cientificamente o cientista e a ciência, como pensar cientificamente a responsabilidade do cientista na sociedade?

Por outro lado, o caso de Einstein implica questão sociológica mais geral, a da ecologia dos atos cujo princípio podemos formular do seguinte modo: o ato de um indivíduo ou de um grupo entra num complexo de inter-retroações que o fazem derivar, desviar e, por vezes, inverter seu sentido; assim, uma ação destinada à paz pode, eventualmente, reforçar as probabilidades da guerra; inversamente, uma ação que reforce os riscos de guerra pode, eventualmente, proporcionar a paz (intimidação). Portanto, não basta ter boas intenções para ser verdadeiramente responsável. A responsabilidade deve enfrentar uma terrível incerteza.

Ciência com Consciência

A ciência sem consciência

A questão "o que é a ciência?" não tem resposta científica. A última descoberta da epistemologia anglo-saxônica afirma ser científico aquilo que é reconhecido como tal pela maioria dos cientistas. Isso quer dizer que não existe nenhum método objetivo para considerar ciência objeto de ciência, e o cientista, sujeito.

A dificuldade de conhecer cientificamente a ciência cresce com o caráter paradoxal desse conhecimento:

Progresso inaudito dos conhecimentos correlativos ao progresso incrível da ignorância.

Progresso dos aspectos benéficos do conhecimento científico correlativo ao progresso de seus caracteres nocivos e mortíferos.

Progresso crescente dos poderes da ciência e impotência crescente dos cientistas na sociedade em relação aos próprios poderes da ciência.

O poder está em migalhas no nível da investigação, mas reconcentrado e engrenado no nível político e econômico.

A progressão das ciências da natureza provoca regressões que afetam a questão da sociedade e do homem.

Além disso, a hiperespecialização dos saberes disciplinares reduziu a migalhas o saber científico (que só pode ser unificado em níveis de elevada e abstrata formalização), sobretudo nas ciências antropossociais, que têm todos os vícios da sobreespecialização sem ter suas vantagens. Assim, todos os conceitos molares que abrangem várias disciplinas estão esmagados ou lacerados entre essas disciplinas e não são reconstituídos pelas tentativas interdisciplinares. Torna-se impossível pensar cientificamente o indivíduo, o homem, a sociedade. Alguns cientistas acabaram por crer que sua incapacidade para pensar esses conceitos provava que as idéias de indivíduo, homem e vida eram ingênuas e ilusórias, e promulgaram sua liquidação. Então, como conceber a responsabilidade do homem em relação à sociedade e a da sociedade em relação ao homem quando já não há homem nem sociedade?

Enfim, e sobretudo, o destroçado processo do saber/poder tende a conduzir, se não for combatido no interior das próprias ciências, à total transformação do sentido e da função do saber: o saber já não é para ser pensado, refletido, meditado, discutido por seres humanos para esclarecer sua visão do mundo e sua ação no mundo, mas é produzido para ser armazenado em bancos de dados e manipulado por poderes anônimos. Geralmente, a tomada de consciência dessa situação chega partida ao espírito do investigador científico, que a reconhece e, ao mesmo tempo, dela se protege em tríptica visão que dissocia e não permite a comunicação de: ciência (pura, nobre, bela, desinteressada), técnica (que, como a língua de Esopo, pode servir para o melhor e para o pior) e política (má e nociva, que perverte a técnica, isto é, os resultados da ciência).

A acusação do político pelo científico torna-se assim, para o pesquisador, a maneira de iludir a tomada de consciência das interações solidárias e complexas entre as esferas científicas, técnicas, sociológicas e políticas. Impede-o de conceber a complexidade da relação ciência/sociedade e leva-o a fugir da questão de sua responsabilidade intrínseca. Outra cegueira simétrica consiste em ver na ciência uma pura e simples "ideologia" social; a partir daí, o cientista que assim considera a ciência troca o modo de pensar científico pelo do militante, no momento em que se trata de pensar cientificamente a ciência.

Ética do conhecimento e ética da responsabilidade: soluções não, caminhos

Embora o conhecimento científico elimine de si mesmo toda a competência ética, a *praxis* do pesquisador suscita ou

Ciência com Consciência

implica uma ética própria. Não se trata unicamente de uma moral exterior que a instituição impõe a seus empregados; trata-se de mais do que consciência profissional inerente a toda profissionalização; de ética própria do conhecimento, que anima todo pesquisador que não se considera um simples funcionário. É o imperativo: conhecer para conhecer, que deve triunfar, para o conhecimento, sobre todas as proibições, tabus, que o limitam. Assim, o conhecimento científico, desde Galileu, venceu interdições religiosas. A ética do conhecer tende, no pesquisador sério, a ganhar prioridade, a opor-se a qualquer outro valor, e esse conhecimento "desinteressado" desinteressa-se de todos os interesses político-econômicos que utilizam, de fato, esses conhecimentos.

A questão da responsabilidade do investigador perante a sociedade é, portanto, uma tragédia histórica, e seu terrível atraso em relação à urgência torna-a ainda mais urgente.

Mas seria inteiramente ilusório crer que se pode encontrar uma solução mágica. Pelo contrário, há que insistir no contra-efeito de duas ilusões: 1) a ilusão de que existe uma consciência política de base científica que possa guiar o pesquisador: toda teoria política que se pretende científica tende a monopolizar a qualidade de ciência, revelando, assim, sua anticientificidade; 2) a ilusão de que uma consciência moral é suficiente para que a ação que desencadeia tome o sentido de seu objetivo. A ecologia da ação mostra que nossas ações, uma vez entradas no mundo social, são arrastadas num jogo de interações/retroações em que são desviadas de seu sentido, tomando por vezes sentido contrário, como, por exemplo, Einstein, já citado. Temos, portanto, de tentar ultrapassar o isolamento esplêndido e o ativismo limitado.

Aqui, não há soluções. Há caminhos:

a) a tomada de consciência crítica

O cientista deve deixar de julgar-se Moisés (Einstein), Jeremias (Oppenheimer), mas não deve considerar-se Job, com sua miséria. Embora os pesos burocráticos sejam enormes na instituição científica (francesa, não suíça, bem entendido), é preciso que o meio científico possa pôr em crise aquilo que lhe parece evidente.

b) a necessidade de elaborar uma ciência da ciência

O conhecimento do conhecimento científico comporta necessariamente uma dimensão reflexiva, que deve deixar de ser remetida à filosofia; que deve vir do interior do mundo científico, como mostra claramente o Prof. Pilet. Os diversos trabalhos de Popper, Kuhn, Feyerabend, Lakatos assinalam como traço comum o fato de mostrar que as teorias científicas, como os *icebergs*, têm enorme parte imersa, que não é científica, que é a zona cega da ciência, indispensável, entretanto, ao desenvolvimento da ciência.

Temos de caminhar para uma concepção mais enriquecida e transformada da ciência (que evolui como todas as coisas vivas e humanas), em que se estabeleça a comunicação entre objeto e sujeito, entre antropossociologia e ciências naturais. Poder-se-ia, então, tentar a comunicação (não a unificação) entre "fatos" e "valores"; para que tal comunicação seja possível, são necessários, por um lado, um pensamento capaz de refletir sobre os fatos e de organizá-los para deles obter conhecimento não só atomizado, mas também molar, e, por outro, um pensamento capaz de conceber o enraizamento dos valores numa cultura e numa sociedade.

O problema da consciência (responsabilidade) supõe a reforma das estruturas do próprio conhecimento.

Assim, o problema não tem solução, atualmente.

Pode parecer que lhes apresento um quadro desesperado, que introduzo a dúvida generalizada que, destruindo a rocha sólida das convicções, deve provocar pessimismo desmoralizador e devastador. Mas isso seria esquecer que é necessário desintegrar as falsas certezas e as pseudo-respostas quando se quer encontrar as respostas adequadas. Seria esquecer que

Ciência com Consciência

a descoberta de um limite ou de uma carência em nossa consciência já constitui progresso fundamental e necessário para essa consciência.

Seria verdadeiramente ingênuo que os cientistas esperassem e desejassem uma solução mágica. Devemos compreender que a noção de responsabilidade do cientista nos obriga a ser responsáveis pelo uso da palavra responsabilidade, isto é, nos obriga a revelar suas dificuldades e complexidade.

Ainda (?) não temos uma solução. Entretanto, devemos viver e assumir um politeísmo de valores. Mas, ao contrário do politeísmo inconsciente (no qual o pesquisador que obedece no seu laboratório à ética do conhecimento se transforma bruscamente, fora do laboratório, em amante ciumento, marido egoísta, pai brutal, motorista histérico, cidadão limitado e se satisfaz politicamente com afirmações que rejeitaria com desprezo se dissessem respeito a seu campo profissional), o politeísmo deve tornar-se consciente.

Servimos pelo menos a dois deuses, complementares e antagônicos: o deus da ética do conhecimento, que nos manda sacrificar tudo à *libido scienti*, e o deus da ética cívica e humana.

Há certamente um limite para a ética do conhecimento; mas era invisível *a priori* e nós o transpusemos sem saber: é o limite no qual o conhecimento traz consigo a morte generalizada.

Então, só nos resta atualmente uma coisa: resistir aos poderes que não conhecem limites e que já, em grande parte da terra, amordaçam e controlam todos os conhecimentos, salvo o conhecimento científico tecnicamente utilizável por eles, porque esse, precisamente, está cego para suas atividades e para seu papel na sociedade, está cego para suas responsabilidades humanas.

6

Teses sobre a ciência
e a ética

Antes de tudo, precisamos saber que, atualmente, estamos no ponto de chegada da civilização ocidental que, ao mesmo tempo, pode ser um ponto de partida. Devemos compreender que as soluções fundamentais que deviam ser trazidas pelo desenvolvimento da ciência, da razão e do humanismo, se transformaram em problemas essenciais. É preciso saber que a ciência e a razão não têm a missão providencial de salvar a humanidade, porém, têm poderes absolutamente ambivalentes sobre o desenvolvimento futuro da humanidade. Atualmente, não só estamos no momento crepuscular quando o pássaro de Minerva, ou seja, a sabedoria, levanta vôo, mas também num momento de trevas, aguardando pelo canto do galo que vai nos acordar. O canto do galo vai nos deixar alerta para o homem, para a vida e para a humanidade. E, mesmo que nossos alarmes se revelem exagerados, terão sido úteis porque terão permitido implantar os meios que possibilitam afastar ou reduzir o perigo. Se os troianos tivessem dado ouvidos a Cassandra, suas profecias não se teriam realizado porque o aviso teria sido legítimo. Os problemas atuais são tão grandes que não temos soluções para eles. Vejamos quais são esses problemas.

Vou apresentar minhas observações sob a forma de teses.

Minha primeira tese é a de que a época fecunda da não-pertinência dos julgamentos de valor sobre a atividade científica terminou. Disse fecunda porque houve uma fecundidade no fato de a ciência criar, no século 17, uma autonomia diante da religião, do Estado e das conseqüências morais que o próprio conhecimento provoca. A ciência precisava emancipar seu imperativo ético próprio e único, "conhecer por conhecer", quaisquer que fossem as conseqüências. Contudo, o que era verdade na ciência nascente, marginal, ameaçada, não é mais verdade na época da ciência dominante e ameaçadora. Não é mais verdade por causa dos grandes desenvolvimentos da própria ciência. Efetivamente, a ciência marginal das sociedades ocidentais do século 17 passou a ser central com a sua introdução não só nas universidades, no século 19, mas também dentro das empresas industriais e sobretudo no coração do Estado que financia, controla e desenvolve as instituições de pesquisa científica. Um tal desenvolvimento determina, então, o desenvolvimento da nossa sociedade ao mesmo tempo em que é determinado pela organização dessa mesma sociedade. A relação entre a ciência e a técnica passou a ser dominante e indissolúvel. A princípio, a ciência precisava das técnicas para fazer experiências e ela as realizava para verificar; um processo foi posto em andamento no qual a ciência se tornou necessária à técnica, para manipular; enquanto a função manipuladora era, e ainda é, secundária na ciência, a função manipuladora se torna importante e essencial na técnica e, a partir de então, existe uma inseparabilidade do desenvolvimento do conhecimento pelo conhecimento que é especialmente científico e do desenvolvimento das manipulações e de habilidade que é especialmente técnica. Hoje em dia, estamos na época da *big science*, da tecno-ciência, que desenvolveu poderes titânicos. Todavia, é preciso notar que os cientistas perderam seus poderes que emanam dos laboratórios; esses

Ciência com Consciência

poderes estão concentrados nas mãos dos dirigentes das empresas e das autoridades do Estado. Há uma interação inaudita entre a pesquisa e o poder. Muitos cientistas acham que evitam os problemas existentes nessa interação ao pensar que há uma disjunção entre a ciência, de um lado e a técnica e a política, do outro. Esses cientistas dizem o seguinte: "A ciência é muito boa; ela é moral. A técnica é ambivalente, é como a linguagem de Esopo. A política é má e os maus desenvolvimentos das ciências são devidos à política." Tal visão ignora não só a contaminação entre as três circunstâncias, mas também o fato de que os cientistas são atores no campo da política militar e dos Estados: assim foi o maior cientista da sua época, Einstein, que pediu ao presidente Roosevelt para produzir a bomba termonuclear.

Em contrapartida, é preciso pensar que o desenvolvimento da *big science* leva a um saber anônimo que não mais é feito para obedecer à função que foi a do saber durante toda a história da humanidade, a de ser incorporado nas consciências, nas mentes e nas vidas humanas. O novo saber científico é feito para ser depositado nos bancos de dados e para ser usado de acordo com os meios e segundo as decisões das potências. Há um verdadeiro desapossamento cognitivo, não só entre os cidadãos mas também entre os cientistas, eles próprios hiperespecializados, sendo que nenhum deles pode controlar e verificar todo o saber produzido atualmente. Além disso, como já disse, a pesquisa entrou nas instituições tecnoburocráticas da sociedade; por causa disso a administração tecnoburocrática reunida à hiperespecialização do trabalho produz a irresponsabilidade generalizada. Estamos na era da irresponsabilidade generalizada. Eichmann disse: "Eu obedecia às ordens", quando falava dos massacres de Auschwitz. Hannah Arendt disse, com muita exatidão, que Eichmann não era um monstro excepcional; ele era um homem muito banal, um homem comum, um burocrata comum situado em circunstâncias excepcionais. Dito de outro modo, atualmente a regra se impõe cegamente: obedecemos à máquina e não sabemos para onde vai essa máquina.

Por que chegamos a isso? O diagnóstico foi feito há cinqüenta anos por Husserl numa famosa conferência sobre a crise da ciência européia. Ele mostrou, então, que havia um buraco cego no objetivismo científico: era o buraco da consciência de si mesmo. A partir do momento em que, de um lado, aconteceu a disjunção da subjetividade humana reservada à filosofia ou à poesia e, do outro, a disjunção da objetividade do saber que é próprio da ciência, o conhecimento científico desenvolveu as maneiras mais refinadas para conhecer todos os objetivos possíveis, mas se tornou completamente cego na subjetividade humana; ele ficou cego para a marcha da própria ciência: a ciência não pode se conhecer, a ciência não pode se pensar, com os métodos de que dispõe hoje em dia.

Ainda há outra coisa que explica a cegueira dos cientistas. Não obstante, os cientistas partilham essa causa de cegueira com os outros cidadãos: é isso o que quero chamar de ignorância da ecologia da ação. O que quer dizer ecologia da ação? Significa que toda ação humana, a partir do momento em que é iniciada, escapa das mãos de seu iniciador e entra no jogo das interações múltiplas próprias da sociedade, que a desviam de seu objetivo e às vezes lhe dão um destino oposto ao que era visado. Em geral, isso é verdade para as ações políticas, isso também é verdade para as ações científicas. A pureza das intenções tanto num campo como no outro não é nunca uma garantia de validade e de eficácia da ação. Marx e Engels diziam que os homens não sabem o que são, nem o que fazem. Isso é verdade, inclusive e principalmente para os próprios Marx e Engels. Isso é verdade para todos e para cada um. É certo que a consciência da inconsciência não nos dá a consciência, mas pode nos preparar para ela. Já tratei (A responsabilidade do pesquisador, pg. 117) o silogismo da irresponsabili-

Ciência com Consciência

dade do cientista: para que haja responsabilidade é preciso que haja um sujeito consciente; acontece que a visão científica clássica elimina a consciência, elimina o sujeito, elimina a liberdade em proveito de um determinismo; *ergo* a noção de sujeito consciente não é uma idéia científica, *ergo* a idéia de responsabilidade não pode ser uma idéia científica. Além disso, é preciso notar que a hiperespecialização das ciências humanas destrói e desloca a noção de homem; as diferenças sociais, a demografia e a economia não precisam mais da noção de homem. Existem até certas disciplinas da psicologia que eliminam o homem, seja em proveito do comportamento, seja em proveito da pulsão. A idéia de homem foi desintegrada. Do mesmo modo, as especializações biológicas eliminam a idéia de vida em benefício das moléculas, dos genes, de comportamentos etc. Finalmente, não existe mais nada daquilo que é a natureza do problema fundamental — O que é o homem? Qual o seu sentido? Qual é seu lugar na sociedade? Qual é seu lugar na vida? Qual é seu lugar no cosmo? A prática científica nos leva à irresponsabilidade e à inconsciência total. O que nos salva é que, felizmente, temos uma vida dupla, uma vida tripla; não somos só cientistas, também somos pessoas em particular, também somos cidadãos, também somos seres com convicção metafísica ou religiosa e, então, podemos, nas nossas outras vidas, ter imperativos morais e é isso que nos impede de sermos doutores Mabuse ou doutores Folamour.[1] Isso também é o que nos impede de nos tornarmos doutores Mengele, o célebre médico de Auschwitz que praticava tranqüilamente suas experiências nos seres humanos julgados inferiores. Estamos num período em que a disjunção entre os problemas éticos e os problemas científicos pode se tornar mortal se perdermos nossas vidas humanistas de cidadãos e de homem. Porém, saibamos que o problema da experimentação com humanos ressuscitou

---

[1] Sábios loucos do imaginário cinematográfico, o primeiro de um filme de Fritz Lang, em especial em *O Testamento do Doutor Mabuse*, e o segundo de um filme de Kubrick, *Doutor Folamour*.

nas fronteiras da pessoa humana, nos embriões e nos mortos-vivos que são os humanos irremediavelmente mergulhados num coma duradouro.

Minha segunda tese, sobre a qual vou passar muito rapidamente, é que temos necessidade de desenvolver o que poderíamos chamar de *scienza nuova*, não mais no sentido usado por Vico mas num sentido mais complexo. Como disse Jacob Bronowski, o conceito de ciência que vivemos não é absoluto, nem eterno e, portanto, a noção de ciência deve evoluir. Nessa evolução, será preciso que ela comporte o autoconhecimento ou, melhor ainda, a autoconsciência. Vou dizer rapidamente que precisamos de pontos de vista metacientíficos sobre a ciência, precisamos de pontos de vista epistemológicos que revelem os postulados metafísicos e até a mitologia escondidos no interior da atividade científica. Precisamos do desenvolvimento de uma sociologia da ciência, precisamos colocar para nós mesmos problemáticas éticas levantadas pelo desenvolvimento incontrolado da ciência, em resumo, devemos interrogar a ciência na sua história, no seu desenvolvimento, no seu devir, sob todos os ângulos possíveis.

Chego na minha terceira tese que também será muito resumida. Seria que a noção de homem não é uma noção simples: é uma noção complexa. *Homo* é um complexo bioantropológico e biossociocultural. O homem tem muitas dimensões e tudo o que desloca esse complexo é mutilante, não só para o conhecimento mas, igualmente, para a ação. Precisamos conceber que esse complexo que constitui o homem não é feito só de instâncias complementares mas de instâncias que são, ao mesmo tempo, antagônicas, e daí surge o problema da pluralidade dos imperativos éticos, ao qual retornarei daqui a pouco.

Chego na minha quarta tese: acho que o desenvolvimento atual da ciência e, sobretudo, da biologia, desenvolvimentos a

Ciência com Consciência

um só tempo cognitivos e manipuladores, nos obrigam a redefinir a noção de pessoa humana. Essa noção era extremamente clara até o momento; a pessoa morria quando o coração parava. Quanto ao nascimento, havia uma escolha entre a concepção cristã que dizia que a pessoa nascia desde a fecundação ou, então, uma concepção laica que dizia que a pessoa nascia no momento em que o recém-nascido saía do ventre materno para entrar no mundo cultural. Acontece que, hoje em dia, as fronteiras da pessoa humana se tornaram mais vagas. Os indivíduos em coma prolongado ainda são pessoas humanas ou são seres vegetativos? A criança existe como pessoa no ovo, no estado de blástula, no momento da formação do embrião, no terceiro mês, no sexto mês ou no nascimento? É claro que não podemos responder. A única certeza, como disse acertadamente Luigi Lombardi-Valori, é que há um mistério do embrião. Ele não é uma pessoa humana, mas o é potencialmente; porém, o que quer dizer a palavra "potencial"? Não é uma pura sensibilidade da mente. A potencialidade também tem uma certa realidade. Portanto, o embrião é potencialmente uma pessoa sem sê-lo. O morto-vivo, em coma prolongado, não é mais uma pessoa, contudo, manteve a forma e a marca da pessoa humana. A partir daí há uma disjunção entre a idéia de viver enquanto ser humano e de sobreviver biologicamente. Foi colocado um novo problema.

Agora vou passar, rapidamente, à ética: quero fazer uma distinção entre a falsa moral e a moral. A falsa moral transforma em oposição maniqueísta entre o bem e o mal o que, na realidade, é um conflito de valores. A falsa moral confunde a normalidade e a norma; ora, devemos desconfiar da ética da normalidade, aquela que vai privilegiar um indivíduo *standard*. Vamos começar por eliminar os mongolóides, os deficientes genéticos e depois os anormais ideológicos como aconteceu nos hospitais psiquiátricos da URSS... (ainda que, num universo totalitário, a patologia está no nível do próprio Estado e não no nível dos cidadãos dissidentes e divergentes).

Duas últimas teses: o problema ético é um problema de conflito de valores. A escolha entre o bem e o mal não é um problema ético; é um problema puramente físico ou psicológico, de coragem, de inteligência, de vontade ética. O problema surge quando há pluralidade de imperativos contraditórios. Como exemplo vou pegar o problema do aborto. É um problema típico de conflito. Se você se colocar do lado do ponto de vista do direito e da liberdade da mulher, o direito dela de não ter um filho tem um valor ético. Mas você também pode se colocar ao lado do ponto de vista de uma sociedade; se uma sociedade é atingida por uma crise demográfica grave, ela também tem o direito de querer viver através das crianças que devem nascer. Há, também, o direito do embrião, mudo, e que é o ser em potencial. Eis, portanto, um problema de contradição de valores e creio que os verdadeiros problemas éticos são conflitos entre imperativos. Do mesmo modo que doravante passa a existir um conflito entre o imperativo do conhecimento pelo conhecimento, que é o da ciência, e o imperativo de salvaguardar a humanidade e a dignidade do homem. Estamos num momento de um conflito imperativo e acho que os comitês bioéticos que existem atualmente constituem um lugar para que esses conflitos sejam expressos. Creio que a missão deles não é a de encontrar a solução milagrosa, a solução providencial para tais conflitos; a princípio, sua missão é a de explicitá-los e por isso é bom que eles reúnam personalidades de opinião, de metafísica, de crenças bem diferentes. Finalmente e por outro lado, acho que, atualmente, estamos condenados a procurar uma moral provisória. Não acredito absolutamente numa nova ética. Esses são problemas permanentes da ética que se chocam com situações inesperadas, que suscitam conflitos éticos. Estamos condenados na bioética a compromissos arbitrários e provisórios. É preciso estar bem consciente do caráter arbitrário ao decidir que uma pessoa humana existe aos três meses, seis meses, no

Ciência com Consciência

nascimento, no ovo etc. É preciso estar consciente de todos esses problemas antagônicos e estar consciente do fato que fazemos apostas arriscadas. Também é preciso definir religiosamente a ética e, quando digo religiosamente, não estou falando do ponto de vista de uma religião da qual sou adepto, mas acho que temos os direitos do homem, temos os direitos da vida, e também temos os direitos da natureza pela qual somos responsáveis. Estou totalmente de acordo com Suzy Dracopoulos, quando ela fala da necessidade de não centrar o valor unicamente na vida humana. Acho que só podemos respeitar verdadeiramente a vida humana se respeitarmos, ao máximo, a vida em geral, mesmo sabendo tudo o que comporta de crueldade e de barbárie uma vida humana em relação ao mundo vivo.

Para concluir, digo que, nesse sentido há um problema que ultrapassa os cientistas. Um estadista francês disse durante a Primeira Guerra Mundial: "A guerra é um processo sério demais para ser deixado nas mãos dos militares." A ciência é um processo sério demais para ser deixado só nas mãos dos cientistas. Eu completaria dizendo que a ciência se tornou muito perigosa para ser deixada nas mãos dos estadistas e dos Estados. Dizendo de outra forma, a ciência passou a ser um problema cívico, um problema dos cidadãos. Precisamos ir ao encontro dos cidadãos. É inadmissível que esses problemas permaneçam entre quatro paredes; é inadmissível que esses problemas sejam esotéricos. Estamos numa época, corrijo, não estamos na época da solução, não é uma época messiânica, é a época de São João Batista, ou seja, daquele que vem anunciar e preparar a mensagem. Nós não temos a mensagem. O que podemos fazer é levantar os problemas, é formular as contradições, é propor a moral provisória.

7

A antiga e a nova
transdisciplinaridade

Sabemos cada vez mais que as disciplinas se fecham e não se comunicam umas com as outras. Os fenômenos são cada vez mais fragmentados, e não se consegue conceber a sua unidade. É por isso que se diz cada vez mais: "Façamos interdisciplinaridade." Mas a interdisciplinaridade controla tanto as disciplinas como a ONU controla as nações. Cada disciplina pretende primeiro fazer reconhecer sua soberania territorial, e, à custa de algumas magras trocas, as fronteiras confirmam-se em vez de se desmoronar.

Portanto, é preciso ir além, e aqui aparece o termo "transdisciplinaridade". Façamos uma primeira observação. O desenvolvimento da ciência ocidental desde o século 17 não foi apenas disciplinar, *mas também um desenvolvimento transdisciplinar*. Há que dizer não só as ciências, mas também "a" ciência, porque há uma unidade de método, um certo número de postulados implícitos em todas as disciplinas, como o postulado da objetividade, a eliminação da questão do sujeito, a utilização das matemáticas como uma linguagem e um modo de explicação comum, a procura da formalização etc. *A ciência nunca teria sido ciência se não tivesse sido*

136   *Ciência com Consciência*

transdisciplinar. Além disso, a história da ciência é percorrida por grandes unificações transdisciplinares marcadas com os nomes de Newton, Maxwell, Einstein, o resplendor de filosofias subjacentes (empirismo, positivismo, pragmatismo) ou de imperialismos teóricos (marxismo, freudismo).

Mas o importante é que os princípios transdisciplinares fundamentais da ciência, a matematização, a formalização são precisamente os que permitiram desenvolver o enclausuramento disciplinar. Em outras palavras, a unidade foi sempre hiperabstrata, hiperformalizada, e só pode fazer comunicarem-se as diferentes dimensões do real abolindo essa dimensões, isto é, unidimensionalizando o real.

A verdadeira questão não consiste, portanto, em "fazer transdisciplinar"; mas "que transdisciplinar é preciso fazer"? Aqui, há que considerar o estatuto moderno do saber. O saber é, primeiro, para ser refletido, meditado, discutido, criticado por espíritos humanos responsáveis ou é para ser armazenado em bancos informacionais e computado por instâncias anônimas e superiores aos indivíduos? Aqui, há que observar que uma revolução se opera sob nossos olhos. Enquanto o saber, na tradição grega clássica até a Era das Luzes e até o fim do século 19 era efetivamente para ser compreendido, pensado e refletido, hoje, nós, indivíduos, nos vemos privados do direito à reflexão.

Nesse fenômeno de concentração em que os indivíduos são despossuídos do direito de pensar, cria-se um sobrepensamento que é um subpensamento, porque lhe faltam algumas das propriedades de reflexão e de consciência próprias do espírito, do cérebro humano. Como ressituar então o problema do saber? Percebe-se que o paradigma que sustém o nosso conhecimento científico é incapaz de responder, visto que a ciência se baseou na exclusão do sujeito. É certo que o sujeito existe pelo modo que tem de filtrar as mensagens do mundo exterior, enquanto ser que tem o cérebro inscrito numa cultura, numa sociedade dada. Em nossas observações mais objetivas entra sempre um componente subjetivo.

Hoje, a questão do retorno do sujeito é fundamental e está na ordem do dia. Mas, neste momento, há que formular a questão dessa separação total objeto/sujeito em que o monopólio do sujeito é entregue à especulação filosófica.

Precisamos de pensar/repensar o saber, não com base numa pequena quantidade de conhecimentos, como nos séculos 17-18, mas no estado atual de proliferação, dispersão, parcelamento dos conhecimentos. Mas como fazer?

Aqui, há um problema prévio a toda transdisciplinaridade: o dos paradigmas ou princípios que determinam/controlam o conhecimento científico. Como bem sabemos desde Thomas Kuhn, autor de *A Estrutura das Revoluções Científicas*, o desenvolvimento da ciência não se efetua por acumulação dos conhecimentos, mas por transformação dos princípios que organizam o conhecimento. A ciência não se limita a crescer; transforma-se. É por isso que, como dizia Whitehead, a ciência é mais mutável do que a teologia. Ora, eu creio profundamente que vivemos com princípios que identificamos de forma absoluta com a ciência e que, de fato, correspondem à sua idade "clássica", do século 18 ao fim do 19, e são esses princípios que devem ser transformados.

Eles foram, de certo modo, formulados por Descartes: é a dissociação entre o sujeito (*ego cogitans*), remetido à metafísica, e o objeto (*res extensa*), enfatizando a ciência. A exclusão do sujeito efetuou-se na base de que a concordância entre experimentações e observações por diversos observadores permitia chegar ao conhecimento objetivo. Mas, assim, ignorou-se que as teorias científicas não são o puro e simples reflexo das realidades objetivas, mas os co-produtos das estruturas do espírito humano e das condições socioculturais do conhecimento. Foi por isso que se chegou à situação atual na qual a ciência é incapaz de determinar seu lugar, seu papel em sua sociedade, incapaz de prever se o que sairá de seu desenvolvimento contemporâneo será o aniquilamento, a subjugação ou a emancipação.

A separação sujeito/objeto é um dos aspectos essenciais de um paradigma mais geral de separação/redução, pelo qual o pensamento científico ou distingue realidades inseparáveis sem poder encarar sua relação, ou identifica-as por redução da realidade mais complexa à menos complexa. Assim, física, biologia, antropossociologia tornaram-se ciências totalmente distintas, e quando se quis ou quando se quer associá-las é por redução do biológico ao físico-químico, do antropológico ao biológico.

Precisamos, portanto, para promover uma nova transdisciplinaridade, de um paradigma que, decerto, permite distinguir, separar, opor, e, portanto, dividir relativamente esses domínios científicos, mas que possa fazê-los se comunicarem sem operar a redução. O paradigma que denomino simplificação (redução/separação) é insuficiente e mutilante. É preciso um paradigma de complexidade, que, ao mesmo tempo, separe e associe, que conceba os níveis de emergência da realidade sem os reduzir às unidades elementares e às leis gerais.

Consideramos os três grandes domínios: física, biologia, antropossociologia. Como fazê-los comunicarem-se? Sugiro a comunicação em circuito; primeiro movimento: há que enraizar a esfera antropossocial na esfera biológica, porque não é sem problema nem sem conseqüência que somos seres vivos, animais sexuados, vertebrados, mamíferos, primatas. De igual modo, há que enraizar a esfera viva na *physis*, porque, se a organização viva é original em relação a toda organização físico-química, é uma organização físico-química, saída do mundo físico e dele dependente. Mas operar enraizamento não é operar *redução*: não se trata de reduzir o humano a interações físico-químicas, mas de reconhecer os níveis de emergência.

Ciência com Consciência 139

Além disso, há que operar o movimento em sentido inverso: a ciência física não é o puro reflexo do mundo físico, mas uma produção cultural, intelectual, noológica, cujos desenvolvimentos dependem dos de uma sociedade e das técnicas de observação/experimentação produzidas por essa sociedade. A energia não é um objeto visível; é um conceito produzido para dar conta de transformações e de invariâncias físicas, desconhecido antes do século 19. Portanto, devemos ir do físico ao social e também ao antropológico, porque todo conhecimento depende das condições, possibilidades e limites de nosso entendimento, isto é, de nosso espírito-cérebro de *homo sapiens*. É, portanto, necessário enraizar o conhecimento físico, e igualmente biológico, numa cultura, numa sociedade, numa história, numa humanidade. A partir daí, cria-se a possibilidade de comunicação entre as ciências, e a ciência transdisciplinar é a que poderá desenvolver-se a partir dessas comunicações, dado que o antropossocial remete ao biológico, que remete ao físico, que remete ao antropossocial.

Então, no meu livro *La Méthode*, tento considerar as condições de formação desse circuito, donde seu caráter "enciclopedante", visto que ponho em ciclo pedagógico (*agkukliós paideia*) essas esferas até então não comunicantes. Mas esse caráter "enciclopedante" é como a roda externa que faz girar outra, interna, a da articulação teórica, a partir do que uma teoria complexa da organização tenta autoconstituir-se, sobretudo com a ajuda dos conceitos cibernéticos, sistêmicos, mas criticando-os e tentanto ir além. E essa roda interna esforça-se por fazer mover o cubo, que mal se desloca, mas em que um levíssimo movimento pode provocar grande mudança, isto é, o centro paradigmático do qual dependem as teorias, a organização e até a percepção dos fatos.

Como vêem, o objetivo de minha procura de método é não encontrar o princípio unitário de todos os conhecimentos, até porque isso seria uma nova redução, a redução a um princípio-chave, abstrato, que apagaria toda diversidade do real, ignoraria os vazios, as incertezas e aporias provocadas pelo desenvolvimento dos conhecimentos (que preenche vazios, mas abre outros, resolve enigmas, mas revela mistérios). É a comunicação com base num pensamento complexo. Ao contrário de Descartes, que partia de um princípio simples de verdade, ou seja, que identificava a verdade com as idéias claras e distintas, e por isso podia propor um discurso do método em poucas páginas, eu faço um discurso muito longo à procura de um método que não se revela por nenhuma evidência primária e que deve ser elaborado com esforço e risco. A missão desse método não é fornecer as fórmulas programáticas de um pensamento "são". É convidar a pensar-se na complexidade. Não é dar a receita que fecharia o real numa caixa, é fortalecer-nos na luta contra a doença do intelecto — o idealismo —, que crê que o real se pode deixar fechar na idéia e que acaba por considerar o mapa como o território, e contra a doença degenerativa da racionalidade, que é a racionalização, a qual crê que o real se pode esgotar num sistema coerente de idéias.

8

O erro de subestimar o erro

O erro está ligado à vida e, portanto, à morte

O erro é um problema primeiro, original, prioritário, sobre o qual ainda há muito que pensar.

Antes de tudo, parece-me que *a definição primeira do erro não se situa em relação à verdade;* e isso em virtude da teoria que foi absolutamente indispensável para que a genética moderna e a biologia molecular possam encontrar seus conceitos; com efeito, se considerarmos que os genes são unidades moleculares portadoras de informação, de uma mensagem codificada, que a organização viva não pode funcionar senão em função da informação escrita no ADN e que é comunicada às proteínas, então é evidente que a organização viva aparece como uma máquina não só informacional, mas também comunicante e, sobretudo, computacional, porque o ser vivo (mesmo o mais modesto, como a bactéria) computa, isto é, não faz só cálculos, mas também operações que obedecem a uma certa lógica, a certas regras, sobretudo as que tendem a manter o organismo vivo.

Computação é, aqui, uma palavra-chave. Huppert faz observação muito pertinente: "Como se pode qualificar como erro aquilo que se produz quando há uma replicação não totalmente idêntica dos genes, no momento da reprodução? Talvez se possa falar de acidente, mas por que falar de erro?" Com efeito, não há uma "verdade" que sirva de medida ao erro, a não ser a projeção que nós fazemos de uma ortodoxia organizacional segundo a qual o patrimônio que a descendência possui deve ser integralmente reproduzido, para evitar a degradação ou a morte. Efetivamente, podemos, sem muita arbitrariedade, projetar essa idéia, porque sabemos que um certo número de acidentes genéticos, de não reproduções idênticas, de lesões no sistema informacional pode verdadeiramente ser acompanhado por degradações; e, nesse sentido, é lícito falar de erros. Se considerarmos que todo ser vivo é por organização um ser computante, é evidente que todo ser vivo se encontra diante desse duplo problema do erro: por um lado, a computação correta de seu próprio patrimônio informacional (aquilo a que se chama o programa) e, por outro, o tratamento correto dos dados que se apresentam no seu ambiente. Por um lado, seu patrimônio informacional contém seu "saber-viver" e, por outro, seu "dever-viver" encontra-se em seu ambiente.

A computação de um ser vivo não é análoga à de um computador, por todo um conjunto de traços e particularidades deste último: o erro de computação de um computador pode, quando muito, ter efeitos negativos para o programador, para a pessoa que utiliza o computador, mas o computador não vai ser afetado! Em contrapartida, a computação do ser vivo é feita na primeira pessoa; a máquina viva se produz, produz seus próprios elementos, auto-organiza-se incessante, incansavelmente, em função de um *computo*, isto é: "Eu computo em função de mim mesmo, eu computo para viver, eu vivo computando." A partir daí, se não podemos definir o erro em relação a uma verdade que não existe (porque a verdade é um conceito propriamente humano), podemos, pelo contrário,

Ciência com Consciência 143

definir o erro em relação à vida, concebida sob a forma de computação permanente. A cada instante, a vida conhece o risco do erro, e é por isso que há inúmeros processos e mecanismos, já nos procariotas, nas bactérias, para reparar o ADN (que se deteriora incessantemente), isto é, corrigir os riscos de erro restabelecendo a informação original.

O que já é válido nesse nível da organização viva é, evidentemente, mais ainda no nível dos seres que desenvolveram seu aparelho neurocerebral em função de suas necessidades de sobrevivência num ambiente aleatório e perigoso. O aparelho neurocerebral serve, evidentemente, para computar o mundo externo e para escolher uma estratégia num universo aleatório. E é certo que, no mundo animal, onde reina a predação, tanto as presas como os predadores têm interesse em não se enganar. Portanto, têm de enfrentar o problema bem conhecido que é o do ruído: tudo aquilo que nos parece ser um ruído de fundo (portanto, um ruído insignificante para nós) esconde talvez alguma coisa de que poderíamos extrair uma informação; o ruído do vento, o ruído de uma folha, aquele estalido indica talvez o avanço sorrateiro do inimigo. No domínio animal, astúcias, enganos, logros têm por função induzir o outro a erro, enquanto a estratégia consiste em evitar e em corrigir o mais e o mais cedo possível os seus erros.

O erro está ligado à vida, e, portanto, à morte. Em todos os níveis, uma quantidade muito grande de erros provoca a morte. Leslie Orgel e alguns outros tinham chegado a avançar uma teoria segundo a qual a morte, pelo menos para os unicelulares, era o resultado de uma acumulação de erros no funcionamento do ser-máquina, erros provenientes de aleatoriedades quânticas ou de acidentes provocados pelos raios cósmicos atravessando os organismos. Temos aqui uma questão muito importante: vida e morte implicam sempre o erro.

A vida comporta inúmeros processos de detecção, de rejeição do erro, e o fato extraordinário é que a vida comporta

144 · *Ciência com Consciência*

também processos de utilização do erro, não só para corrigir seus próprios erros, mas também para favorecer o aparecimento da diversidade e a possibilidade de evolução. Acontece, com efeito, que o "erro", no momento da duplicação reprodutora, aparece como fecundo em relação à reprodução da norma ou ortodoxia genética, que seria a "verdade" (com muitas aspas) de uma espécie, quando determina o aparecimento de qualidades novas, que, por sua vez, vão caracterizar uma nova espécie. A partir daí, o erro, em referência à antiga ortodoxia, torna-se norma, isto é, "verdade" (aspas) da nova.

Vamos a outro exemplo: dispomos de um sistema imunológico que reage para expulsar toda a intrusão estranha e que, a esse título, se aplica a rejeitar o coração enxertado no organismo para salvá-lo. Esse sistema computa corretamente a intrusão estranha e reage conseqüentemente. Nesse sentido, não comete erro. Mas, em referência a nosso metanível, em que existem evidentemente uma cirurgia, uma sociedade, uma cultura, e onde esse coração estranho chega justamente para fazer viver o organismo, há erro fatal, que provém da não comunicação entre os dois níveis de organização.

Acontece também que o sistema imunológico seja induzido a erro por um antígeno estranho que, como um inimigo arvorando o uniforme do sitiado, penetra a praça. Acontece, também, em nossa vida pessoal, política, social, acolher como amigo ou salvador aquele que nos traz subjugação ou morte.

A maior fonte de erro reside na idéia de verdade

Isso posto, não se trata de reduzir a questão do erro humano à questão biológica (ou viva) do erro. Há que dizer que o domínio do erro humano é muito mais vasto e comporta desenvolvimentos inteiramente novos. É certo que o homem-predador induz a erro, e sua astúcia prolonga e desenvolve a astúcia animal: a hominização efetuou-se não só a partir do

Ciência com Consciência

desenvolvimento dos instrumentos de caça, mas também pelo aparecimento e o aperfeiçoamento dos enganos, de caráter novo, a imitação do grito dos animais, a utilização de armadilhas etc. Mas é certo que o fenômeno propriamente humano, no que diz respeito ao erro, está ligado ao aparecimento da linguagem, isto é, da palavra e da idéia. Pode-se dizer que a palavra permitiu uma forma nova e maravilhosa para induzir o outro a erro, a saber, a mentira. É verdade que a idéia — que nos é necessária para traduzir a realidade do mundo externo, isto é, comunicar com o mundo externo — é, ao mesmo tempo, o que nos induz a enganarmo-nos acerca desse mundo externo. Efetivamente, o espírito humano não reflete o mundo, mas o traduz mediante todo um sistema neurocerebral em que os sentidos captam um certo número de estímulos, que são transformados em mensagens e códigos por meio das redes nervosas, e é o espírito-cérebro que produz aquilo que se denomina representações, noções e idéias pelas quais ele percebe e concebe o mundo externo. Nossas idéias não são reflexos do real, mas traduções dele. Essas traduções tomaram a forma de mitologias, de religiões, de ideologias, de teorias. A partir daí, como toda tradução comporta risco de erro, as traduções mitológicas, religiosas, ideológicas, teóricas fizeram surgir incessantemente na humanidade inúmeros erros. Em contrapartida, é no universo das idéias que finalmente irrompe a questão da verdade. Mas a verdade emerge primeiro sob uma forma absoluta; não só sob a forma absoluta das crenças religiosas ou mitológicas, mas também sob a forma absoluta das idéias dogmáticas. O aparecimento da idéia de verdade agrava a questão do erro, porque quem quer que se julgue possuidor de verdade torna-se insensível aos erros que podem ser encontrados em seu sistema de idéias e, evidentemente, tomará por mentira ou erro tudo aquilo que contradiga a sua verdade. A idéia de verdade é a maior fonte de erro que pode ser considerada; o erro fundamental reside na apropriação monopolista da verdade. Não basta dizer: "A verdade não me pertence, eu é que pertenço à verdade." É uma forma falsamente modesta de dizer: "É o absoluto que fala pela minha boca!"

Todos os problemas de origem da ciência estão relacionados à desdogmatização da verdade. A concepção medieval da verdade não se julgava arbitrária. Não dispunha apenas, como fundamento, da revelação divina: a escolástica medieval (pelo menos a que tinha integrado o aristotelismo) pensava que sua concepção era racional; todas as observações que contradiziam sua visão eram denunciadas como irracionais! É em nome daquilo que se julga ser a racionalidade — mas que não é mais do que a racionalização, isto é, o sistema de idéias autojustificadas — que se recusa o julgamento dos dados; a emergência de uma idéia nova, pelo escândalo que provoca num sistema, pela ruína que ameaça introduzir, é vista como irracional, porque vai destruir aquilo que esse sistema julgava ser a sua própria racionalidade. Foi por isso, aliás, que as primeiras descobertas científicas pareceram inteiramente irracionais.

O jogo do erro e da verdade

Chegamos aqui à dupla questão da verdade que é imperativo distinguir; há a verdade das teorias científicas que pensa ter seu fundamento, sua justificação e sua prova no universo dos fenômenos, isto é, quer por observações de observadores diferentes, quer por experimentações de experimentadores diferentes; essa verdade, *de fato*, é inteiramente distinta daquela outra (embora tenha o mesmo nome) que se refere a ortodoxias, normas, finalidades, crenças que se julgam sãs, boas, justas, necessárias e vitais para a sociedade. Nesse momento, é evidente que o problema já não se põe no nível da verificação, mas no dos sistemas de valores, e até mesmo se complica; esse tipo de verdade escapa à refutação. Mas,

Ciência com Consciência

em todo caso, todo desvio ou contradição relativo à norma aparece sempre, do ponto de vista dessa verdade, como erro. Em outras palavras, tudo quanto surge de novo em relação ao sistema de crenças ou de valores estabelecidos aparece sempre e necessariamente como um desvio e pode ser esmagado como erro. Ora, de fato, a história evoluiu por meio desses erros relativos — quer sejam ideológicos, políticos, religiosos ou científicos —, e é aqui, efetivamente, que se pode falar de errâncias ou de *jogo do erro e da verdade*.

O problema da fecundidade do erro não pode ser concebido sem uma certa verdade na teoria que produziu o erro; por exemplo, a história de Cristóvão Colombo à procura da Índia e encontrando a América. Por que se enganou? Porque se baseava numa teoria verdadeira, que é da Terra redonda; outro, que pensasse que a Terra fosse plana, nunca teria confundido a América com a Índia. Era a continuação da descoberta do universo que ia permitir retificar o erro de Colombo, ou seja, confirmar a teoria que fora a origem desse erro. Vemos bem que, com efeito, há um certo jogo, não arbitrário, do erro e da verdade.

Onde está a verdade da ciência?

Mas vamos à questão da verdade científica, que foi central — e continua a ser atualmente —, porque, durante muito tempo e ainda hoje, para muitos espíritos, nossa concepção de ciência identificava-se com a verdade. A ciência parecia, finalmente, o único lugar de certeza, de verdade certa, em relação ao mundo dos mitos, das idéias filosóficas, das crenças religiosas, das opiniões. A verdade da ciência parecia indubitável, visto que se baseava em verificações, em confirmações, numa multiplicação de observações, que confirmavam sempre os mesmos dados. Nessa base, constituindo uma teoria científica uma contrução lógica, e a coerência lógica parecendo refletir a própria coerência do universo, a ciência não podia deixar de ser verdade. Porém, já se podia perguntar como é que (como dissera Whitehead) a ciência é muito mais mutável do que a teologia.

O problema tem uma primeira resposta extremamente clara: a teologia, baseando-se no inverificável, pode ter grande estabilidade; em contrapartida, a ciência faz surgir incessantemente dados novos que contradizem e tornam obsoleta a teoria estabelecida. O aparecimento de dados novos necessita de teorias mais amplas ou diferentes. Esses novos dados surgem de forma *non-stop*, porque o movimento da ciência moderna é, ao mesmo tempo, um movimento de aperfeiçoamento dos instrumentos de observação e de experimentação (desde a luneta de Galileu até o radiotelescópio e os instrumentos de detecção para uso dos satélites e dos viajantes do espaço), como ficou evidente na exploração de Saturno: as observações feitas anteriormente não eram falsas; eram, entretanto, totalmente insuficientes e, assim, induziam teorias errôneas.

Não há apenas a questão dos dados que mudam as teorias; a própria visão das teorias muda. Karl Popper disse que as teorias não são induzidas dos fenômenos, mas são construções do espírito mais ou menos bem aplicadas ao real, isto é, são sistemas dedutivos. Em outras palavras, uma teoria nunca é, enquanto tal, um "reflexo" do real. A partir daí, uma teoria científica é admitida não por ser verdadeira, mas por resistir à demonstração de sua falsidade. Popper concebe, assim, a história das teorias científicas em analogia com a seleção natural: são as teorias mais adaptadas à explicação dos fenômenos que sobrevivem, até que o mundo dos fenômenos dependente da análise se alargue e exija novas teorias. Aqui, Popper inverteu a problemática da ciência; julgava-se que a ciência progredia por acumulação de verdades; ele mostrou que a progressão se faz sobretudo por eliminação de erros na procura da verdade.

Ciência com Consciência

Thomas Kuhn demonstrou em seu livro *A Estrutura das Revoluções Científicas* que a ciência evolui não só "progressiva" e "seletiva", mas também "revolucionariamente", no nível dos princípios de explicação ou *paradigmas* que comandam nossa visão do mundo; não é só a visão do mundo que se alarga mais e mais, é a própria estrutura da visão do mundo que se transforma. Assim, nosso universo não se alargou apenas desde Copérnico e Laplace: transformou-se em sua substância e seu ser. De resto, a lógica das teorias científicas já não comporta uma prova intrínseca de verdade. O grande matemático Hilbert sonhara dar fundamento absoluto às teorias científicas na base de sua formalização e sua axiomatização. Ora, o teorema de Gödel demonstrou que um sistema lógico formalizado complexo tinha pelo menos uma proposição que não podia ser demonstrada, proposição indecidível que punha em causa a própria consistência do sistema. Assim, não se pode provar logicamente a verdade de um sistema teórico, e, a partir daí, a lógica torna-se insuficiente. Esse teorema de limitação não é desesperador. Com efeito, Gödel (como Tarsky, que, ao mesmo tempo, semantizava a lógica ou logificava a semântica) mostrou que, se um sistema não pode encontrar sua prova em si mesmo, pode suscitar a elaboração de um metassistema que estabeleça essa prova: mas o próprio metassistema comportaria suas falhas, e o jogo da busca da verdade torna-se um jogo verdadeiramente aberto e indefinido.

Não entro em todas as discussões sobre ciência e verdade. Quero apenas enfatizar que a ciência progride porque tem regras de jogo, que dizem respeito à verificação empírica e lógica. Progride também porque é um campo no qual se combatem mutuamente teorias e, atrás delas, postulados metafísicos e ideologias "de trás da cabeça".

Duas conseqüências decorrem dessa visão.

Por um lado, um pesquisador das ciências mais nobres (ou

seja, as ciências exatas) não é mais inteligente do que um pesquisador das ciências menores (ou seja, a sociologia, por exemplo) ou mesmo do que um simples cidadão; o primeiro tem apenas melhores possibilidades de verificação, e as coações das regras do jogo permitem selecionar as teorias mais rigorosas.

Por outro lado, é preciso deixar de sonhar com uma ciência pura, uma ciência libertada de toda ideologia, uma ciência cuja verdade seria tão absoluta como a verdade "2 + 2 = 4", isto é, uma ciência "verdadeira" de uma vez por todas; pelo contrário, é preciso que haja conflitos de idéias no interior da ciência, e a ciência comporta ideologia. Todavia, a ciência não é uma ideologia pura e simples porque, animada pela obsessão da objetividade, estabelece um comércio permanente com o mundo e aceita a validade das observações e experimentações, sejam quais forem a sua raça, cor, opiniões etc. Se, com efeito, a ciência estabelece um comércio particular com a realidade do mundo dos fenômenos, sua verdade, enquanto ciência, não reside em suas teorias, mas nas regras do jogo da verdade e do erro.

Erro e evolução histórica

Vamos agora ao domínio da história humana e das sociedades. A história eventual do século passado (isto é, a história feita de reinados, de traições, de conspirações, de conjurações, de batalhas etc.) deu lugar a uma história cada vez mais "sociologizada", com seus determinismos (forças econômicas, demográficas etc.) cujo papel nos processos de evolução histórica são cada vez mais apreciados.

Mas a visão histórica é mutilada e, por conseguinte, errônea, se tiver em conta só os determinismos materiais e excluir o sujeito vivo, o seu *computo* e o seu *cogito;* com efeito, há que incluir no real social "objetivo", ao mesmo tempo que

Ciência com Consciência 151

o ator-deliberador, a percepção subjetiva de uma situação e a elaboração subjetiva de uma estratégia. O próprio poder, numa sociedade, não é força anônima: ocupam o poder os deliberadores político-sociais, isto é, os detentores da computação político-social. Assim, Napoleão III decide declarar guerra à Prússia, pensando, evidentemente, que a vai vencer com facilidade; ora, passados alguns meses, os prussianos estão em Paris; aqui há, portanto, um erro manifesto de computação-deliberação-estratégia.

A computação, a deliberação, a estratégia atuam em todos os níveis: dos poderes, da opinião, dos partidos políticos, das classes sociais. Não são puras relações de forças que regem o destino dos maiores impérios nem das maiores civilizações; não penso só no império persa, que, depois de ter tomado uma "coça" local por duas vezes, hesitou em atravessar o Bósforo..., o que permitiu a eclosão da civilização ateniense e, com ela, a vinda de algumas idéias novas, como a de democracia. Existem até erros mais profundos, erros trágicos sobre a natureza do Outro, e que conduzem ao desastre. Penso, sobretudo, na conquista do Peru e do México, duas formidáveis civilizações, ambas mais evoluídas do que a dos seus conquistadores, e que foram vencidas por um grupo muito pequeno que, evidentemente, possuía armas de fogo; mas esse não é o único fator determinante. Os vencidos enganaram-se, sobretudo, quanto à natureza de seus conquistadores; hesitaram: "São deuses ou homens?" Enganaram-se quanto às capacidades de astúcia dos seus "hóspedes" estrangeiros: foi assim que Pizarro pôde receber Atahualpa e sua corte em seu campo e depois decapitar com um só golpe o imenso império inca.

É curioso que o papel desses erros sobre a natureza do Outro seja cada vez mais ocultado nas concepções históricas dominantes. É que ocultam os atores-sujeitos computantes/decisores que, nas situações aleatórias do jogo histórico, estão submetidos ao risco de erros, até mesmo do erro fatal; pensemos em Munique, no pacto que os governos inglês e francês fizeram com a Alemanha de Hitler, pensemos nas idéias que se podiam defender: "Se acalmarmos Hitler, se lhe dermos aquilo que ele quer, ele vai ficar civilizado e entrar na Sociedade das Nações"; é certo que os que fizeram esse cálculo se enganaram redondamente e agravaram os riscos da guerra que queriam exorcizar. Munique não foi só fraqueza, mas também erro.

Há um princípio — que se aplica a toda decisão e a toda ação político-social — que designo por princípio *socioecológico da ação*: enuncia que uma ação se define não tanto em relação às suas intenções, mas sobretudo em relação à sua derivação. Assim que uma ação entra no contexto das inter-retroações políticas e sociais, pode inverter seu sentido e até voltar, como um bumerangue, e bater em quem a desencadeou. Quantas vezes ações de natureza reacionária precipitaram processos revolucionários, e vice-versa? O exemplo clássico é o desencadeamento da Revolução Francesa: a reação aristocrática, querendo retomar do poder monárquico prerrogativas que este lhe tinha retirado na época de Luís XIV, precipitou com a convocação dos estados-gerais a sua própria morte como classe.

Existem lemingues sócio-históricos que se suicidam, e creio que o papel da cegueira na história é fator que não deve ser subestimado. Assim, é enorme erro político-social repelir a questão do erro; é errôneo ignorar a gravidade da questão do erro. Como diz André Boué, o que é grave no erro não é cometer erros (fazemos isso incessantemente), mas não os eliminar. Acrescentarei que há um erro gravíssimo: *o da insensibilidade para a questão do erro*. No campo da política, existe também dualidade na problemática da verdade: de um lado, há a verdade sobre os dados; diz-se: "Ali, há um paraíso socialista" ou "Ali, há um inferno comunista". Tive-

Ciência com Consciência

mos erros do tipo: "A China é a emancipação", oposto a "A China é a escravatura". Contudo, é importante conhecer o que se passa realmente, e não estamos totalmente desarmados enquanto dispusermos de fontes contraditórias de informações nesses domínios. Isso para as verdades e erros de fato. Mas, do outro lado, há o problema da verdade em relação às finalidades, às normas, e isso põe em causa as escolhas fundamentais; há que saber que fazemos essas escolhas, mas devemos saber também, nesse momento, que a verdade normativa, ética, política não é da mesma natureza que a que constata que uma mesa é uma mesa.

Verdade, errância e itinerância

Descobrimos que a verdade não é inalterável, mas frágil, e creio que essa descoberta, como a do ceticismo, é uma das maiores, mais belas e comovedoras do espírito humano. Em dado momento, percebe-se que se pode pôr em dúvida todas as verdades estabelecidas. Mas, ao mesmo tempo, o ceticismo ilimitado comporta sua autodestruição, visto que a proposição "não existe verdade" é, de fato, uma metaverdade sobre a ausência de verdade; e é metaverdade que tem o mesmo caráter dogmático e absoluto que as verdades condenadas em nome do ceticismo.

Nem tudo se reduz à alternativa "verdade e erro"; a questão do erro começa com a computação; a da verdade, com a cogitação (isto é, pensar com idéias); antes da cogitação e da computação, não só não havia verdade, mas também não havia erro! Direi que o mundo é talvez um vasto ruído de fundo em torno da questão da verdade e do erro; e, quando nossa lógica vai aos horizontes, encontra esse ruído. Assim, o tempo e a eternidade são noções igualmente insatisfatórias: se há eternidade, o que acontece ao tempo?... O infinitamente pequeno, o infinitamente grande; o mundo é ilimitado, infinito? Nossa lógica desfalece nos horizontes do mundo, que são os horizontes do pensamento. Funciona numa banda média. O ruído de fundo está totalmente a nossa volta. E nós somos os seres que produzem essa coisa maravilhosa e horrível que tem o nome de verdade. Mas direi que não se deve pôr verdade em toda parte. Há muitas coisas no mundo que são infra- ou supraverdades. Sem dúvida, o próprio mundo...

Há coisas que estão simultaneamente abaixo, acima, fora da verdade — como o amor —, mas que têm seu valor, suas forças e seu mistério; o mundo tem seu mistério, e o amor, seu sublime. O que se pode dizer é que nós, enquanto seres computantes e cogitantes, vivos, sociais e culturais, não podemos escapar à dupla problemática do erro e da verdade: para nós, os elementos e os acontecimentos do universo são traduzidos em informações e em mensagens; a palavra tradução é capital; a computação é também uma tradução; é aí que chegam todos os riscos de erros; quanto mais informação, mais comunicação, mais idéias e mais riscos de erros; mas também, quanto mais complexidade, mais possibilidade de transformar esses erros e de torná-los criativos.

É interessante ver que a questão do erro transforma a questão da verdade, mas não a destrói; a verdade não é negada, mas o caminho da verdade é uma busca sem fim; cabe a cada um a escolha; os caminhos da verdade passam por tentativa e o erro; a busca da verdade só pode fazer-se por meio da errância e da itinerância; a itinerância implica ser erro procurar a verdade sem procurar o erro (Carlos Suarès). Pode-se também dizer mais: é muito difícil transmitir uma experiência vivida, e os caminhos da busca da verdade passam pela experiência, que pode ser mortal, do erro.

No domínio teórico, as verdades mais fundadas são as que se fundam nessa negatividade, isto é, as que são os antierros; é aí que o antierro se torna uma verdade; é esse o sentido da idéia popperiana e é a grandeza da aventura científica, que se

Ciência com Consciência

efetua e continua, apesar da tendência de dogmatismo para se reformar, apesar dos fenômenos de carreirismo, de ambição, de egocentrismo; visto que os cientistas são como os outros, até em seu domínio, é esse jogo da verdade e do erro que permite destruir os erros; é certo que muitas vezes é preciso esperar a morte dos que se enganaram para que chegue a nova verdade. Direi ainda que as verdades são "biodegradáveis"; toda verdade depende de condições de formação ou de existência; se todos os humanos morrerem, não haverá mais verdade; toda aquisição do patrimônio histórico desaparecerá; as verdades ficarão virtuais, como eram antes do aparecimento da humanidade. Só as pseudoverdades são não-biodegradáveis; são inalteráveis, como a matéria plástica; nada as pode atingir, nem os fatos nem os acontecimentos. Qual é a diferença entre a teoria e a doutrina? A teoria é aberta e aceita arriscar sua própria morte na refutação, enquanto a doutrina se fecha e encontrou sua prova de uma vez por todas, em sua fonte que se torna um dogma: a autoridade dos pais fundadores; é por isso que o dogma recita incessantemente em litania as palavras dos pais fundadores! O interessante é que as mesmas teorias ora podem ser abertas ao diálogo, ora fechar-se em doutrinas dogmáticas; é o caso da psicanálise e do marxismo; isso não deriva da natureza das idéias, mas do modo como os sistemas se fecham e respondem com a "citacionite" permanente e sempiterna aos fatos que se põem debaixo do nariz dos detentores dessas verdades.

Eu disse que a verdade da ciência não estava em suas teorias, mas no jogo que permitia a confrontação dessas teorias, no jogo da verdade e do erro; a ciência não possui a verdade, mas joga num nível da verdade e do erro; pode-se dizer a mesma coisa, no plano sociopolítico, sobre a democracia; ela não é apenas o menos mau de todos os sistemas; tem a particularidade de não ter verdade; não é a proprietária de uma verdade! Nos outros sistemas, há, no alto, os chefes, padres, reis etc., que têm o livro sagrado que interpretam, eles e só eles, e são, assim, os detentores monopolistas da verdade; a democracia não tem verdade, mas é próprio de uma democracia permitir mais ou menos que se jogue o jogo da verdade e do erro; é próprio da "invenção democrática", como diz muito justamente Claude Lefort, a abertura máxima para que se jogue esse jogo, oferecendo, assim, as possibilidades múltiplas e antagônicas da informação, da opinião, da organização dos partidos etc. Assim, o que para mim é sagrado não é a minha verdade, é a salvaguarda do jogo da verdade e do erro.

9

Para uma razão aberta

Começarei por propor algumas definições. Denomino *razão* um método de conhecimento baseado no cálculo e na lógica (na origem, *ratio* significa cálculo), empregado para resolver problemas postos ao espírito, em função dos dados que caracterizam uma situação ou um fenômeno. A *racionalidade* é o estabelecimento de adequação entre uma coerência lógica (descritiva, explicativa) e uma realidade empírica.

O *racionalismo* é: 1º) uma visão do mundo afirmando a concordância perfeita entre o racional (coerência) e a realidade do universo; exclui, portanto, do real o irracional e o arracional; 2º) uma ética afirmando que as ações e as sociedades humanas podem e devem ser racionais em seu princípio, sua conduta, sua finalidade.

A *racionalização* é a construção de uma visão coerente, totalizante do universo, a partir de dados parciais, de uma visão parcial, ou de um princípio único. Assim, a visão de um só aspecto das coisas (rendimento, eficácia), a explicação em função de um fator único (o econômico ou o político), a crença que os males da humanidade são devidos a uma só causa e a um só tipo de agentes constituem outras tantas racionalizações. A racionalização pode, a partir de uma proposição inicial totalmente absurda ou fantasmática, edificar uma construção lógica e dela deduzir todas as conseqüências práticas.

A aventura da razão ocidental, desde o século 17, produziu, por vezes simultânea e indistintamente, racionalidade, racionalismo, racionalizações.

I. O RACIONALISMO CLÁSSICO E SUA NEGAÇÃO

O desenvolvimento da ciência ocidental, nos séculos 16 e 17, constitui uma procura de racionalidade (por oposição às explicações mitológicas e às revelações religiosas), mas parece também uma ruptura com a racionalização aristotélico-escolástica, por afirmação do primado da experiência sobre a coerência.

A escolástica medieval era uma racionalização que impedia qualquer recurso à experiência. Ou bem a experiência confirmava a idéia e era inútil, ou bem a contradizia e era errônea. A penetração científica deveu-se a espíritos experimentais e ao mesmo tempo calculadores e místicos, como Kepler; o primeiro desenvolvimento da ciência é uma vasta desracionalização do saber, que até então parecia baseado no *organon* aristotélico. "Não se pode afirmar que ao longo da história o racionalismo tenha sido a principal força progressista na sociedade. Foi, indubitavelmente, em certas ocasiões; em outras, não, como no século 17 na Europa, por exemplo, quando os teólogos místicos vieram amplamente em auxílio dos homens de ciência." (Needham)

De fato, a ciência progrediu na dupla tensão entre empirismo e racionalismo, em que o primado dado à experiência desfaz as teorias racionalistas, mas a cada nova desracionalização sucede um esforço novo de intelegibilidade, que provoca uma nova tentativa de re-racionalização.

No fim do século 18, os sucessos da física permitem conceber um universo determinista totalmente inteligível ao cálculo. Um demônio ideal, imaginado por Laplace, poderia deduzir todo o estado presente ou futuro deste universo. A partir daí, o racionalismo dispõe de uma visão do mundo comportando identidade do real, do racional, do calculável e de onde foram eliminadas toda desordem e toda subjetividade.

A razão torna-se o grande mito unificador do saber, da ética e da política. Há que viver segundo a razão, isto é, repudiar os apelos da paixão, da fé; e, como no princípio de razão há o princípio de economia, a vida segundo a razão é conforme aos princípios utilitários da economia burguesa. Mas também a sociedade exige ser organizada segundo a razão, isto é, segundo a ordem, a harmonia. Tal razão é, então, profundamente liberal: visto que o homem é suposto naturalmente racional, então pode-se optar não só pelo déspota esclarecido (racional para todos os seus súditos que ainda são crianças grandes insuficientemente racionalizadas), mas também pela democracia e a liberdade que permitirão à razão coletiva exprimir-se, à razão individual (combatida e perseguida pela religião e a superstição) desabrochar.

Ora, vai haver a dissociação da grande harmonia humanista racional, liberal. O culto da deusa Razão vai ser ligado ao Terror, e os destinos da razão e da liberdade deixarão de ser indissolúveis. Sobretudo, produzem-se recusas e refluxos (romantismo) do racionalismo.

Não há somente a resistência da religião revelada, mas também a recusa do caráter abstrato e impessoal do racionalismo.

O ser humano é considerado um ser de sentimento e de paixão (Rousseau) e sujeito irredutível a toda racionalidade (Kierkegaard). Por outro lado, há outra coisa no universo além das leis mecânicas. A vida não é "razoável" ou racional (Schopenhauer, depois Nietzsche). O romantismo é uma busca aquém da razão, além da razão.

Essas críticas do racionalismo permanecem. Mas uma nova crítica, interna, surge no cerne da racionalidade. Segundo ela,

160   *Ciência com Consciência*

que é apropriadamente contemporânea, a razão já não é apenas denunciada como demasiado racional; é denunciada como desracional. A crise moderna da racionalidade é a detecção e a revelação da desrazão dentro da razão.

II. As Ambigüidades da Racionalidade e da Racionalização no Racionalismo

A partir do desenvolvimento das técnicas e da visão racionalista do mundo, desenvolvem-se ideologias e processos racionalizadores, que eliminam aquilo que, no real, lhes é irredutível. Assim, o economismo torna-se ideologia racionalizadora. Tudo aquilo que, na história humana, é "ruído e furor", tudo aquilo que resiste à redução passa pela trituradora do princípio de economia-eficácia. Donde a tendência para explicar tudo em função dos interesses econômicos (por exemplo, puderam-se explicar os campos de extermínio hitlerianos pelo interesse que tinham as grandes firmas industriais alemãs em fazer sabão barato com a gordura dos deportados...).

Mais amplamente, o desenvolvimento econômico-tecnoburocrático das sociedades ocidentais tende a instituir uma racionalização "instrumental", em que eficácia e rendimento parecem trazer a realização da racionalidade social. A partir daí, a "sociedade industrial" aparece como sinônimo de racionalidade em relação às outras sociedades, consideradas infra-racionais.

A desumanização da razão

O racionalismo das luzes era humanista, ou seja, associava sincreticamente o respeito e o culto do homem, ser livre e racional, sujeito do universo, e a ideologia de um universo integralmente racional. Assim, esse racionalismo humanista apresentou-se como uma ideologia de emancipação e de progresso.

Efetivamente, em sua luta permanente contra o mito e a religião, trouxe com ele a promoção do saber empiricamente fundado e verificável. O princípio de universalidade do racionalismo, associado à exaltação da idéia de homem, foi o fermento da emancipação dos escravos e dos oprimidos, da igualdade, dos direitos do homem-cidadão, do direito dos povos disporem de si mesmos. A confiança no *homo sapiens*, o homem-sujeito racional (esvaziado de toda afetividade, de toda "irracionalidade"), permitiu universalizar o princípio de liberdade.

É certo que esses princípios universais eram "abstratos", ou seja, constituíam-se sobre a ignorância e a ocultação das diferenças culturais, individuais. E podiam levar, inconscientemente, a promover homogeneização, trituradora das diferenças, ou ao desprezo do diferente como inferior (as populações "primitivas", atrasadas, subdesenvolvidas, que ainda não são suficientemente "adultas" nem dignas do estatuto de *homo sapiens* e, portanto, são ainda indignas da liberdade, dos direitos cívicos, do *habeas corpus*). Mas enquanto o humanismo ficava, enquanto permanecia agarrado ao racionalismo, enquanto esse humanismo tem um aspecto quase místico, unindo nele o amor da humanidade, a paixão da justiça, da igualdade, enquanto age fortemente o fermento crítico, o racionalismo (humanismo crítico) é uma ideologia principalmente emancipadora.

Ora, por toda parte onde se esbate ou se dissolve a idéia humanista (tornando-se cada vez mais frágil), por toda parte onde se retira o fermento crítico, a racionalização fechada devora a razão. Os homens deixam de ser concebidos como indivíduos livres ou sujeitos. Devem obedecer à aparente racionalidade (do Estado, da burocracia, da indústria).

A racionalização industrial

Podemos agora considerar o panorama histórico da racionalização industrial (cf., sobretudo, as obras de Georges

162 *Ciência com Consciência*

Friedmann). A racionalização começou por considerar o trabalhador não como pessoa, mas como força física de trabalho. No interior da empresa, as primeiras racionalizações do trabalho foram decomposições puramente físicas e mecânicas dos gestos eficazes, ignorando voluntária e sistematicamente o trabalhador.

Depois, percebeu-se que a decomposição cada vez mais avançada das tarefas, e a parcelarização do trabalho, aparentemente racionais no plano físico-mecânico, conduziam à diminuição do rendimento além de determinado limiar; ao mesmo tempo, algumas experiências mostravam que, tendo em conta um resíduo racional denominado fator humano (o agrado ou o desagrado do trabalhador) e favorecendo certas satisfações do fator humano, podia-se aumentar o rendimento. A partir daí, o trabalho começa a humanizar-se, mas porque o princípio de economia e de rendimento se desloca, se corrige, uma vez que está provado que a racionalização deve considerar a pessoa do trabalhador.

A partir daí, a organização do trabalho transforma-se: idéia de *job-enlargement*, idéia de participação do trabalhador nos benefícios, idéia de co-gestão, que aparece como idéia racional se aumentar a economia, o rendimento, a ordem. Efetivamente, a idéia de autogestão é enfim a idéia superior porque quebra a racionalização, introduzindo plenamente nela o sujeito humano, mas torna-se metaeconômica. Cada progresso da racionalidade fez-se, portanto, em reação à racionalização e reintroduzindo o aparentemente irracional: o homem sujeito.

Pode-se dizer que a industrialização, a urbanização, a burocratização, a tecnologização se efetuaram segundo as regras e os princípios da *racionalização*, ou seja, a manipulação social, a manipulação dos indivíduos tratados como coisas em proveito dos princípios de ordem, de economia, de eficácia. Essa racionalização pôde por vezes ser moderada pelo humanismo, pelo jogo pluralista das forças sociais e políticas e pela

Ciência com Consciência 163

ação sindical dos racionalizados. Em outras palavras, a brutalidade desenfreada da racionalização pôde por vezes ser moderada, depois contida e parcialmente recalcada no Ocidente, mas deflagrou no planeta. Para a deflagração do imperialismo ocidental, não houve freio, dado que se lidava com seres julgados ainda não "maduros" racionalmente. E os colonizados, para se libertarem, adotaram o modelo racionalizador do dominante.

Enquanto a razão humanista era liberal, a racionalização técnica aparece como violência, "persuasão", segundo a fórmula de Heidegger. Vê-se que ciência, técnica, razão constituem momentos, aspectos de um "pôr em causa" do mundo natural, intimado a obedecer ao cálculo; e a técnica saída da experimentação e da aplicação científicas é um processo de manipulação generalizada, para agir não só sobre a natureza, mas também sobre a sociedade.

A autodestruição da razão

A partir daí, a associação entre o princípio de persuasão (violência, manipulação) e de economia (rendimento, eficácia) conduz à autodestruição da razão. É do cerne da racionalidade crítica (vide os trabalhos da Escola de Frankfurt) que surge a denúncia da "razão instrumental" tornada senhora (Marcuse) e impondo sua concepção unidimensional. É a descoberta de que essa racionalização se tornou ditatorial e totalitária. "A razão comporta-se em relação às coisas como um ditador em relação aos homens; ele os conhece na medida em que os pode manipular" (Horkheimer-Adorno). "A razão é mais totalitária do que qualquer sistema." (*Ibid.*)

Basta, portanto, que os homens sejam considerados coisas para que se tornem manipuláveis à mercê, submetidos à ditadura racionalizada moderna que encontra seu apogeu no campo de concentração. É certo que o totalitarismo moderno não se pode conceber sem um mito profundo e obscuro, anterior à razão. Mas é precisamente racionalização porque constrói a ideologia lógica desse mito e aplica todos os poderes técnicos da racionalização a seu serviço. Nesse sentido, é a razão "enlouquecida" que constitui uma das fontes do totalitarismo moderno (sendo a outra uma religião político-social). É então que, como Husserl dizia, triunfa "o racionalismo das pirâmides".

A razão, como vimos, possui, emboscado em seu coração, um irracionalizado oculto; a razão enlouquece quando esse irracionalizado oculto se desencadeia, se torna senhor e guia da razão, quando o desabrochamento da razão se transmuta em desencadeamento irracional e, nessa transmutação, há, segundo Horkheimer-Adorno, autodestruição da razão.

Efetivamente, quando se afundam o humanismo e a virtude crítica, há desencadeamento de uma força implacável de ordem e de homogeneização.

A razão enlouquece quando se torna ao mesmo tempo puro instrumento do poder, dos poderes e da ordem e *fim* do poder e dos poderes; ou seja, quando a racionalização se torna não só o instrumento dos processos bárbaros da dominação, mas também quando se destina ao mesmo tempo à instauração de uma ordem racionalizadora, na qual tudo o que a perturba se torna demente ou criminoso.

Assim, nessa lógica, produz-se não só uma burocracia para a sociedade, mas também uma sociedade para essa burocracia; não só se produz uma tecnocracia para o povo, mas também se constrói um povo para essa tecnocracia; não só se produz um objeto para o sujeito, mas também, segundo a frase de Marx à qual hoje se podem dar prolongamentos novos e múltiplos, "se produz um sujeito para o objeto".

E a loucura explode quando todos esses processos de racionalização irracional se tornam, mediata ou imediatamente, processos que conduzem à morte.

A particularidade ocidental da razão universal

Enfim, última autocrítica racional — que atinge o cerne do princípio racionalista em sua validade fundamental —, a razão universal aparece como racionalização do etnocentrismo ocidental. A universalidade aparece, então, como a camuflagem ideológica de uma visão limitada e parcial do mundo e de uma prática conquistadora, destruidora das culturas não ocidentais. A partir daí, a razão do século 18 aparece não só como força de emancipação universal, mas também como princípio justificando a subjugação operada por uma economia, uma sociedade, uma civilização sobre as outras.

Assim, a nova crise da razão é interna, nascida da revolta da racionalidade contra a racionalização. Traz subitamente à luz, no cerne da racionalização, a presença ora acompanhante, ora dominadora, ora tornando-se ébria, louca e destrutiva, da *desrazão*. Já não é apenas a suficiência e a insuficiência da razão que estão em causa, é a irracionalidade do racionalismo e da racionalização. Essa irracionalidade pode devorar a razão sem que ela se dê conta (e, nesse sentido, protestos ditos "irracionalistas" foram e continuam a ser racionais em relação a um racionalismo ébrio).

III. A Ciência Contemporânea e a Racionalidade

Já dissemos que o desenvolvimento da ciência, longe de identificar-se com o desenvolvimento do racionalismo, corresponde a um processo instável de desracionalizações e reracionalizações, constituindo as aventuras da racionalidade nas terras desconhecidas e obscuras do real. De resto, nos países anglo-saxões, a ideologia científica foi muito mais empírica ou pragmática do que racionalista.

O novo curso científico, há um século, faz arrebentar o quadro de uma racionalidade estreita. Observa-se a irrupção da desordem (acaso, aleatoriedade) nas ciências físicas (termodinâmica, microfísica, teoria do universo); a irrupção de aporias (ou antinomias lógicas) no âmago do conhecimento microfísico e do conhecimento antropossociológico (como pode o homem ser seu próprio objeto, como encontrar um ponto de vista universal quando se faz parte de uma sociedade particular?), e a irrupção correlativa da questão do sujeito observador-concebedor nas ciências físicas e humanas.

A história das ciências aparece não como um progresso contínuo e cumulativo, mas como uma série de revoluções desracionalizantes, provocando, cada uma, nova racionalização (Kuhn).

A visão epistemológica de Popper indica que se pode provar a falsidade, mas não a verdade de uma teoria científica. A visão epistemológica da Escola de Frankfurt (sobretudo Adorno) indica-nos que não se podem escamotear as condições históricas, sociais e culturais da produção do saber científico; o que leva a relativizar o valor universal da cientificidade.

Está aberto o debate sobre a possibilidade de controle epistemológico verificador. Feyerabend (*Against Method*) exalta "o anarquismo epistemológico": nenhuma teoria tem o privilégio da verdade sobre as outras; nenhuma funciona mais ou menos, e sua concorrência é a única condição do progresso científico.

Com os trabalhos de Gödel e Tarski, constituiu-se uma brecha irreversível na coerência lógica dos sistemas formalizadores dotados de um mínimo de complexidade.

IV. PARA UMA RAZÃO ABERTA

Hoje, parece-nos racionalmente necessário repudiar toda a "deusa" razão, isto é, toda a razão absoluta, fechada, autosuficiente. Temos de considerar a possibilidade de evolução da razão.

A razão é evolutiva

A razão é fenômeno evolutivo que não progride de forma contínua e linear, como julgava o antigo racionalismo, mas por mutações e reorganizações profundas. Piaget vira claramente esse caráter "genético" da razão: "Acabou por impor-se a uma pequena minoria de investigadores a idéia... de que a própria razão não constitui invariante absoluto, mas elabora-se por uma série de construções operatórias, criadoras de novidades e precedidas por uma série ininterrupta de construções pré-operatórias relativas à coordenação das ações e remontando eventualmente até a organização morfogenética e biológica em geral." (J. Piaget, *Biologie et Connaissance*, p. 118).

O interesse dessa citação de Piaget é triplo. Em primeiro lugar, desreifica a razão, que se torna uma realidade evolutiva (cf., a esse propósito, ainda no mesmo livro, p. 115). Em segundo lugar, supõe o caráter "kuhniano" dessa evolução, ou seja, as "construções operatórias, criadoras de novidades" correspondem a mudanças de paradigma. Enfim, liga a razão à organização biológica: a razão deve, nesse sentido, deixar de ser mecanicista para se tornar viva e, assim, biodegradável.

Crítica e superação da razão fechada

A razão fechada rejeita como inassimiláveis fragmentos enormes de realidade, que então se tornam a espuma das coisas, puras contingências. Assim, foram rejeitados: a questão da relação sujeito-objeto no conhecimento; a desordem, o acaso; o singular, o individual (que a generalidade abstrata esmaga); a existência e o ser, resíduos irracionalizáveis. Tudo o que não está submetido ao estrito princípio de economia e de eficácia (assim, a festa, o *potlatch*, o dom, a destruição suntuária são racionalizadas como formas balbuciantes e débeis da economia, da troca). A poesia, a arte, que podem ser toleradas ou mantidas como divertimento, não poderiam ter valor de conhecimento e de verdade, e encontra-se rejeitado, bem entendido, tudo aquilo que denominamos trágico, sublime, irrisório, tudo o que é amor, dor, humor...

Só uma razão aberta pode e deve reconhecer o irracional (acaso, desordens, aporias, brechas lógicas) e trabalhar com o irracional); a razão aberta não é a rejeição, mas o diálogo com o irracional.

A razão aberta pode e deve reconhecer o *a*-racional. Pierre Auger observou que não nos podíamos limitar ao dítico racional-irracional. Há que acrescentar o *a*-racional: o ser e a existência não são nem absurdos, nem racionais; eles são.

Ela pode e deve reconhecer igualmente o sobrerracional (Bachelard). Sem dúvida, toda criação e toda invenção comportam alguma coisa desse sobrerracional, que a racionalidade pode eventualmente compreender depois da criação, mas nunca antes. Pode e deve reconhecer que há fenômenos simultaneamente irracionais, racionais, *a*-racionais, sobrerracionais, como, talvez, o amor...

Por aí, uma razão aberta torna-se o único modo de comunicação entre o racional, o *a*-racional, o irracional.

A razão complexa

A razão fechada era simplificadora. Não podia enfrentar a complexidade da relação sujeito-objeto, ordem-desordem. A razão complexa pode reconhecer essas relações fundamentais. Pode reconhecer em si mesma uma zona obscura, irracionalizável e incerta. A razão não é totalmente racionalizável...

A razão complexa já não concebe em oposição absoluta, mas em oposição relativa, isto é, também em complementaridade, em comunicação, em trocas, os termos até ali antinômicos: inteligência e afetividade; razão e desrazão. *Homo* já não é apenas *sapiens*, mas *sapiens/demens*.

Trata-se, hoje, diante da deflagração das mitologias e das racionalizações, de salvaguardar a racionalidade como atitude crítica e vontade de controle lógico, mas acrescentando-lhe a autocrítica e o reconhecimento dos limites da lógica. E, sobretudo, "a tarefa é ampliar nossa razão para torná-la capaz de compreender aquilo que, em nós e nos outros, precede e excede a razão" (Merleau-Ponty). Recordemos: o real excede sempre o racional. Mas a razão pode desenvolver-se e tornar-se complexa. "A transformação da sociedade que o nosso tempo exige revela-se inseparável da auto-superação da razão". (Castoriadis)

RESPOSTA ÀS QUESTÕES

Agradeço aos membros desta Academia as observações ou as questões que acabam de ser formuladas. São importantes e difíceis. Responderei segundo a ordem de sua apresentação.

As precisões dadas pelo Sr. Mousnier eram, com efeito, necessárias. Opus muito grosseiramente a ciência nascente à escolástica — que apresentei de maneira simplificada. O Sr. Mousnier tem toda a razão em observar que a história daquela época é complexa e matizada.

O Sr. Mousnier evocou o Terror. Eu não quis dizer que ele é a conseqüência lógica do culto da Razão. Também não irei até o ponto de dizer que toda situação de guerra gera o terror.

Seguramente, uma situação de guerra explica, na maior parte das vezes, que se estabeleça um regime de coações, de submissões, de repressão. Mas o terror revolucionário obedece também a uma lógica interna que se desenvolve implacavelmente nas mesmas circunstâncias. Nesse sentido, parece que é um dos avatares do culto da razão trazer a guilhotina. É assim no belíssimo romance do escritor cubano Alejo Carpentier, *O Século das Luzes*.

O terror instaurado na França, em 1793, era pensado, estabelecido de acordo com uma lógica. Robespierre dizia:

"Salvar-nos-emos pela virtude e pelo terror." O terror robespierrista significa que o real deve obedecer ao racional. Nesse sentido, o terror aparece como o outro aspecto do culto da razão. Mas esse aspecto só se pôde instituir em condições de guerra, de cerco, de estado de sítio da pátria em perigo (1793).

Respondo aqui a uma observação do Sr. Piettre acerca da filosofia das luzes. O que hoje sabemos sobre ela indica-a portadora das virtualidades mais diversas e de profunda ambivalência. Algumas dessas virtualidades tomaram corpo e desnaturaram o pensamento que lhes dera origem, o que acontece muitas vezes; é a sorte de todas as grandes filosofias; e nossas ações, nossas intenções escapam-nos logo que se inscrevem no jogo aleatório das causas e dos defeitos. Assim, a idéia de autodestruição da razão é uma idéia importante que encontrei desenvolvida por Adorno e por Horkheimer.

A terceira observação refere-se a um ponto que eu talvez não tenha formulado muito claramente, mas que havia retido minha atenção. Aproxima-se das observações feitas pelo Sr. Alquié. A dificuldade consiste em definir claramente aquilo sobre o que se quer falar. Assim, esforcei-me por distinguir razão, racionalidade, racionalismo e racionalização. Racionalidade e racionalização procedem do mesmo movimento original: a necessidade de encontrar coesão no universo. Mas a racionalização consiste em querer fechar o universo numa coerência lógica pobre ou artificial e, em todo caso, insuficiente.

Assim, a razão torna-se desrazoável quando exagera. Ao tratar essa questão, não deixei de pensar que o verdadeiro inimigo da razão estava dentro dela e que o veneno tinha a mesma origem que o remédio.

O Sr. Massé evocou conjuntos e subsistemas. Faço minhas as perspectivas que desenvolveu. Tratando-se do nosso sistema econômico, podem-se, é claro, distribuir os bons e os maus pontos. Mas também se pode ser sensível à constante ambivalência dos processos e dos resultados. De igual modo, percebe-se que em certos momentos se produzem verdadeiras permutas de sentido: assim, um bem-estar que até então fora considerado produto principal de uma atividade, por exemplo industrial, pode tornar-se subproduto em relação a danos ou poluições pouco desejáveis que se tornam, então, produtos principais, quando não passavam de subprodutos. É o que acontece com a relação entre racionalidade e racionalização. Quanto a mim, sou muito sensível a esse tipo de ambivalência, em constante evolução. Prende-me mais do que a permanência das regras lógicas. Creio, então, que o Sr. Massé e eu estamos profundamente de acordo.

As questões mais difíceis foram, sem dúvidas, apresentadas pelo Sr. Alquié. Em certo nível, sem dúvida, aquilo que denominei razão "fechada" pode também ser designado como doutrina. Chamarei doutrina a todo sistema de idéias que se fecha sobre si mesmo e se fecha a tudo aquilo que o contesta externamente. Tal sistema não pode "digerir" as idéias ou os dados que lhe são contrários; rejeita-os como se lhes fosse alérgico. Essa "clausura" caracteriza a doutrina.

Para falar sobre a "abertura" da razão, serei moderado. Estou de acordo com o Sr. Alquié em dizer que a razão consiste num método. Mas método e doutrina parecem-me corresponder a duas espécies de realidades. A primeira é o universo dos paradigmas como diz Kuhn, que designa assim esses tipos de princípios que, no fundo, regem o discurso, o pensamento e a ação. A segunda é o universo dos sistemas teóricos. Podem ser mais ou menos "abertos", conforme — à maneira como Popper entende — se prestem mais ou menos à falsificação; conforme se prestem continuamente ou não a ser contestados. Então, a meu ver, a razão aberta não é somente um método. É uma aptidão para elaborar sistemas de idéias, mas sistemas que não são dados como definitivamente estabelecidos e que podem ser remodelados.

Tenho de defender também a idéia de uma razão evolutiva. No nível dos métodos, partilho as perspectivas do Sr. Alquié. Toda computação obedece a princípios fundamentais. Há uma espécie de invariância na razão. Mas a razão inscreve-se também em figuras, em corpos de idéias regidos mais ou menos pelos paradigmas dominantes próprios desta ou daquela época. Assim, numa época, a preocupação do rendimento, da eficácia, ordenará um *corpus* de idéias. É nesse sentido que eu disse que podemos mudar esse *corpus*, separar-nos de paradigmas que controlavam a razão. E avancei a idéia de complexidade.

Enfim, o Sr. Piettre evoca os símbolos. Eles se situam aquém ou além da razão. O pensamento simbólico tem relações com o pensamento mítico. É assunto sobre que não posso falar. Direi apenas que o antigo racionalismo o rejeitava como produto de superstição. O mito era fraco. Estou convencido de que temos de voltar a interrogar os pensamentos simbólicos, mitológicos tradicionais. Devemos elaborar modos novos de os interrogar, procurando neles sentido em vez de simples curiosidades de arquivos.

SEGUNDA PARTE

Para o Pensamento Complexo

1

O desafio da complexidade

A problemática da complexidade ainda é marginal no pensamento científico, no pensamento epistemológico e no pensamento filosófico. Quando vocês examinam os grandes debates da epistemologia anglo-saxônica entre Popper, Kuhn, Lakatos, Feyerabend, Hanson, Holton etc., vêem que eles tratam da racionalidade, da cientificidade, da não-cientificidade e não tratam da complexidade; e os bons discípulos franceses desses filósofos, vendo que a complexidade não está nos tratados de seus mestres, concluem que a complexidade não existe. No entanto, do ponto de vista epistemológico há uma exceção e ela é considerável. Essa exceção é Gaston Bachelard, que considerou a complexidade como um problema fundamental, já que, segundo ele, não há nada simples na natureza, só há o simplificado. Porém, essa idéia-chave não foi particularmente desenvolvida por Bachelard e permaneceu como uma idéia isolada. Curiosamente, a complexidade só apareceu numa linha marginal entre a *engineering* e a ciência, na cibernética e na teoria dos sistemas. O primeiro grande texto sobre a complexidade foi de Warren Weaver que dizia que o século 19, século da complexidade desorganizada (naturalmente, ele pensava no segundo princípio da termodinâmica), ia dar lugar ao século 20, que seria o da complexidade organizada. Bom, modestamente, vamos mandar isso para o século 21. Portanto, como a complexidade só foi tratada marginalmente, ou por autores marginais, como eu, necessariamente ela suscita mal-entendidos fundamentais.

O primeiro mal-entendido consiste em conceber a complexidade como receita, como resposta, em vez de considerá-la como desafio e como uma motivação para pensar. Acreditamos que a complexidade deve ser um substituto eficaz da simplificação mas que, como a simplificação, vai permitir programar e esclarecer.

Ou, ao contrário, concebemos a complexidade como o inimigo da ordem e da clareza e, nessas condições, a complexidade aparece como uma procura viciosa da obscuridade. Ora, repito, o problema da complexidade é, antes de tudo, o esforço para conceber um incontornável desafio que o real lança a nossa mente.

O segundo mal-entendido consiste em confundir a complexidade com a completude.

Acontece que o problema da complexidade não é o da completude, mas o da incompletude do conhecimento. Num sentido, o pensamento complexo tenta dar conta daquilo que os tipos de pensamento mutilante se desfaz, excluindo o que eu chamo de simplificadores e por isso ele luta, não contra a incompletude, mas contra a mutilação. Por exemplo, se tentamos pensar no fato de que somos seres ao mesmo tempo físicos, biológicos, sociais, culturais, psíquicos e espirituais, é evidente que a complexidade é aquilo que tenta conceber a articulação, a identidade e a diferença de todos esses aspectos, enquanto o pensamento simplificante separa esses diferentes aspectos, ou unifica-os por uma redução mutilante. Portanto, nesse sentido, é evidente que a ambição da complexidade é prestar contas das articulações despedaçadas pelos cortes

Para o pensamento complexo 177

entre disciplinas, entre categorias cognitivas e entre tipos de conhecimento. De fato, a aspiração à complexidade tende para o conhecimento multidimensional. Ela não quer dar todas as informações sobre um fenômeno estudado, mas respeitar suas diversas dimensões: assim como acabei de dizer, não devemos esquecer que o homem é um ser biológico-sociocultural, e que os fenômenos sociais são, ao mesmo tempo, econômicos, culturais, psicológicos etc. Dito isto, ao aspirar a multidimensionalidade, o pensamento complexo comporta em seu interior um princípio de incompletude e de incerteza.

De qualquer modo, a complexidade surge como dificuldade, como incerteza e não como uma clareza e como resposta. O problema é saber se há uma possibilidade de responder ao desafio da incerteza e da dificuldade. Durante muito tempo, muitos acreditaram, e talvez ainda acreditem, que o erro das ciências humanas e sociais era o de não poder se livrar da complexidade aparente dos fenômenos humanos para se elevar à dignidade das ciências naturais que faziam leis simples, princípios simples e conseguiam que, nas suas concepções, reinasse a ordem do determinismo. Atualmente, vemos que existe uma crise da explicação simples nas ciências biológicas e físicas: desde então, o que parecia ser resíduo não científico das ciências humanas, a incerteza, a desordem, a contradição, a pluralidade, a complicação etc., faz parte de uma problemática geral do conhecimento científico.

Dito isto, não podemos chegar à complexidade por uma definição prévia; precisamos seguir caminhos tão diversos que podemos nos perguntar se existem complexidades e não uma complexidade.

Portanto, previamente, e de um modo não complexo (pois que isso tomaria a forma de um tipo de enumeração ou de catálogo), devo indicar as diferentes avenidas que conduzem ao "desafio da complexidade".

A primeira avenida, o primeiro caminho é o da irredutibilidade do acaso e da desordem. O acaso e a desordem brotaram no universo das ciências físicas em primeiro lugar, com a irrupção do calor, que é a agitação-colisão-dispersão dos átomos ou moléculas, e depois com a irrupção das indeterminações microfísicas, e, enfim, na explosão originária e na dispersão atual do cosmo.

Como definir o acaso que é um ingrediente inevitável de tudo o que nos surge como desordem? O matemático Chaïtin definiu-o como uma *incompressibilidade algoritma*, ou seja, como irredutibilidade e indedutibilidade, a partir de um algoritmo, de uma seqüência de números ou de acontecimentos. Contudo, o mesmo Chaïtin dizia que não há jeito de provar uma tal incompressibilidade; dito de outro modo, não podemos provar se aquilo que nos parece acaso não é devido à ignorância.

Assim, por um lado, devemos constatar que a desordem e o acaso estão presentes no universo e ativos na sua evolução e, por outro lado, não podemos resolver a incerteza que as noções de desordem e de acaso trazem; o próprio acaso não está certo de ser acaso. A incerteza continua, inclusive no que diz respeito à natureza da incerteza que o acaso nos traz.

A segunda avenida da complexidade é a transgressão, nas ciências naturais, dos limites daquilo que poderíamos chamar de abstração universalista que elimina a singularidade, a localidade e a temporalidade. A biologia atual não concebe a espécie como um quadro geral do qual o indivíduo é um caso singular. Ela concebe a espécie viva como uma singularidade que produz singularidades. A própria vida é uma organização singular entre os tipos de organização físico-química existentes. E, além disso, as descobertas de Hubble sobre a dispersão das galáxias e a descoberta do raio isótropo que vem de todos os horizontes do universo trouxeram a ressurreição de um cosmo singular que teria uma história singular na qual surgiria nossa própria história singular.

Do mesmo modo, a localidade se torna uma noção física determinante: a idéia de localidade está necessariamente

Para o pensamento complexo   179

introduzida na física einsteiniana pelo fato de que as medidas só podem ser feitas num certo lugar e são relativas à própria situação em que são feitas. O desenvolvimento da disciplina ecológica nas ciências biológicas mostra que é no quadro localizado dos ecossistemas que os indivíduos singulares se desenvolvem e vivem. Portanto, não podemos trocar o singular e o local pelo universal: ao contrário, devemos uni-los.

A terceira avenida é a da complicação. O problema da complicação surgiu a partir do momento em que percebemos que os fenômenos biológicos e sociais apresentavam um número incalculável de interações, de inter-retroações, uma fabulosa mistura que não poderia ser calculada nem pelo mais potente dos computadores, e daí vem o paradoxo de Niels Bohr que diz: "As interações que mantêm vivo o organismo de um cachorro são as impossíveis de ser estudadas *in vivo*. Para estudá-las corretamente, seria preciso matar o cão."

A quarta avenida foi aberta quando começamos a conceber uma misteriosa relação complementar, no entanto, logicamente antagonista entre as noções de ordem, de desordem e de organização. É aí que está localizado o princípio *order from noise*, formulado por Heinz von Foerster, em 1959, que se opunha ao princípio clássico *order from order* (a ordem natural obedecendo às leis naturais) e ao princípio estatístico *order from disorder* (no qual uma ordem estatística no nível das populações nasce de fenômenos desordenados-aleatórios no nível dos indivíduos). O princípio *order from noise* significa que os fenômenos ordenados (eu diria organizados) podem nascer de uma agitação ou de uma turbulência desordenada. Os trabalhos de Prigogine mostraram que estruturas turbilhonárias coerentes podiam nascer de perturbações que aparentemente deveriam ser resolvidas com turbulência. Entendemos que é nesse sentido que emerge o problema de uma relação misteriosa entre a ordem, a desordem e a organização.

A quinta avenida da complexidade é a da organização. Aqui

aparece uma dificuldade lógica; a organização é aquilo que constitui um sistema a partir de elementos diferentes; portanto, ela constitui, ao mesmo tempo, uma unidade e uma multiplicidade. A complexidade lógica de *unitas multiplex* nos pede para não transformarmos o múltiplo em um, nem o um em múltiplo.

Além disso, o interessante é que, ao mesmo tempo, um sistema é mais e menos do que aquilo que poderíamos chamar de soma de suas partes. Alguma coisa de menos, em que sentido? Bom, é que essa organização provoca coações que inibem as potencialidades existentes em cada parte, isso acontecendo em todas as organizações, inclusive na social, na qual as coações jurídicas, políticas, militares e outras fazem com que muitas de nossas potencialidades sejam inibidas ou reprimidas. Porém, ao mesmo tempo, o todo organizado é alguma coisa a mais do que a soma das partes, porque faz surgir qualidades que não existiriam nessa organização; essas qualidades são "emergentes", ou seja, podem ser constatadas empiricamente, sem ser dedutíveis logicamente; essas qualidades emergentes retroagem ao nível das partes e podem estimulá-las a exprimir suas potencialidades. Assim podemos ver bem como a existência de uma cultura, de uma linguagem, de uma educação, propriedades que só podem existir no nível do todo social, recaem sobre as partes para permitir o desenvolvimento da mente e da inteligência dos indivíduos.

A esse primeiro nível de complexidade organizacional, precisamos acrescentar um nível de complexidade própria às organizações biológicas e sociais. Essas organizações são complexas, porque são, a um só tempo, acêntricas (o que quer dizer que funcionam de maneira anárquica por interações espontâneas), policêntricas (que têm muitos centros de controle, ou organizações) e cêntricas (que dispõem, ao mesmo tempo, de um centro de decisão).

Desse modo, nossas sociedades históricas contemporâneas se auto-organizam não só a partir de um centro de

Para o pensamento complexo 181

comando-decisão (Estado, governo), mas também de diversos centros de organização (autoridades estaduais, municipais, empresas, partidos políticos etc.) e de interações espontâneas entre grupos de indivíduos.

No campo da complexidade existe uma coisa ainda mais surpreendente. É o princípio que poderíamos chamar de hologramático. Holograma é a imagem física cujas qualidades de relevo, de cor e de presença são devidas ao fato de cada um dos seus pontos incluírem quase toda a informação do conjunto que ele representa. Bom, nós temos esse tipo de organização nos nossos organismos biológicos; cada uma de nossas células, até mesmo a mais modesta célula da epiderme, contém a informação genética do ser global. (É evidente que só há uma pequena parte da informação expressa nessa célula, ficando o resto inibido.) Nesse sentido, podemos dizer que não só a parte está no todo, mas também que o todo está na parte.

A mesma coisa, de um modo completamente diferente, acontece nas sociedades. Desde o nascimento, a família nos ensina a linguagem, os primeiros ritos e as primeiras necessidades sociais, começando pela higiene e pelo "bom-dia"; a introdução da cultura continua na escola, na instrução. E, vocês até têm esse princípio eminentemente irônico mas muito significativo de que "ninguém pode ser considerado ignorante da lei", isto é, que toda a legislação penal e repressiva, em princípio, deve estar presente na mente do indivíduo. Portanto, de certo modo, o todo da sociedade está presente na parte — indivíduo — inclusive nas nossas sociedades que sofrem de uma hiperespecialização no trabalho. Isso quer dizer que não podemos mais considerar um sistema complexo segundo a alternativa do reducionismo (que quer compreender o todo partindo só das qualidades das partes) ou do "holismo", que não é menos simplificador e que negligencia as partes para compreender o todo. Pascal já dizia: "Só posso compreender um todo se conheço, especificamente, as partes, mas só posso compreender as partes se conhecer o todo." Isso significa que abandonamos um tipo de explicação linear por um tipo de explicação em movimento, circular, onde vamos das partes para o todo, do todo para as partes, para tentar compreender um fenômeno. Por exemplo, a elucidação do todo pode ser feita a partir de um ponto especial que concentre em si, num dado momento, o drama ou a tragédia do todo. Assim fez Pierre Chaunu. Ao estudar as estatísticas demográficas da Europa ocidental, ele percebeu uma queda brutal da demografia da cidade de Berlim nos anos 50. A maioria dos demógrafos via aí uma exceção devida ao *status* anormal de Berlim. Chaunu pressentiu que Berlim era um ponto crítico particular que anunciava o declínio demográfico geral. Por isso, a inteligibilidade dos fenômenos globais ou gerais necessita de circuitos e de um vaivém entre os pontos individuais e o conjunto.

Devemos unir o princípio hologramático a um outro princípio de complexidade que é o princípio de **organização recursiva**. A organização recursiva é a organização cujos efeitos e produtos são necessários a sua própria causação e a sua própria produção. É, exatamente, o problema de autoprodução e de auto-organização. Uma sociedade é produzida pelas interações entre indivíduos e essas interações produzem um todo organizador que retroage sobre os indivíduos para co-produzilos enquanto indivíduos humanos, o que eles não seriam se não dispusessem da instrução, da linguagem e da cultura. Portanto, o processo social é um círculo produtivo ininterrupto no qual, de algum modo, os produtos são necessários à produção daquilo que os produz. As noções de causa e efeito já eram complexas com o aparecimento da noção de círculo retroativo de Norbert Wiener (na qual o efeito retorna de modo causal sobre a causa que o produz); as noções de produto e de produtor passam a ser noções ainda mais complexas que repercutem uma na outra. Isso é verdade no fenômeno biológico mais evidente: o ciclo da reprodução sexual pro-

Para o pensamento complexo 183

duz indivíduos e esses indivíduos são necessários para a continuação do ciclo de reprodução. Melhor dizendo, a reprodução produz indivíduos que produzem o ciclo da reprodução. Conseqüentemente, a complexidade não é só um fenômeno empírico (acaso, eventualidades, desordens, complicações, mistura dos fenômenos); a complexidade é, também, um problema conceitual e lógico que confunde as demarcações e as fronteiras bem nítidas dos conceitos como "produtor" e "produto", "causa" e "efeito", "um" e "múltiplo".

E eis a sétima avenida para a complexidade, a avenida da crise de conceitos fechados e claros (sendo que fechamento e clareza são complementares), isto é, a crise da clareza e da separação nas explicações. Nesse caso, há uma ruptura com a grande idéia cartesiana de que a clareza e a distinção das idéias são um sinal de verdade; ou seja, que não poder haver uma verdade impossível de ser expressa de modo claro e nítido. Hoje em dia, vemos que as verdades aparecem nas ambigüidades e numa aparente confusão. Mauro Ceruti falou do fim do sonho em estabeler uma demarcação clara e distinta entre ciência e não-ciência. Porém, esse é um caso particular da crise das demarcações absolutas; também há a crise da demarcação nítida entre o objeto, sobretudo o ser vivo, e o meio ambiente. No entanto, essa era a idéia que a ciência experimental impôs com sucesso, pois ela podia pegar um objeto, tirá-lo do seu meio ambiente, situá-lo num meio artificial, que é o da experiência, modificá-lo e controlar as modificações para conhecê-lo.

Na verdade, isso funcionava no nível de um conhecimento de manipulação, porém ficou cada vez menos pertinente no nível de um conhecimento de compreensão; percebemos isso principalmente no que se refere ao estudo dos animais e particularmente no estudo dos chimpanzés. Os chimpanzés estudados em laboratório eram examinados como indivíduos isolados e eram submetidos a testes que, de fato, não revelavam

184 *Ciência com Consciência*

seu comportamento, mas um comportamento de prisioneiro e de manipulado. Todos esses estudos experimentais ocultavam completamente a realidade descoberta pelos etólogos, a começar por uma simples ex-datilógrafa, Jannette Lawick-Goodal que, durante anos de observação, descobriu as relações extremamente complexas dos chimpanzés, bem como suas habilidades técnicas, cinegéticas e intelectuais, até então totalmente desconhecidas.

Não é suficiente não isolar um sistema auto-organizado de seu meio. É preciso unir intimamente auto-organização e eco-organização. A organização dos seres carrega a ordem cósmica da rotação da Terra em volta do Sol, marcada pela alternância do dia e da noite e pela mudança das estações! Alternamos vigília e sono e o aumento da duração do dia e da temperatura, na primavera, desencadeia o acordar vegetal e a sexualidade animal.

Além disso, a compreensão da autonomia levanta um problema de complexidade. A autonomia não era concebível no mundo físico e biológico, tanto assim que a ciência só conhecia determinismos externos aos seres. O conceito de autonomia só pode ser concebido a partir de uma teoria de sistemas ao mesmo tempo aberta e fechada; um sistema que funciona precisa de uma energia nova para sobreviver e, portanto, deve captar essa energia no meio ambiente. Conseqüentemente, a autonomia se fundamenta na dependência do meio ambiente e o conceito de autonomia passa a ser um conceito complementar ao da dependência, embora lhe seja, também, antagônico. Aliás, um sistema autônomo aberto deve ser ao mesmo tempo fechado, para preservar sua individualidade e sua originalidade. Ainda aqui, temos um problema conceitual de complexidade. No universo das coisas simples, é preciso "que a porta esteja aberta ou fechada", mas, no universo complexo, é preciso que um sistema autônomo esteja aberto e fechado, a um só tempo. É preciso ser dependente para ser autônomo. Obviamente, a proposição não é reversível e a prisão não dá liberdade!

Para o pensamento complexo 185

A oitava avenida da complexidade é a volta do observador na sua observação. Não passava de ilusão quando acreditávamos eliminar o observador nas ciências sociais. Não é só o sociólogo que está na sociedade; conforme a concepção hologramática, a sociedade também está nele; ele é possuído pela cultura que possui. Como poderia encontrar a visão esclarecedora, o ponto de vista supremo pelo qual julgaria sua própria sociedade e as outras sociedades? Essa foi uma falta lamentável da antropologia do início do século quando antropólogos como Lévy-Bruhl pensavam que aqueles que eram chamados de "primitivos" eram adultos infantis que só tinham um pensamento místico e mágico. Mas, então — a pergunta foi feita por Wittgenstein, entre outros —, como eles conseguem fabricar — com que astúcia técnica e com que inteligência? — flechas reais, e como são capazes de atirá-las e matar o animal só com a prática de feitiçaria e de ritos mágicos? O erro de Lévy-Bruhl vinha do seu ocidentalocentrismo racionalizador de observador inconsciente do seu lugar no devir histórico e da sua particularidade sociológica; ele acreditava estar no centro do universo e no topo da razão!

Daí vem essa regra de complexidade: o observador-conceptor deve se integrar na sua observação e na sua concepção. Ele deve tentar conceber seu *hic et nunc* sociocultural. Tudo isso não é só uma volta à modéstia intelectual, também é volta a uma aspiração autêntica da verdade. O problema do observador não está limitado às ciências antropossociais; a partir de agora, o problema é relativo às ciências físicas; assim, o observador altera a observação microfísica (Heisenberg); toda observação que comporta aquisição de informação é paga em energia (Brillouin); enfim, a cosmologia reintroduz o homem, ao menos, no princípio chamado de "antrópico" — não de entropia, mas de "antropo"— segundo o qual a teoria da formação do universo precisa explicar a possibilidade da consciência humana e, obviamente, da vida (Brandon Carter).

Como conseqüência, podemos formular o princípio da reintegração do conceptor na concepção: *a teoria, qualquer que seja ela e do que quer que trate, deve explicar o que torna possível a produção da própria teoria e, se ela não pode explicar, deve saber que o problema permanece.*

Mais ainda: a complexidade está na origem das teorias científicas, incluindo as teorias mais simplificadoras. Antes de tudo, como estabeleceram, de formas diferentes, Popper, Holton, Kuhn, Lakatos, Feyerabend, existe um núcleo não-científico em toda teoria científica. Popper acentuou os "pressupostos metafísicos" e Holton destacou os *themata* ou temas obsessivos, que motivam a mente dos grandes cientistas, a começar pelo determinismo universal que é, ao mesmo tempo, postulado metafísico e tema obsessivo. Lakatos mostrou que existe um "núcleo duro", indemonstrável, naquilo que ele chama de programas de pesquisas e Thomas Kuhn revela em *La structure des révolutions scientifiques* (*A estrutura das revoluções científicas*) que as teorias científicas são organizadas a partir de princípios que, absolutamente, não derivam da experiência, que são os paradigmas.

Melhor dizendo, e isso é um paradoxo surpreendente, a ciência se desenvolve, não só a despeito do que ela tem de não científico, mas graças ao que ela tem de não-científico.

A tudo isso, podemos acrescentar um problema-chave que é o problema da contradição. A lógica clássica tinha valor de verdade absoluta e geral e, quando chegávamos a uma contradição, o pensamento devia dar marcha à ré, a contradição era o sinal de alarme que indicava o erro. Acontece que Bohr marcou, na minha opinião, um acontecimento de importância epistemológica capital quando, não por cansaço, mas por consciência dos limites da lógica, interrompeu o grande torneio entre a concepção corpuscular e a concepção ondulatória da partícula, declarando que era preciso aceitar a contradição entre as duas noções que se tornaram complementares, já que, racionalmente, as experiências levavam a essa contradição.

Para o pensamento complexo

Do mesmo jeito, quando pensamos no "Big-Bang" cósmico, não percebemos que é o caminho empírico-racional que conduz à irracionalidade absoluta. Uma vez que foi constatada uma dispersão das galáxias, era preciso supor uma concentração inicial e uma vez que foi descoberto nos horizontes do universo o testemunho fóssil de uma explosão, era preciso supor que essa explosão estava na própria origem desse universo. Dito de outro modo, é por motivos lógicos que chegamos a esse absurdo lógico no qual o tempo nasce do não-tempo, o espaço, do não-espaço, e a energia do nada.

Desde então, foi aberto o diálogo com a contradição. Fomos levados a estabelecer uma relação complementar e contraditória entre as noções fundamentais que nos são necessárias para conceber o universo.

Além disso, chegamos a um outro tipo de limitação da lógica. O teorema de Gödel e a lógica de Tarski mostravam que nenhum sistema explicativo pode se explicar totalmente a si mesmo (Tarski) e que nenhum sistema formalizado complexo pode encontrar em si mesmo sua própria prova. Falando de um modo mais amplo, foi levantado um grande problema para o pensamento complexo: será que podemos substituir a lógica bivalente, dita aristotélica, por lógicas polivalentes? É preciso transgredir essa lógica? Em que condições? Não podemos escapar dessa lógica nem nos fecharmos nela; é preciso transgredi-la, mas deve-se voltar a ela. Dito de outro modo, a lógica clássica é um instrumento retrospectivo, seqüencial e corretivo, que nos permite corrigir nosso pensamento, seqüência por seqüência; porém, quando se trata de seu próprio movimento, de seu próprio dinamismo e da criatividade que existe em qualquer pensamento, bom, nesse caso, a lógica pode, no máximo, servir de muleta, nunca de pernas.

Assim, a rocha da simples e antiga concepção do universo não está minada por uma toupeira (vocês conhecem o famoso termo de "velha toupeira", que evolui e mina o mundo antigo[1]), mas por muitas toupeiras diferentes que convergem na direção da complexidade. O que quer dizer que as diversas complexidades citadas (a complicação, a desordem, a contradição, a dificuldade lógica, os problemas da organização etc.) formam o tecido da complexidade: *complexus* é o que está junto; é o tecido formado por diferentes fios que se transformaram numa só coisa. Isto é, tudo isso se entrecruza, tudo se entrelaça para formar a unidade da complexidade; porém, a unidade do *complexus* não destrói a variedade e a diversidade das complexidades que o teceram.

Nesse ponto chegamos ao *complexus* do *complexus*, a essa espécie de núcleo da complexidade onde as complexidades se encontram. No primeiro momento, a complexidade chega como um nevoeiro, como confusão, como incerteza, como incompressibilidade algoritma, incompreensão lógica e irredutibilidade. Ela é obstáculo, ela é desafio. Depois, quando avançamos pelas avenidas da complexidade, percebemos que existem dois núcleos ligados, um núcleo empírico e um núcleo lógico. O núcleo empírico contém, de um lado, as desordens e as eventualidades e, do outro lado, as complicações, as confusões, as multiplicações proliferantes. O núcleo lógico, sob um aspecto, é formado pelas contradições que devemos necessariamente enfrentar e, no outro, pelas indecidibilidades inerentes à lógica.

A complexidade parece ser negativa ou regressiva já que é a reintrodução da incerteza num conhecimento que havia partido triunfalmente à conquista da certeza absoluta. É preciso enterrar esse absoluto. Porém, o aspecto positivo, o aspecto progressivo que a resposta ao desafio da complexidade pode ter, é o ponto de partida para um pensamento multidimensional.

Qual é o erro do pensamento formalizante quantificante que dominou as ciências? Não é, de forma alguma, o de ser

---

[1] Velha toupeira" — nome dado à história por Rosa Luxemburgo, socialista alemã de origem judaica. (N. T.)

Para o pensamento complexo

um pensamento formalizante e quantificante, não é, de forma alguma, o de colocar entre parênteses o que não é quantificável e formalizável. O erro é terminar acreditando que aquilo que não é quantificável e formalizável não existe ou só é a escória do real. É um sonho delirante porque nada é mais louco do que a coerência abstrata.

É preciso encontrar o caminho de um pensamento multidimensional que, é lógico, integre e desenvolva formalização e quantificação, mas não se restrinja a isso. A realidade antropossocial é multidimensional; ela contém, sempre, uma dimensão individual, uma dimensão social e uma dimensão biológica. O econômico, o psicológico e o demográfico que correspondem às categorias disciplinares especializadas são as diferentes faces de uma mesma realidade; são aspectos que, evidentemente, é preciso distinguir e tratar como tais, mas não se deve isolá-los e torná-los não comunicantes. Esse é o apelo para o pensamento multidimensional. Finalmente e, sobretudo, é preciso encontrar o caminho de um pensamento dialógico.

O termo dialógico quer dizer que duas lógicas, dois princípios, estão unidos sem que a dualidade se perca nessa unidade: daí vem a idéia de "unidualidade" que propus para certos casos; desse modo, o homem é um ser unidual, totalmente biológico e totalmente cultural a um só tempo.

Três também pode ser um. A teologia católica mostrou isso na trindade onde três pessoas formam um todo, sendo distintas e separadas. Belo exemplo de complexidade teológica onde o filho torna a gerar o pai que gera e onde as três instâncias se geram entre si. A dialógica na Terra precisa ser concebida de um modo diferente, mas igualmente difícil. A própria ciência obedece à dialógica. Por quê? Porque ela continua andando sobre quatro pernas, diferentes. Ela anda sobre a perna do empirismo e sobre a perna da racionalidade, sobre a da imaginação e sobre a da verificação. Acontece que sempre há dualidade e conflito entre as visões empíricas que, no máximo, se tornam racionalizadoras e lançam para fora da realidade aquilo que escapa a sua sistematização. Racionalidade e empirismo mantêm um diálogo fecundo entre a vontade da razão de se apoderar de todo o real e a resistência do real à razão. Ao mesmo tempo, há complementaridade e antagonismo entre a imaginação que faz as hipóteses e a verificação que as seleciona. Ou seja, a ciência se fundamenta na dialógica entre imaginação e verificação, empirismo e realismo.

A ciência progrediu porque há uma dialógica complexa permanente, complementar e antagonista, entre suas quatro pernas. No dia em que andar sobre duas pernas ou tiver uma perna só, a ciência desabará. Dito de outro modo, a dialógica comporta a idéia de que os antagonismos podem ser estimuladores e reguladores.

A palavra dialógica não é uma palavra que permite evitar os constrangimentos lógicos e empíricos como a palavra dialética. Ela não é uma palavra-chave que faz com que as dificuldades desapareçam, como fizeram, durante anos, os que usavam o método dialético. O princípio dialógico, ao contrário, é a eliminação da dificuldade do combate com o real.

Ao princípio dialógico precisamos juntar o princípio hologramático no qual, de uma certa maneira, o todo está na parte que está no todo, como num holograma. De certo modo, a totalidade da nossa informação genética está em cada uma de nossas células, e a sociedade, enquanto "todo", está presente na nossa mente *via* a cultura que nos formou e informou. Ainda de outro modo, podemos dizer que "o mundo está na nossa mente, a qual está no nosso mundo". Nosso cérebro-mente "produz" o mundo que produziu o cérebro-mente. Nós produzimos a sociedade que nos produz. Do mesmo modo, o princípio hologramático está ligado ao princípio recursivo do qual lhes falei.

O desafio da complexidade nos faz renunciar para sempre ao mito da elucidação total do universo, mas nos encoraja a

Para o pensamento complexo 191

prosseguir na aventura do conhecimento que é o diálogo com o universo. O diálogo com o universo é a própria racionalidade. Acreditamos que a razão deveria eliminar tudo o que é irracionalizável, ou seja, a eventualidade, a desordem, a contradição, a fim de encerrar o real dentro de uma estrutura de idéias coerentes, teoria ou ideologia. Acontece que a realidade transborda de todos os lados das nossas estruturas mentais: "Há mais coisas sobre a terra e no céu do que em toda nossa filosofia", Shakespeare observou, há muito tempo. O objetivo do conhecimento é abrir, e não fechar o diálogo com esse universo. O que quer dizer: não só arrancar dele o que pode ser determinado claramente, com precisão e exatidão, como as leis da natureza, mas, também, entrar no jogo do claro-escuro que é o da complexidade.

A complexidade não nega as fantásticas aquisições, por exemplo, da unidade das leis newtonianas, da unificação da massa e da energia, da unidade do código biológico. Porém, essas unificações não são suficientes para conceber a extraordinária diversidade dos fenômenos e o devir aleatório do mundo. O conhecimento complexo permite avançar no mundo concreto e real dos fenômenos. Muitas vezes foi dito que a ciência explicava o visível complexo pelo invisível simples: porém, ela dissolvia totalmente o visível complexo e é com ele que nos enfrentamos.

O problema da complexidade não é formular os programas que as mentes podem pôr no seu computador mental. A complexidade não é molho de chaves que podemos dar a qualquer pessoa merecedora que tenha um engrama dos trabalhos sobre a complexidade.

A complexidade atrai a estratégia. Só a estratégia permite avançar no incerto e no aleatório. A arte da guerra é estratégica porque é uma arte difícil que deve responder não só à incerteza dos movimentos do inimigo, mas também à incerteza sobre o que o inimigo pensa, incluindo o que ele pensa que nós pensamos. A estratégia é a arte de utilizar as informações que aparecem na ação, de integrá-las, de formular esquemas de ação e de estar apto para reunir o máximo de certezas para enfrentar a incerteza.

A complexidade não tem metodologia, mas pode ter seu método. O que chamamos de método é um *memento*, um "lembrete". Enfim, qual era o método de Marx? Seu método era incitar a percepção dos antagonismos de classe dissimulados sob a aparência de uma sociedade homogênea. Qual era o método de Freud? Era incitar a ver o inconsciente escondido sob o consciente e ver o conflito no interior do ego. O método da complexidade pede para pensarmos nos conceitos, sem nunca dá-los por concluídos, para quebrarmos as esferas fechadas, para restabelecermos as articulações entre o que foi separado, para tentarmos compreender a multidimensionalidade, para pensarmos na singularidade com a localidade, com a temporalidade, para nunca esquecermos as totalidades integradoras. É a concentração na direção do saber total, e, ao mesmo tempo, é a consciência antagonista e, como disse Adorno, "a totalidade é não-verdade". A totalidade é, ao mesmo tempo, verdade e não-verdade, e a complexidade é isso: a junção de conceitos que lutam entre si.

A complexidade é difícil; quando você vivencia um conflito interno, esse conflito pode ser trágico; não foi por acaso que grandes mentes beiraram à loucura, e estou pensando em Pascal, em Hölderlin, em Nietzsche, em Artaud. Deve-se conviver com essa complexidade, com esse conflito, tentando não sucumbir e não se abater. O imperativo da complexidade, nesse sentido, é um uso estratégico do que eu chamo de dialógica.

O imperativo da complexidade é, também, o de pensar de forma organizacional; é o de compreender que a organização não se resume a alguns princípios de ordem, a algumas leis; a organização precisa de um pensamento complexo extrema-

Para o pensamento complexo 193

mente elaborado. Um pensamento de organização que não inclua a relação auto-eco-organizadora, isto é, a relação profunda e íntima com o meio ambiente, que não inclua a relação hologramática entre as partes e o todo, que não inclua o princípio de recursividade, está condenado à mediocridade, à trivialidade, isto é, ao erro...

Estou persuadido de que um dos aspectos da crise do nosso século é o estado de barbárie das nossas idéias, o estado de pré-história da mente humana que ainda é dominada por conceitos, por teorias, por doutrinas que ela produziu, do mesmo modo que achamos que os homens primitivos eram dominados por mitos e por magias. Nossos predecessores tinham mitos mais concretos. Nós somos controlados por poderes abstratos.

Conseqüentemente, o estabelecimento de diálogos entre nossas mentes e suas produções reificadas em idéias e sistemas de idéias é uma coisa indispensável para enfrentar os dramáticos problemas de fim desse milênio. Nossa necessidade de civilização inclui a necessidade de uma civilização da mente. Se ainda podemos ousar esperar uma melhora em algumas mudanças nas relações humanas (não quero dizer só entre impérios, só entre nações, mas entre pessoas, entre indivíduos e até consigo mesmo), então esse grande salto civilizacional e histórico também inclui, na minha opinião, um salto na direção do pensamento da complexidade.

2

Ordem, desordem, complexidade

À primeira vista, o céu estrelado impressiona por sua desordem: um amontoado de estrelas, dispersas ao acaso. Mas, ao olhar mais atento, aparece a ordem cósmica, imperturbável — cada noite, aparentemente desde sempre e para sempre, o mesmo céu estrelado, cada estrela no seu lugar, cada planeta realizando seu ciclo impecável. Mas vem um terceiro olhar: vem pela injeção de nova e formidável desordem nessa ordem; vemos um universo em expansão, em dispersão, as estrelas nascem, explodem, morrem. Esse terceiro olhar exige que concebamos conjuntamente a ordem e a desordem; é necessária a binocularidade mental, uma vez que vemos um universo que se organiza desintegrando-se.

Quanto à vida, também há a possibilidade de três olhares: à primeira vista, era a fixidez das espécies, reproduzindo-se impecavelmente, de forma repetitiva, ao longo dos séculos, dos milênios, em ordem imutável. E depois, ao segundo olhar, parece-nos que há evolução e revoluções. Como? Por irrupção do acaso, mutação ocasional, acidentes, perturbações geoclimáticas e ecológicas. Posteriormente, vemos que há desperdícios enormes, destruições, hecatombes não só na evolução biológica (a maior parte das espécies desapareceu), mas também nas interações dentro dos ecossistemas, e eis-nos confrontados com a necessidade de um terceiro olhar, isto é, de pensar conjuntamente a ordem e a desordem, para conceber a organização e a evolução vivas.

Quanto à história humana, inversamente, o primeiro olhar não foi o da ordem, mas o da desordem. A história foi concebida como uma sucessão de guerras, atentados, assassinatos, conspirações, batalhas; uma história shakespeariana, marcada pelo *sound and fury*. Mas veio o segundo olhar, sobretudo a partir do século passado, quando se descobrem determinismos infra-estruturais, se procuram as leis da história, os acontecimentos se tornam epifenomenais, e, muito curiosamente, desde o século passado, as ciências antropossociais, cujo objetivo é, todavia, extremamente aleatório, esforçam-se por reduzir a aleatoriedade e a desordem, estabelecendo ou julgando estabelecer determinismos econômicos, demográficos, sociológicos. No limite, Durkheim e Halbwacks reduzem o suicídio — aparentemente o ato mais contingente e mais singular — a determinações socioculturais.

Mas é impossível, tanto no domínio do conhecimento do mundo natural como no conhecimento do mundo histórico ou social, reduzir nossa visão quer à desordem, quer à ordem. Historicamente, a concepção do tolo shakespeariano (quer dizer: *life is a tale, told by an idiot, full of sound and fury signifying nothing*) não é tola — revela uma verdade da história. Em contrapartida, a visão de uma história inteligente, isto é, de uma história que obedece a leis racionais, essa, sim, torna-se tola. Temos, portanto, tanto na história como na vida, de conceber as errâncias, os desvios, os desperdícios, as perdas, os aniquilamentos, e não apenas as riquezas, como também não só de vida, mas de saber, de saber fazer, de talentos, de sabedoria.

Problema duplo por toda parte: o da necessária e difícil mistura, confrontação, da ordem e da desordem. O desenvolvi-

Para o pensamento complexo 197

mento de todas as ciências naturais fez-se, desde meados do século passado, por meio da destruição do antigo determinismo e no confrontamento da difícil relação *ordem e desordem*. As ciências naturais descobrem e tentam integrar aleatoriedade e desordem, quando eram deterministas a princípio e por postulado, enquanto, mais complexas por seus objetos, mas mais atrasadas em sua concepção de cientificidade, as ciências humanas tentavam expulsar a desordem. A necessidade de pensar conjuntamente, em sua complementaridade, sua concorrência e seu antagonismo, as noções de ordem e desordem levantam exatamente a questão de pensar a complexidade da realidade física, biológica e humana. A meu ver, para isso é necessário conceber um quarto e novo olhar, dirigido para o nosso olhar, como muito bem disse Heinz von Foerster. Temos de olhar para o modo como concebemos a ordem e para nós mesmos olhando para o mundo, isto é, incluir-nos em nossa visão do mundo.

Sou obrigado, ainda que de forma sumária, a tentar falar sobre a ordem, conceito que não é simples nem monolítico, porque a noção de ordem ultrapassa, por sua riqueza e a variedade de suas formas, o antigo determinismo, concebedor da ordem sob o aspecto único de lei anônima, impessoal e suprema, regendo todas as coisas no universo, lei que, por isso, constituía a verdade deste universo.

Existe, na noção de ordem, não só a idéia da lei do determinismo, mas também a idéia de determinação, ou seja, de coação, noção que, a meu ver, é mais radical ou fundamental do que a idéia de lei. Mas também há, na idéia de ordem, eventual ou diversamente, as idéias de estabilidade, constância, regularidade, repetição; há a idéia de estrutura; em outras palavras, o conceito de ordem ultrapassa de longe o antigo conceito de lei.

Isso significa que a ordem se complexificou. E como se complexificou? Em primeiro lugar, há várias formas de ordem. Em segundo lugar, a ordem já não é anônima e geral, mas está ligada a singularidades; sua própria universalidade é singular, porque nosso universo é doravante concebido como universo singular, com nascimento e desenvolvimento singulares, e aquilo a que podemos chamar de *ordem* é fruto de coações singulares, próprias deste universo.

Por outro lado, sabemos muito bem que aquilo que denominamos *a ordem viva* está ligado a seres vivos singulares, e as espécies vivas aparecem-nos como produtoras/reprodutoras de singularidades. Portanto, a ordem já não é antinômica da singularidade, e essa nova ordem desfaz a antiga concepção que afirmava: *só há ciência do geral*. Enfim, hoje, a ordem está ligada à idéia de interações. De fato, as grandes leis da natureza tornaram-se leis de interação, ou seja, não podem operar se não houver corpos que interatuem; portanto, essas leis dependem das interações, que, por sua vez, dependem dessas leis.

Mas, sobretudo, vemos que, com a noção de estrutura, a idéia de ordem demanda outra, que é a idéia de organização. Na verdade, a ordem singular de um sistema pode ser concebida como a estrutura que o organiza. De fato, a idéia de sistema é a outra face da idéia de organização. Creio, portanto, que a idéia de estrutura está a meio caminho entre as idéias de ordem e de organização. *A organização, entretanto, não pode ser reduzida à ordem, embora a comporte e produza.* Uma organização constitui e mantém um conjunto ou "todo" não redutível às partes, porque dispõe de qualidades emergentes e de coações próprias, e comporta retroação das qualidades emergentes do "todo" sobre as partes. Por isso, as organizações podem estabelecer suas próprias constâncias: é o caso das organizações ativas, das máquinas, das auto-organizações, enfim, dos seres vivos; podem estabelecer sua *regulação* e produzir suas estabilidades. Portanto, as organizações produzem ordem, sendo co-produzidas por princípios de ordem, e isso é verdadeiro para tudo aquilo que é organizado no univer-

Para o pensamento complexo 199

so: núcleos, átomos, estrelas, seres vivos. São organizações específicas que produzem sua constância, sua regularidade, sua estabilidade, suas qualidades etc. Assim, a idéia enriquecida de ordem não só não dissolve a idéia de organização, mas também nos convida a reconhecê-la.

Enfim, a idéia enriquecida de ordem demanda o diálogo com a idéia de desordem; foi, efetivamente, o que se passou com o desenvolvimento das estatísticas e dos diversos métodos de cálculo que levam em conta a aleatoriedade. Voltarei a abordar esse assunto. O que quero dizer para concluir este sucinto catálogo dos componentes diversos da idéia da ordem é que a idéia enriquecida de ordem, que recorre às idéias de *interação* e de *organização*, que não pode expulsar a desordem, é muito mais rica, efetivamente, do que a idéia do determinismo. Mas, enriquecendo-se, o conceito de ordem relativizou-se. Complexificação e relativização andam juntas. Já não existe ordem absoluta, incondicional e eterna não só no plano biológico, porque sabemos que a ordem biológica nasceu há dois ou três mil milhões de anos neste planeta e morrerá mais cedo ou mais tarde, mas também no universo estelar, galáctico e cósmico.

Vamos à desordem. Também aqui eu diria que a concepção moderna da desordem é muito mais rica do que a idéia de acaso, embora sempre a comporte. Diria mesmo que a idéia da desordem ainda é mais rica do que a de ordem, porque comporta necessariamente um pólo objetivo e outro subjetivo. No pólo objetivo — o que é desordem? — estão as agitações, dispersões, colisões, ligadas ao fenômeno calorífico; estão também as irregularidades e as instabilidades; os desvios que aparecem num processo, que o perturbam e transformam; os choques, os encontros aleatórios, os acontecimentos, os acidentes; as desorganizações; as desintegrações; em termos de linguagem informacional, *os ruídos, os erros*. Mas há que pensar também que a idéia de desordem tem o pólo subjetivo, que é o da impredictabilidade ou da relativa indeterminabilidade. A desordem, para o espírito, traduz-se pela incerteza. E não se deve ocultar esse segundo aspecto da questão da desordem, ao qual voltarei.

O que diremos, também muito rapidamente, sobre a desordem? É macroconceito que envolve realidades muito diferentes, sempre comportando a aleatoriedade. Pode-se dizer também que a desordem invadiu o universo; é certo que a desordem não substituiu totalmente a ordem no universo, mas já não existe nenhum setor em que não haja desordem. Ela está na energia (calor), no tecido subatômico do universo, em sua origem acidental. A desordem está no coração chamejante das estrelas. Ela é inseparável da evolução do nosso universo; onipresente, não só se opõe à ordem, mas, estranhamente, também com ela coopera para criar organização; na verdade, os encontros aleatórios, que supõem agitação e, portanto, desordem, foram geradores das organizações físicas (núcleos, átomos, astros) e do(s) primeiro(s) ser(es) vivo(s). A desordem coopera na geração da ordem organizacional; ao mesmo tempo, presente na origem das organizações, ameaça-as incessantemente com a desintegração, ameaça que tanto vem do externo (acidente destrutivo) quanto do interno (aumento da entropia). Acrescento que a auto-organização, característica dos fenômenos vivos, comporta permanente processo de desorganização transformado em processo permanente de reorganização, até a morte final, evidentemente.

A idéia de desordem apela não só para a de organização, mas também, muitas vezes, para a de ambiente. Vocês conhecem a maneira clássica de exorcizar o acaso ou a desordem: é defini-lo como encontro de séries deterministas interdependentes. O próprio fato do encontro, entretanto, supõe um meio com caracteres aleatórios; constitui, por isso, um fato de desordem para as séries deterministas afetadas e nelas pode provocar desordens e perturbações. Mais amplamente,

Para o pensamento complexo

quando se considera a história da vida, vê-se que perturbações mínimas no eixo de rotação do planeta Terra em volta do Sol podem provocar deslocações climáticas, glaciações ou, ao contrário, inundações, tropicalizações, e todas essas transformações climáticas provocam, por sua vez, transformações significativas na fauna e na flora, que causam desaparecimentos maciços de espécies vegetais e animais, criam condições novas para o aparecimento e o desenvolvimento de novas espécies. Em outras palavras, a desordem pouco perceptível no nível planetário traduz-se por efeitos absolutamente maciços que transformam o ambiente e as condições de vida, e afetam todos os seres vivos; de fato, a idéia de desordem é não só ineliminável do universo, mas também necessária para concebê-lo em sua natureza e evolução.

Eu disse que a idéia de aleatoriedade sempre demanda uma de suas polarizações, o observador-concebedor humano, em quem provoca incerteza. É essa introdução da incerteza que é enriquecedora. Por quê?

Não podemos saber se a incerteza provocada por um fenômeno que nos parece aleatório resulta da insuficiência dos recursos ou dos meios do espírito humano, que o impede de encontrar a ordem oculta na desordem aparente, ou se resulta do caráter objetivo da própria realidade. Não sabemos se o acaso é uma desordem objetiva ou, simplesmente, o fruto de nossa ignorância. Isso quer dizer que o acaso comporta incerteza sobre sua própria natureza, incerteza sobre a natureza da incerteza. Chaïtin demonstra que se pode definir o acaso como *incompressibilidade algorítmica*. Mas demonstra igualmente que não se pode prová-lo; para demonstrar que uma série específica de dígitos depende do acaso, "tem de provar-se que não há um programa menor para calculá-lo". Ora, essa prova requerida não pode ser encontrada.

Assim, o acaso abre a problemática incerta do espírito humano diante da realidade e diante de sua própria realidade.

O determinismo antigo era afirmação ontológica sobre a natureza da realidade. O acaso introduz a relação do observador com a realidade. Aquele excluía a organização, o ambiente, o observador, reintroduzidos na ordem enriquecida e na desordem. Ambas pedem à ciência que seja menos simplificadora e menos metafísica. Porque o determinismo era um postulado metafísico, uma afirmação transcendental sobre a realidade do mundo.

Quase não é necessário insistir aqui na miséria da ordem ou da desordem solitária. Um universo estritamente determinista, que fosse apenas ordem, seria um universo sem devir, sem inovação, sem criação; um universo que fosse apenas desordem, entretanto, não conseguiria constituir organização, sendo, portanto, incapaz de conservar a novidade e, por conseguinte, a evolução e o desenvolvimento. Um mundo absolutamente determinado, tanto quanto um completamente aleatório, é pobre e mutilado; o primeiro, incapaz de evoluir, e o segundo, de nascer.

O extraordinário é que a visão pobre do mundo determinista tenha podido impor-se durante dois séculos como dogma absoluto, como verdade da natureza. E por quê? Pôde impor-se apenas em função da cisão paradigmática entre sujeito e objeto, instituída a partir do século 17. Porque a indeterminação, a contingência e a liberdade puderam ser totalmente ventiladas sobre o sujeito, sobre o espírito humano, o determinismo se impôs de forma absoluta na ciência clássica, o que só aconteceu em função da cisão na visão experimentalista, que extrai seus objetos de seus ambientes, excluindo, por conseguinte, o ambiente. A partir do momento em que se isola o objeto de seu meio, a fim de se isolar sua natureza, as causas e as leis que o regem de toda perturbação externa, consegue-se criar *in vitro* um isolamento puramente determinista, mas esse determinismo puro exclui a realidade ambiente.

É possível compreender que o determinismo universal foi

Para o pensamento complexo   203

uma necessidade subjetiva ligada a um dado momento do desenvolvimento científico. Ainda hoje, muitos cientistas sonham com os "parâmetros ocultos" que dissolveriam as aparentes indeterminações ou incertezas. Mas essa idéia de um parâmetro oculto trai o Paracleto oculto, o célebre Deus velado de nossa metafísica ocidental.

Enfim, há que dizer que um mundo apenas determinista e um mundo apenas aleatório excluem totalmente, um e outro, o espírito humano que o observa e que é preciso tentar colocar em algum lugar.

Temos, portanto, de misturar esses dois mundos — que, todavia, se excluem — se quisermos conceber o nosso mundo. Sua ininteligível mistura é a condição de uma relativa ininteligibilidade do universo. Há certamente contradição lógica na associação ordem e desordem, mas menos absurda do que a débil cisão de um universo que seria apenas ordem ou que estaria apenas entregue ao deus *acaso*. Digamos que ordem e desordem isoladas são metafísicas; juntas, são físicas.

Portanto, temos de aprender a pensar conjuntamente ordem e desordem. Vitalmente, sabemos trabalhar com o acaso; é aquilo que denominamos *estratégia*. Aprendemos, estatisticamente, de forma diversa, a trabalhar com a aleatoriedade. Devemos ir mais longe. A ciência em gestação aplica-se ao diálogo cada vez mais rico com a aleatoriedade, mas, para que esse diálogo seja cada vez mais profundo, temos de saber que a ordem é relativa e relacional e que a desordem é incerta. Que uma e outra podem ser duas faces do mesmo fenômeno; uma explosão de estrelas é fisicamente determinada e obedece às leis da ordem físico-química; mas, ao mesmo tempo, constitui acidente, deflagração, desintegração, agitação e dispersão; por conseguinte, desordem.

Para estabelecer o diálogo entre ordem e desordem, precisamos de algo mais do que essas duas noções; precisamos associá-las a outras noções, donde a idéia do tetragrama:

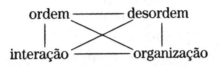

Isso quer dizer que precisamos conceber nosso universo a partir de uma dialógica entre esses termos, cada um deles chamando o outro, cada um precisando do outro para se constituir, cada um inseparável do outro, cada um complementar do outro, sendo antagônico ao outro. Esse tetragrama permite-nos conceber que a ordem do universo se autoproduz ao mesmo tempo que esse universo se autoproduz, por meio das interações físicas que produzem organização, mas também desordem. Esse tetragrama é necessário para conceber as morfogêneses, porque foi nas turbulências e na diáspora que se constituíram as partículas, os núcleos e os astros; foi na forja furiosa das estrelas que se constituíram os átomos; e a origem da vida são redemoinhos, turbilhões e relâmpagos. São, portanto, as morfogêneses, mas também as transformações, as complexificações, os desenvolvimentos, as degradações, as destruições, as decadências que o tetragrama nos permite conceber. Mas esse tetragrama não é o número sagrado; não é o J.H.V.H. bíblico, não nos dá a chave do universo, não é seu senhor, não comanda; é simplesmente uma fórmula paradigmática que nos permite conceber o jogo de formações e transformações, bem como não esquecer a complexidade do universo. Essa fórmula, longe de ser a chave do universo, permite-nos dialogar com o mistério que o envolve, porque, hoje, a ordem deixou de iluminar todas as coisas, tornando-se um problema. *A ordem é tão misteriosa como a desordem.* Igualmente, em relação à vida, ficávamos estupefatos com a morte; hoje, sabemos que ela corresponde à normalidade das interações físicas; fisicamente estupefaciente é o fato de a organização viva e a ordem viva existirem.

Para o pensamento complexo 205

Passo rapidamente sobre a necessidade de estabelecer uma dialógica entre organização e ambiente, objeto e sujeito. Volto ao ponto principal de minha pré-conclusão: é que temos de reconhecer o campo real do conhecimento. Ele não é o objeto puro, mas o objeto visto, percebido e co-produzido por nós. O objeto do conhecimento não é o mundo, mas a comunidade nós-mundo, porque o nosso mundo faz parte da nossa visão do mundo, que faz parte do nosso mundo. Em outras palavras, o objeto do conhecimento é a fenomenologia e não a realidade ontológica. Essa fenomenologia é a nossa realidade de seres no mundo. As observações feitas por espíritos humanos comportam a presença ineliminável de ordem, desordem e organização nos fenômenos microfísicos, macrofísicos, astrofísicos, biológicos, ecológicos, antropológicos etc. Nosso mundo real pertence a um universo do qual o observador nunca poderá eliminar as desordens nem ele mesmo. Assim, passo à conclusão.

O primeiro ponto trata da necessidade de derrubar a concepção do conhecimento científico imposta depois de Newton, quando o conhecimento certo tinha-se tornado o objeto da ciência. O conhecimento científico tornava-se pro-cura da certeza. Ora, hoje, a presença da dialógica da ordem e da desordem mostra que o conhecimento deve tentar negociar com a incerteza. Isso significa ao mesmo tempo que o objetivo do conhecimento não é descobrir o segredo do mundo ou a equação-chave, mas dialogar com o mundo. Portanto, primeira mensagem: "Trabalhe com a incerteza". O trabalho com a incerteza perturba muitos espíritos, mas exalta outros; incita a pensar aventurosamente e a controlar o pensamento. Incita a criticar o saber estabelecido, que se impõe como certo. Incita ao auto-exame e à tentativa de autocrítica.

Contrariamente à aparência, o trabalho com a incerteza é incitação à racionalidade; um universo que fosse apenas ordem não seria um universo racional, mas racionalizado, ou seja, deveria obedecer aos modelos lógicos de nosso espírito. Seria, nesse sentido, um universo totalmente idealista. Ora, o universo não pode ser totalmente racionalizado — há sempre algo que é irracionalizável. E o que é a racionalidade? É o contrário da racionalização, embora tenha saído da mesma fonte: é o diálogo com o irracionalizado ou, mesmo, com o irracionalizável.

Terceiro ponto: o trabalho com a incerteza incita ao pensamento complexo: a incompressibilidade paradigmática de meu tetragrama (ordem/desordem/interação/organização) mostra-nos que nunca haverá uma palavra-chave — uma fórmula-chave, uma idéia-chave — que comande o universo. E a complexidade não é só pensar o uno e o múltiplo conjuntamente; é também pensar conjuntamente o incerto e o certo, o lógico e o contraditório, e é a inclusão do observador na observação.

A última palavra será a abertura no domínio político. Decerto que não há lição direta a tirar, a partir das noções físicas ou biológicas de ordem e de desordem, no domínio social, humano, histórico e político. Por quê? Porque, no nível antropossocial, a desordem pode significar a liberdade ou o crime, e a palavra desordem é insuficiente para dar conta dos fenômenos humanos desse nível; a palavra *ordem*, essa pode significar *coação* ou, pelo contrário, auto-regulação. Todavia, se não há nenhuma mensagem direta a tirar daquilo que acabo de dizer sobre a desordem e a ordem em sociedade, há, contudo, um convite direto para cortar com a mitologia ou a ideologia da ordem. A mitologia da ordem não está só na idéia reacionária em que toda inovação, toda novidade significa degradação, perigo, morte; está também na utopia de uma sociedade transparente, sem conflito e sem desordem.

3

A inseparabilidade da ordem
e da desordem

Em primeiro lugar, quero dizer que as noções de ordem e desordem são noções aparentemente simples e evidentes, que poderiam ser definidas sem equívocos, nem dúvidas. Acontece que a ordem e a desordem são, efetivamente, palavras-malas que contêm muitos compartimentos; além disso, não são malas comuns; são do tipo que contrabandistas e traficantes de divisas gostam de usar, malas que têm fundo duplo ou triplo.

Portanto, a definição de ordem comporta diversos níveis. O primeiro nível seria o dos fenômenos que aparecem na natureza física, biológica e social: a ordem se manifesta sob a forma de constância, de estabilidade, de regularidade e de repetição. Depois, chegamos num segundo nível que seria o da natureza da ordem: a determinação, a coação, a causalidade e a necessidade que fazem os fenômenos obedecer às leis que os governam. Isso nos leva a um terceiro nível, mais profundo, no qual a ordem significa coerência, coerência lógica, possibilidade de deduzir ou de induzir, e portanto de prever. A ordem nos revela um universo assimilável pela mente que, correlativamente, encontra na ordem o fundamento de suas verdades lógicas.

Nesse terceiro nível, um nível profundo, a ordem se identifica com a racionalidade, concebida como harmonia entre a ordem da mente e a ordem do mundo. Podemos dizer, de algum modo, que há um pentágono de racionalidade no qual a ordem é um elemento-chave. O pentágono de racionalidade é constituído por cinco noções: ordem, determinismo, objetividade, causalidade e, finalmente, controle. O conhecimento das leis da natureza permite anunciar e controlar os fenômenos: com isso, encontramos a idéia fundamental de uma ciência cuja missão é tornar o homem senhor e dono da natureza, pela mente e pela ação.

Percebemos que esse pentágono de racionalidade fundamenta a idéia de ordem e se fundamenta nela. O curioso é que ele tem origem teológica, mágica e política. Whitehead disse o seguinte: "A ordem do universo é um conceito derivado da crença religiosa, na racionalidade do Deus, que pôs em movimento um universo perfeito para demonstrar sua onisciência". E, ele acrescentou: "A crença na redução dessa ordem numa fórmula matemática deriva da visão pitagórica de que o mistério do universo é revelado através dos números".

Portanto, Whitehead colocou a origem teológica e mágica da idéia de ordem. Podemos acrescentar a ela uma origem política: a idéia de ordem universal desenvolveu-se no Ocidente no momento da soberania das monarquias de direito divino. Não quero anunciar aqui um determinismo sociológico estúpido que deduziria a idéia de ordem física da ordem política do monarca absoluto. A minha sugestão é que existe um indício, um fundo político da ordem monárquica, da ordem social por trás da idéia de ordem física. Não digo que a idéia de ordem física seja uma "superestrutura ideológica" de ordem política. Acho que a ordem política foi um meio de formação favorável para a ordem física.

Para os fundadores da ciência moderna, Descartes e Newton, a ordem da natureza é explicada a partir da perfeição divina. Isso não quer dizer que os defensores da ordem da natureza sejam teólogos inconscientes ou recalcados. É mais complexo. Houve uma mudança muito profunda na ciência, nos séculos 18 e 19, com a eliminação de Deus e a manutenção da ordem. Era preciso salvar a ordem, já que Deus estava eliminado. A ordem passou a ser o substituto de Deus, num universo perfeito que não tinha mais a justificativa de Deus.

Desse modo, Laplace passa, consciente e voluntariamente, de Deus para a concepção do nascimento do universo e levanta a hipótese genial da nebulosa primitiva. Vocês conhecem a resposta que ele deu a Napoleão quando este lhe perguntou onde ele situava Deus no seu sistema: "Senhor, eu não preciso dessa hipótese." Uma vez constituído, o universo de Laplace era não degradável, desprovido de qualquer desordem, perfeito. Será que não há nessa ordem perfeita uma herança subterrânea da racionalização teológica do universo?

De qualquer modo, acabamos de ver que a noção de ordem não é simples, que ela esconde embasamentos metafísicos e que esses guardam traços teológicos.

Tomemos a noção de desordem. Ela também comporta diversos níveis. Num primeiro nível do fenômeno, a desordem é um conceito-mala que engloba as irregularidades, as inconstâncias, as instabilidades, as agitações, as dispersões, as colisões, os acidentes — que se produzem tanto nos níveis das partículas microfísicas, quanto no nível das galáxias bem como no nível dos automóveis, pois, cheguei do aeroporto de Genebra num táxi que bateu num outro carro. A desordem também contém desvios que podem perturbar as regulações organizacionais e, mais amplamente, ela diz respeito a qualquer fenômeno que acarrete ou constitua a desorganização, a desintegração, a morte. Enfim, onde há atividade de informação e de comunicação, a desordem é o barulho que parasita[1] a mensagem, é o erro. Isso para o primeiro nível empírico de definição da desordem.

Posteriormente, há um segundo nível no qual aparece o ingrediente comum a todas essas desordens: a eventualidade e o acaso. A eventualidade e o acaso podem ser definidos. O matemático Chaïtin mostrou que o acaso podia ser definido se comparado a um computador. Deriva do acaso toda seqüência que não pode ser concebida a partir de um algoritmo e que necessita, então, ser descrita na sua totalidade. Thom usou o mesmo sentido para definir o acaso no seu artigo, no qual ele declarava guerra ao acaso: "O que não pode ser estimulado por nenhum mecanismo, nem deduzido por nenhum formalismo." Nesse caminho, chegamos ao terceiro nível, onde o acaso nos priva da lei e do princípio para conceber um fenômeno. A partir de então, mergulhamos nas profundezas obscuras que, para alguns como Thom, são obscurantistas. Efetivamente, o acaso insulta a coerência e a causalidade; desafia o pentágono da racionalidade que acabei de definir. Ele aparece como irracionalidade, incoerência, demência, portador de destruição, portador da morte. E, já que a ordem é aquilo que permite a previsão, isto é, o domínio, a desordem é aquilo que traz a angústia da incerteza diante do incontrolável, do imprevisível, do indeterminável. Mesmo quando conseguimos dizer: "No fundo, o acaso é só o encontro de séries deterministas", ainda assim a desordem e a incerteza aparecem nesse encontro. Se um vaso de flores, por motivos determinados, cai na cabeça de um transeunte que passa sob a janela de onde despenca o vaso de flor por motivos conhecidos, mesmo assim, trata-se de um acidente. Isso desorganiza a vida do indivíduo que, em vez de ir para o trabalho, irá para o hospital. A racionalização *a posteriori*

---

[1] Parasita (téc.) — ruídos parasitas, estática, perturbações na recepção de sinais. *Grande Dicionário Francês/Português*, Bertrand Editora, Lisboa. (N. T.)

Para o pensamento complexo 211

que explica o acidente não elimina o acidente, isto é, seu caráter desorganizador, incerto e aleatório, numa existência organizada e na ordem urbana.

A noção de desordem preocupa. A mente é impotente diante de um fenômeno desordenado. Pior: a desordem provava degradação e ruína no universo e na sociedade. A desordem é aquilo que precisa ser eliminado. Na história do pensamento e da sociedade assistimos a uma recusa permanente da desordem — e, é claro, do acaso. O caráter próprio da astrologia exclui o acaso e o acidente. Tudo o que acontece numa vida particular, aparentemente entregue à eventualidade, depende da conjunção dos planetas depois do nascimento. A astrologia não é o auge da irracionalidade, é o auge da racionalização, isto é, do determinismo físico e da exclusão da desordem. Aliás, segundo os notáveis estudos de Piaget sobre o desenvolvimento do pensamento infantil, o acaso só aparece depois dos sete ou oito anos, depois que a criança superou a explicação mágica, na qual tudo tem uma causa explicável, inclusive pelo sortilégio. As coisas acontecem porque existe um espírito, um feiticeiro, a má sorte, uma fada etc. Dito de outro modo, o acaso não é uma idéia infantil, é uma idéia tardia, é uma conquista do desenvolvimento intelectual em detrimento da racionalização. A racionalização é que é primitiva, é ela que é mágica.

Na pré-ciência houve uma recusa da desordem e do acaso. Forças poderosas de recusa atuaram no pensamento clássico. A princípio, a força da lógica. Precisávamos de coerência para compreender o mundo. E, também, a força do que eu chamo de paradigma da simplificação que reinou durante muito tempo e por muitas vezes ainda reina no entendimento dos cientistas. Para esse paradigma, a realidade profunda do universo é obedecer a uma lei simples e ser constituída de unidades elementares simples. A complexidade, isto é, a multiplicidade, a confusão, a desordem misturada à ordem, o aumento das singularidades, tudo isso é só aparência. Por trás dessa complexidade aparente existe uma ordem simples que resolve tudo. Voltarei a esse assunto. Acontece que essa recusa da desordem tem um caráter metafísico. Ele supõe a existência de um mundo perfeito e ordenado escondido por trás das bombas atômicas, das guerras na Síria, no Líbano, no Chade, dos aviões coreanos que explodem, das crises, dos barulhos e da fúria do mundo aparente. Por trás das aparências, o verdadeiro universo é ordenado e racional.

A resistência à desordem não é só metafísica; também é moral. É preciso rejeitar a desordem dos sentidos, a desordem das pulsões, as desordens políticas. É preciso recusar a desordem na sociedade porque a desordem é o crime, é a anarquia, é o caos.

Portanto, a desordem foi vigorosa e eficazmente recusada pelo pentágono da racionalidade como uma subjetividade ignorante, como debilidade, incapacidade de chegar à razão científica. A infelicidade é que a história da ciência moderna, desde a metade do século 19 também é a história do aparecimento das desordens num saber que achava tê-las liquidado. Em meados do século passado, o surgimento do segundo princípio da termodinâmica, que é um princípio irreversível de degradação da energia, um princípio de desordem, ou seja, de agitação e dispersão calorífica e, ao mesmo tempo, um princípio de desorganização, acabou afetando todos os sistemas organizados. O segundo princípio acaba com a idéia do movimento perpétuo, isto é, de um universo físico mecanicamente perfeito e inalterável. Ele mostra que o universo carrega um princípio inelutável de corrupção. Desde então, o mundo a devir não está mais só voltado só para o progresso; ele carrega, junto com esse progresso, a morte e a decadência.

Esse princípio de decadência e de corrupção foi discutido, é discutido e continuará sendo discutido. Isso porque ele nos leva a uma visão paradoxal do universo, que parece voltada para dinâmicas contrárias e, no entanto, inseparáveis da

Para o pensamento complexo 213

desordem, da ordem e da organização; na verdade, é se desintegrando que o universo se organiza.

Um outro aparecimento da desordem acontece no início deste século, com o surgimento e o desenvolvimento da física quântica. Ela destrói a idéia de um determinismo de base para substituí-lo por uma relativa indeterminação. Ela introduz a incerteza e a contradição, ou seja, a desordem, na mente do físico; a incerteza resulta da impossibilidade de determinar o movimento e a posição de uma partícula; a contradição vem da impossibilidade de conceber logicamente a partícula que aparece, contraditoriamente, tanto como onda, tanto como corpúsculo. Um momento importante na história do pensamento moderno foi quando Niels Bohr declarou que não se deve querer superar a incerteza e a contradição, mas enfrentá-las e trabalhar com/contra elas (teoria da complementaridade).

A partir dos anos 60, a desordem aparece no cosmo. A descoberta do processo de diáspora das galáxias, depois a do barulho de fundo no universo, fortaleceu a hipótese de uma deflagração originária conhecida por "Big Bang". Desse modo, o cosmo teria sido gerado por um extraordinário acontecimento térmico e teria nascido na agitação, colisão e dispersão! Por causa disso, o antigo determinismo mecanicista desaba: ele só era concebível para um universo sem começo, sem calor, sem evolução inovadora e, como vamos ver, sem observador.

Além de não poder ser eliminada do universo, a idéia de desordem também é necessária para concebê-lo na sua natureza e sua evolução. Quando refletimos, vemos que um universo determinista e um universo aleatório são totalmente impossíveis. Um mundo unicamente aleatório seria desprovido de organização, de sol, de planetas, de seres pensantes. Um universo completamente determinista seria desprovido de inovação, portanto, de evolução. Isso quer dizer que um mundo absolutamente determinista, um mundo absolutamente aleatório são dois mundos pobres e mutilados. Um, incapaz

214 *Ciência com Consciência*

de nascer — o mundo aleatório — e o segundo, incapaz de evoluir. Portanto, precisamos misturar esses dois mundos que, no entanto, se excluem logicamente. Precisamos misturar para conceber nosso mundo. E, essa mistura ininteligível é a condição para a relativa inteligibilidade do universo. Efetivamente, existe uma contradição lógica na associação da idéia de ordem e de desordem. Mas aceitar essa contradição é menos absurdo do que rejeitá-la, o que leva a deficiências.

A partir do século 19, passa a haver uma complementaridade das duas noções antagonistas, de ordem e de desordem, na estatística que, desde então, se aplica a todos os fenômenos termodinâmicos e microfísicos. Toda estatística comporta uma visão de duas categorias: na categoria dos indivíduos, acontece a eventualidade, a desordem, as colisões; na categoria das populações, acontecem as regularidades, as probabilidades, as necessidades. É claro que a restauração da ordem e da previsão no nível estatístico não elimina a desordem e a imprevisibilidade no nível individual. Por exemplo, podemos fazer uma previsão estatística bastante precisa dos acidentes e das mortes nas estradas nos fins de semana ou no feriado da Páscoa. Mas ninguém pode prever quem vai morrer nesses acidentes, a começar por aqueles que serão as vítimas.

Portanto, a ordem restaurada na segunda categoria não é a ordem ontológica que reinava no antigo universo determinista, é uma ordem de probabilidade. Por isso, percebemos que existe uma associação *de facto* entre a ordem e a desordem. Num certo aspecto, as equações da mecânica quântica são deterministas enquanto determinam estados prováveis, mas, indeterministas quanto às previsões sobre posição e movimento. Na escala macrofísica, uma explosão de estrelas é determinada pelas condições que a provocam, mas, para ela própria, constitui um acidente, uma deflagração, uma desintegração, agitação, dispersão, e, portanto, desordem. A formação do átomo de carbono numa estrela é alguma coisa bas-

Para o pensamento complexo 215

tante aleatória porque é preciso que três núcleos de hélio se encontrem e se unam ao mesmo tempo. Porém, uma vez que eles consigam se unir, sempre surge a mesma constituição do átomo de carbono. Assim, o mesmo acontecimento, sob um aspecto, é aleatório e, sob outro, determinado. Além disso, dispomos de métodos de cálculo para estudarmos fenômenos parcialmente aleatórios. A teoria dos jogos é uma grande teoria porque conseguiu integrar a eventualidade na determinação das escolhas e das decisões, sem reabsorvê-la.

Desde então, em todos os setores, o pensamento científico visa combinações, eu diria até a dialógica, entre ordem e desordem, acaso e necessidade. O interessante é que essa combinação, essa dialógica, constitui a própria complexidade. *Complexus* = aquilo que é "tecido" junto. O universo de fenômenos é inseparavelmente tecido de ordem, de desordem e de organização. Essas noções são complementares e, no que se refere à ordem e desordem, são antagonistas, até mesmo contraditórias. Isso nos mostra que a complexidade é uma noção lógica, que une um e multiplica-o em *unitas multiplex* do *complexus*, complementar e antagonista na unidade dialógica, ou, como querem alguns, na dialética. Atingir a complexidade significa atingir a binocularidade mental e abandonar o pensamento caolho.

O que acabei de dizer indica que abandonar a ordem antiga não é se devotar à desordem e às suas pompas; é na imaginação produtiva do grande matemático Thom que Monod, Prigogine, Stengers, Atlan e eu próprio fazemos a apologia "ultrajante" da desordem. Esses autores que me influenciaram, como von Foerster, falam de um "princípio de ordem a partir do barulho", do acaso organizador (Atlan), de ordem por flutuação (Prigogine). Da minha parte, não privilegio a ordem nem a desordem, contudo mostro sua inseparabilidade incluindo na associação a idéia até então subestimada de *organização*. Se é surpreendente para os defensores da ordem que haja desordem no universo, se é surpreendente para os defensores da desordem que haja ordem, o mais surpreendente, sem dúvida, é que haja organização, que parece ser devida a fenômenos da desordem (encontros ao acaso) e da ordem (leis físico-químicas). O mais curioso é que, a partir dos primeiros instantes do universo, em condições de agitação intensa, tenha havido ligações organizacionais entre partículas que formaram os núcleos, depois encontros entre núcleos e elétrons que constituíram os átomos; o curioso é que as interações gravitacionais que concentram, cada vez mais, nuvens de matéria, tenham produzido as estrelas e que estas, em vez de explodirem ao se acenderem, ao contrário, tenham se organizado para viver por milhares de anos. O curioso do universo é que, nascido de uma deflagração, ele não se tenha, simplesmente, dispersado, como o cogumelo de uma explosão termonuclear e que, ao contrário, tenha se organizado ao se desintegrar.

A ordem da Natureza não é mais constituída de leis anônimas que governam de modo superior e exterior os corpos do universo. Ela se forma ao mesmo tempo em que se formam os primeiros corpos materiais, as partículas; ela se desenvolve ao mesmo tempo em que produzem as interações nucleares eletromagnéticas, gravitacionais entre os corpos. A ordem, a desordem e a organização se desenvolvem junto, conflitual e cooperativamente, e de qualquer modo, inseparavelmente.

Hoje em dia, percebemos que a antiga ordem eterna do cosmo não era mais do que a ordem organizacional temporária do nosso sistema solar. Percebemos que essa ordem organizacional é o produto de agitação, de turbulências e de turbilhonamentos. A termodinâmica de Prigogine estabeleceu que os estados afastados do equilíbrio, dissipadores de energia, poderiam criar não só a desordem, mas, também, a organização. Assim, como no exemplo dos turbilhões de Bernard, ela é constituída de uma organização do tipo turbilhonária, fundamentada numa rotação dos elementos constitivos que geram uma forma cons-

Para o pensamento complexo 217

tante. Sem dúvida, o turbilhão é organizador. Turbilhonárias são as galáxias e turbilhonário é o processo que termina na formação da estrela. Num certo sentido, nós também somos turbilhões organizados de modo complexo: rotação turbilhonária sangüínea, do coração para o coração, através do nosso organismo, rotação ininterrupta das moléculas das nossas células, rotação das nossas células que morrem e são substituídas por outras e nós próprios somos levados no turbilhão das gerações que recomeçam o mesmo ciclo de vida ao se deslocar no tempo... Como vocês sabem, o único modo de imaginar a origem da vida é conceber, através de turbulências, tempestades, descargas elétricas, o feliz encontro turbilhonante entre macromoléculas heterogêneas, aptas a entrar em simbiose para constituir uma nova entidade, ela própria rotativa, uma vez que gera produtos necessários para que ela seja gerada...

Para conceber as morfogenias fundamentais, é preciso levar em consideração turbulências, colisões, diásporas. As partículas, os núcleos e os átomos se formaram na diáspora, na turbulência e na colisão. Os astros foram constituídos numa incandescência eruptiva. Os átomos de carbono necessários para as estrelas se constituíram na forja furiosa do centro das estrelas... E foi nos movimentos, raios e turbilhões que nasceu, como acabei de mencionar, o primeiro ser vivo. Posteriormente, tudo o que é transformação, evolução, desenvolvimento, complexificação está sempre ligado a acidentes, degradação, destruição, desintegração, decadência, mortes...

É por isso que o universo não pode estar submetido a um princípio supremo de ordem. Mais do que procurar *o* grande Princípio de Ordem e Desordem, precisamos considerar o tetragrama incompreensível: ordem/desordem/interações/organização. Não podemos eliminar nenhum desses termos. Para conceber o mundo dos fenômenos, precisamos sempre conceber um jogo combinatório entre ordem/desordem/interações/organização...

Portanto, eis as noções: ordem, desordem, organização. Usei somente exemplos físicos para falar delas, mas são noções transdisciplinares. O que quero dizer é que vocês podem encontrar os traços que usei para defini-las, como constância, regularidade, repetição etc., para a ordem; irregularidade, turbilhão, agitação, desvio, para a desordem, no nível biológico, no nível social e no nível humano. Entretanto, os tipos de ordem, os tipos de desordem, os tipos de organização são diferentes, do físico para o biológico, do biológico para o antropossocial e, no campo antropossocial, eu diria de sociedade para sociedade... Existe unidade (transdisciplinar) e diversidade, portanto existe multiplicidade (de acordo com cada campo disciplinar) dos níveis e problemas de ordem, de desordem e de organização. Acontece que, para aqueles que vivem sob a influência da simplificação mental, isto é, do absoluto antagonismo entre o um e o múltiplo, é muito difícil conceber, a um só tempo, unidade e multiplicidade — a *unitas multiplex* —, quero dizer aqueles que, ao considerarem a unidade, ficam cegos para a multiplicidade que ela contém e aqueles que, ao considerarem a multiplicidade, ficam cegos para a unidade que associa e articula...

Acho que é preciso unificar e diversificar os problemas de ordem, de desordem e de organização.

Isso me leva à dialógica de ordem/desordem/organização própria dos fenômenos vivos. Vou partir da idéia fundamental que von Neuman formulou na sua teoria dos autômatos auto-reprodutores. Ele observou que existia uma diferença capital no comportamento das máquinas artificiais e as máquinas vivas em relação à desordem. As máquinas artificiais se estragam rapidamente, embora sejam feitas de componentes bem confiáveis. As máquinas vivas, embora constituídas de componentes que se estragam rapidamente, as proteínas, escapam, durante um certo tempo, da degradação: é que as células fabricam proteínas novas, os organismos fabricam células

Para o pensamento complexo 219

novas, enquanto a máquina artificial é incapaz de se auto-reparar e de se auto-regenerar. A máquina artificial não pode suportar os efeitos da desordem porque não dispõe de aptidão para a auto-reparação e para a auto-regeneração. Em contrapartida, as organizações vivas não só toleram uma certa desordem, como produzem os contraprocessos de regeneração e, com isso, extraem um benefício de rejuvenescimento dos processos internos de degradação e degenerescência. Vemos que a organização viva tolera a desordem, produz a desordem, combate essa desordem e se regenera no próprio processo que tolera, produz e combate a desordem.

Evidentemente, é muito difícil conceber um processo que "tolera, produz e combate" a desordem, ao mesmo tempo. Isso ultrapassa o entendimento estritamente lógico. Porém, esse processo é próprio da auto-organização viva. Portanto, o entendimento deve tentar adaptar-se à complexidade existente.

Por outro lado, o processo da evolução biológica é marcado por acidentes climáticos, por transformações ecológicas, por mutações e reorganizações genéticas que podem aparecer como desordens em relação aos equilíbrios, às adaptações e às homeostases já estabelecidos. Contudo, o aparecimento de novos equilíbrios ecológicos, de novas espécies, nos mostra a extraordinária aptidão para a vida, para a reorganização criadora. O que deveria ter causado a degradação e a desintegração, ao contrário, determina o processo de contra-ataque que reorganiza de uma nova maneira. E, quanto mais complexificação evolutiva, maior a aptidão para tolerar, integrar e combater a desordem.

É próprio da organização viva não só conter e desenvolver uma desordem desconhecida na organização físico-química, mas correlativamente produzir e desenvolver uma ordem também desconhecida nessa organização físico-química. Essa nova ordem é fundamentada naquilo que chamamos de programa genético, e ela se manifesta nas constâncias, nas repetições, nas regularidades da reprodução como uma homeostase dos organismos. Portanto, é junto e de modo interdependente que progridem a organização, a ordem e a desordem vivas. Efetivamente, a vida constitui um novo tipo de organização (auto-eco-organização), um novo tipo de ordem, *L'Ordre biologique* [*A ordem biológica*] (título de um livro de André Lwoff), um novo tipo de desordem e onde só havia degradações, transformações e desintegrações agora existe a morte.

Agora, vamos à importante noção de estratégia. A estratégia se desenvolve com o aperfeiçoamento do aparelho neurocerebral nas espécies animais, principalmente na linha evolutiva dos vertebrados. A estratégia se define por oposição ao programa. Um programa é uma seqüência de ações predeterminadas que só pode se realizar num ambiente com poucas eventualidades ou desordens. A estratégia se fundamenta num exame das condições, a um só tempo, determinadas, aleatórias e incertas, nas quais a ação vai entrar visando uma finalidade específica. O programa não pode se modificar, só pode parar em caso de imprevisto ou de perigo. A estratégia pode modificar o roteiro de ações previstas, em função das novas informações que chegam pelo caminho que ela pode inventar. A estratégia pode até usar a eventualidade em seu benefício, como Napoleão usava o nevoeiro de Austerlitz; ela pode usar a energia inimiga como o lutador de caratê que, sem esforço, derruba o adversário. Os animais montam estratégias de ataque e de fuga, de fingimento e de esquiva, de astúcia e de isca contra suas presas ou seus predadores. Nós, os humanos, quer seja no plano individual para conseguir um posto, uma vantagem ou um prazer, quer seja no plano das empresas, partidos, sindicatos e Estados, usamos de estratégias mais ou menos refinadas; isto é, imaginamos nossas ações em função das certezas (ordem), das incertezas (desordem, eventualidades) e das nossas aptidões para organizar o pensamento (estratégias cognitivas, roteiro de ação), e agi-

Para o pensamento complexo 221

mos, modificando, eventualmente, nossas decisões ou caminhos em função das informações que surgem durante o processo. A ação, vamos pensar nisso, só é possível se houver ordem, desordem e organização. Ordem demais asfixia a possibilidade de ação. Desordens demais transformam a ação em tempestade e ela passa a ser uma aposta ao acaso.

Desse modo, devemos fazer uma decapagem ontológica. Não há mais ordem absoluta, incondicional e eterna, não só no mundo vivo, mas nas estrelas, nas galáxias, no cosmo. No entanto, a ordem não é negada; ela deve ser relativizada, relacionada, complexificada. Não há mais desordem absoluta, incondicional e eterna; a desordem deve sempre ser relativizada, relacionada, complexificada. Devo acrescentar que há uma dupla e irredutível incerteza quanto à realidade última da ordem e da desordem.

O determinismo universal nunca foi provado; ele é um postulado metafísico que motivou a pesquisa científica durante séculos e que deve ser reconhecido, atualmente, como postulado. O determinismo universal não pode ser provado empiricamente, nem logicamente, nem matematicamente. A tentativa de Einstein para provar, através do absurdo, ou seja, da irracionalidade, a inconsistência da mecânica quântica não deu certo, graças às experiências, das quais a mais conhecida é a de Aspect feita em Orsay.

O acaso, tampouco, pode ser provado. Nem o acaso original e nem mesmo um acaso particular. Chaïtin, de quem já citei o artigo ("Randomness and the Mathematical Proof", *Scientific American*, 232, 5 de maio de 1975), colocou as condições de uma prova da existência do acaso: é preciso demonstrar que não há nenhum programa para calcular uma série de dígitos que, aparentemente, se sucedem ao acaso; ora, diz Chaïtin, não se pode encontrar essa prova solicitada.

Portanto, estamos num universo cuja realidade última, ou camuflada, da ordem e do acaso, isto é, da desordem não pode ser provada. É aqui que entra a experiência de Aspect, cujas conseqüências filosóficas, no meu modo de pensar, são enormes. Essa experiência demonstra que partículas que interagiram no passado estão em conexão instantânea, isto é, "comunicam" em velocidades superiores à da luz. É o questionamento do caráter absoluto das nossas noções de espaço e de tempo. Para Espagnat, precisamos supor uma inseparabilidade camuflada de todas as coisas separadas no espaço. Para Costa de Beauregard, precisamos abandonar a irreversibilidade ontológica do tempo e supor comunicações com o passado e o futuro. Para David Bohm e Jean-Pierre Vigier, precisamos reconstituir totalmente a noção de vazio e aí supor energias infinitas.

Se o espaço, o tempo, o espaço-tempo precisam ser relativizados e desontologizados, então, conseqüentemente, ordem e desordem perdem seus sentidos ontológicos. Voltamos a encontrar o problema levantado por Kant. Ele via no espaço e no tempo formas *a priori* de nossa sensibilidade, que tornam coerentes nossas visões dos fenômenos, mas que são cegas à realidade profunda que está atrás dos fenômenos, das "coisas em si" ou númenos.

Hoje em dia, depois da experiência de Aspect, parece que o mundo não se consome nas suas manifestações espaço-temporais. Ora, só pode haver ordem e desordem nas dimensões espaço-temporais. Para que haja ordem, é preciso que haja distinção, separação, propriedades constantes das entidades separadas, relações estáveis entre entidades separadas. Para que haja desordem, é preciso separação, instabilidades e inconstâncias.

A partir do momento em que há uma profundeza do universo, em que a distinção não é mais possível e em que a separação não existe mais, então, passa a ser evidente que o real não se consome na idéia de ordem, nem na idéia de desordem, nem na da organização. Elas nos são indispensáveis para conceber o mundo dos fenômenos, mas não o mistério de onde

Para o pensamento complexo 223

nascem os fenômenos. Dito de outro modo, a ordem e a desordem, como a causalidade, como a necessidade e, acrescento, como a organização, nos são necessárias para conceber nosso mundo dos fenômenos. Compreendemos que von Foerster tenha escrito o seguinte: "O acaso e a necessidade não se aplicam ao mundo, mas às nossas tentativas para criar uma descrição dele." Isso nos leva de volta ao problema de nossas próprias descrições e de nossas próprias concepções, que tinha sido afastado pelas visões objetivistas para que o conhecimento refletisse o real e para que o conhecimento verdadeiramente objetivo eliminasse o assunto a ser conhecido. O aprofundamento do problema da ordem e da desordem nos confirma que o campo do conhecimento não é mais o campo do objeto puro, mas o do objeto visto, percebido, co-produzido por nós, observadores-conceptores. O mundo que conhecemos, sem nós, não é mundo, conosco é mundo. Daí deriva o paradoxo fundamental: *nosso mundo faz parte de nossa visão de mundo, a qual faz parte de nosso mundo.* A visão chamada de objetiva, que exclui o observador-conceptor do objeto observado-concebido, é metafísica no sentido mais abstrato do termo. O conhecimento não pode ser o reflexo do mundo, é um diálogo em devir entre nós e o universo. Nosso mundo real é aquele cuja desordem nunca poderá ser eliminada e de onde ele não poderá jamais se eliminar a si mesmo. Isso não quer dizer que estejamos fechados num solipsismo irremediável. Isso quer dizer que nosso conhecimento é subjetivo/objetivo, que pode assimilar os fenômenos ao combinar os princípios do tetragrama ordem/desordem/interação/organização, mas que continua sendo uma incerteza insondável quanto à natureza última desse mundo.

Permitam-me um parêntese, pois a relatividade das noções de ordem e de desordem reabre o problema: "Existe um mundo por trás? Existe um inframundo?" Minha opinião é que aquilo que tece o mundo não pode ser dito nem concebido. Os microfísicos descobriram um vazio conceitual inaudito onde acreditávamos encontrar a substância fundamental e a espessura da materialidade. Então, alguns acreditaram ver nesse vazio a realidade absoluta segundo a visão do Tao, onde, de algum modo, o Vazio se transforma na própria plenitude. Hegel já havia mostrado que o ser puro era, de fato, o não-ser, mas que o não-ser possuía a energia infinita da negatividade...

Podemos colocar o problema de outra forma. O que é originário? De onde vêm a ordem e a desordem? Gregory Bateson dizia que os redatores do primeiro texto do Gênese haviam compreendido muito bem esse problema. Na verdade, quando examinamos essa Bíblia, admirada no país de Calvino, ficamos surpresos ao ver que o Deus original não é o Deus da Ordem, J.H.V.H. (Jeová), que chega tarde, no monte Sinai, depois do êxodo do povo judeu; não é Adonai,[2] o Deus Senhor e Soberano; é uma entidade estranha chamada Elohim,[3] singular-plural, *unitas-multiplex*, que quer dizer turbilhão de espíritos ou de forças que constituem a unidade procriadora. É esse turbilhão genesíaco que criou o universo. E como ele criou? Não foi produzindo, mas separando, dilacerando, quebrando a unidade indistinta e informe. Ele separou a Terra do céu. Portanto, na origem bíblica do mundo há turbilhão e separação. Na origem do mito grego, o caos precede e produz o cosmo. O caos não é a desordem, é a unidade genésica indistinta que precede a ordem e a desordem. Podemos nos perguntar se o Gênese não foi interrompido, se o caos não continua a alimentar o cosmo; podemos nos perguntar se, em termos modernos, ele não é alguma coisa anterior a qualquer distinção dos fenômenos, e a qualquer distinção entre ordem e desordem e que permanece na origem da *physis* (*physis*: aquilo que tem acesso ao ser). Portanto, espero que consigamos ver que, em vez de tomar partido na

---

[2] Nome hebraico de Deus. (N. T.)

[3] Um dos nomes usados pelos hebreus do Antigo Testamento para designar Deus. (N. T.)

Para o pensamento complexo 225

disputa entre as brigadas da manutenção da ordem, que encontraram em René Thom um recruta vigilante, e os promotores da desordem nas ciências, precisamos considerar os problemas misteriosos que não podem resolver algumas definições formais.

Agora, chegamos ao nível dos processos humanos. Eu disse que ordem, desordem e organização são noções transdisciplinares que tomam um sentido próprio e não redutível nesses processos humanos. No início dessa exposição, fiz a suposição de que a idéia de ordem, sem dúvida, vinha da experiência político-mitológica das nossas sociedades. Contudo, também podemos dizer que a idéia de desordem vem da experiência histórica contínua da humanidade. Desde Tucídides e Tácito e até o século passado, os historiadores viram uma história de guerras, conspirações, assassinatos, massacres, entrecortados de alguns raros oásis de paz. Porém, por um outro ângulo, os historiadores modernos puderam descobrir determinismos infra-estruturais, e processos econômicos, sob essa história aparentemente shakespeariana. Efetivamente, neste século, constituiu-se uma história de determinações para reagir contra a história "dos acontecimentos" dos grandes homens, dos príncipes, das batalhas e dos complôs. Porém, se essa história elimina a eventualidade, a contingência, a batalha, a sorte, o nariz de Cleópatra,[4] a sombra de Austerlitz, a morte de Stálin, sua racionalização atinge um absurdo pior do que o da história absurda.

Podemos aplicar à história o que Shakespeare disse sobre a vida: *A tale told by an idiot, full of sound and fury and signifying nothing*. Shakespeare exagerou. Mas, se acreditamos que a história é inteligente, que ela sabe o que quer, que nos leva pelo bico na direção do progresso, então essa forma de ver é ainda mais idiota do que o idiota de Shakespeare! Aqui,

---

4 Num trecho célebre dos *Pensamentos*, Pascal fez uma alusão ao "nariz de Cleópatra", que teria mudado a face do mundo se fosse mais curto. (N. T.)

encontramos na escala humana o paradoxo da mistura inextricável de ordem e desordem: como a história pode ser, ao mesmo tempo, determinada e aleatória? Qual é o papel do acontecimento, do acidente, do acaso, da decisão, do erro, da loucura? É muito difícil articular essas duas visões da história. De qualquer jeito, precisamos entender que a história não é só produtora, mas também é destruidora; precisamos entender os desperdícios, as derivas, os desvios, as divergências, os aniquilamentos, não só das riquezas, não só de vidas, mas de talentos, de sabedorias, de beleza e de bondade. E precisamos conceber, também, que as destruições puderam difundir os germes das civilizações que elas destruíam. O adágio famoso de que a Grécia vencida finalmente venceu seu feroz vencedor é verdade. Os romanos devastaram a Grécia, saquearam Corinto, acabaram com toda uma cultura. Eles só aproveitaram os despojos e os escravos. Entretanto, alguns séculos depois, os germes da cultura helênica haviam proliferado em todo o império que, nascido como romano, passou a ser grego. Eu diria também que, como aconteceu com esses problemas, os problemas da história humana não poderiam ser resolvidos entre uma disputa simplória entre procurados da ordem e advogados da desordem.

E o indivíduo humano? Vocês acham que poderiam compreendê-lo eliminando o acaso? Cada um de nós deveria pensar na sua própria história e na sua pré-história. Quando penso na minha, vejo que sou fruto de um encontro improvável entre meus genitores. Vejo que sou o produto de um espermatozóide que sobreviveu entre 180 milhões, e que, não sei por que sorte ou azar, se introduziu no óvulo de minha mãe. Soube que fui vítima de manobras abortivas que venceram meu predecessor, mas ninguém sabe por que escapei do bidê. Fui um natimorto, reanimado pelos tapas vigorosos de um médico quando ele ia desistir dos esforços. A morte de minha mãe, quando eu tinha nove anos, foi um acontecimento aleatório que me transfor-

Para o pensamento complexo 227

mou e mudou profundamente. Tudo o que me aconteceu foi por coincidência, não por puro acaso, mas em circunstâncias nas quais o acaso fazia com que eu revelasse minhas próprias tendências, meu próprio destino. Encontrei o tropical no país das neves e o olhar azul norueguês na América Latina. A guerra fez de mim um militante, depois, meu desastre político me transformou num pesquisador. Todas as vidas são tecidas desse modo, sempre com o fio do acaso misturado a um fio da necessidade. Então, não são as fórmulas matemáticas que vão nos dizer o que é uma vida humana, não são os aspectos externos sociológicos que a incluirão no seu determinismo... Até o momento, foi o romance que, melhor do qualquer sociologia. nos mostrou esse misto de ordem e de desordem, de sorte e de azar, de acontecimento e de não-acontecimento, de acidentes e de fatalidades que tece nossas vidas. E isso sem falar das vidas ilustres! Será que é possível não ficar admirado com a aventura desse pequeno Bonaparte, que nasceu numa ilha genovesa comprada pela França, e que sonhou em resistir aos franceses, como o fazem hoje em dia os nacionalistas córsicos? Foi preciso que ele fugisse da ilha natal, que o Revolução fizesse dele um capitão; e, depois, por uma sucessão de acontecimentos, nenhum deles concebíveis previamente, ele se torna general, primeiro cônsul, imperador da França, para, finalmente, morrer em Santa Helena. Algum demônio de Laplace poderia prever esse destino?

Vamos ao mais importante no que se refere à ordem e a desordem nos processos humanos. Cada uma dessas noções têm duas faces opostas. Vejamos a desordem: como primeira face, ela tem a delinqüência, o crime, a luta desregrada de todos contra todos; sua segunda face é a liberdade. Entretanto, a liberdade não se identifica com a desordem. A liberdade precisa de uma ordem organizacional, isto é, de regras do jogo social que se impõem a todos; porém, ela também precisa de uma tolerância para com a desordem, precisa de zonas onde não entrem a lei do poder e o poder da lei. A ordem tem dois lados inimigos: de um lado, temos as regulações e proteções que permitem as liberdades, do outro, temos as coações e imposições que impedem as liberdades. Por isso, não podemos reduzir o problema das liberdades às noções de ordem e desordem. Elas são insuficientes, e o problema do tipo de ordem e do tipo de desordem precisa ser levantado para conceber a liberdade. Vemos que a liberdade precisa, ao mesmo tempo, de ordem, de desordem e, sobretudo, de uma organização que possa desenvolver uma ordem de qualidade superior (regras, regulações) e uma desordem de qualidade superior (liberdades). O paradoxo da complexidade social é determinar coações que façam emergir as condições de seus excessos... Um dos dos seus compatriotas, Peter Jeanmaire, escreveu, muito acertadamente, que seria preciso destruir as desordens de nível inferior para liberar os graus de liberdade do nível superior. Dito isto, precisamos romper com a mitologia da ordem para quem a liberdade é desordem. Essa mitologia da ordem não faz parte só da idéia reacionária, na qual toda novidade se apresenta como desvio, perigo, loucura, desordem; ela também faz parte da idéia utópica de uma sociedade que seria harmônica suprimindo toda a desordem, todo conflito e toda contradição. A frase de Montesquieu precisa ressoar e razoar na nossa mente, ela que nos lembra que a grandeza e a decadência dos romanos tiveram a mesma causa: os conflitos sociais. A liberdade se alimenta da conflituosidade, numa organização que permite que a conflituosidade não seja destruidora. Uma sociedade composta de pura desordem é tão impossível quanto um universo de pura desordem. Uma sociedade composta de pura ordem não é menos impossível. O sonho demente de ordem social pura é traduzido pelo campo de concentração e é punido com a desordem infinita do assassinato.

Para o pensamento complexo 229

Concluindo: Nosso universo, na minha opinião, não é produzido por um mundo anterior platônico das idéias que se encarnariam no nosso mundo de fenômenos. Também não é o produto de um universo pitagórico dos números. Em vez disso, eu diria que nosso universo é tão rico que produziu um Platão e seu mundo anterior ideal, um Pitágoras e seus números. E o mundo produz idéias, cálculos, antiidéias e anticálculos, sem cessar. Sim, há ordem nesse universo, mas essa ordem se cria, se desenvolve, se corrompe, se destrói. Existe muita poeira cósmica (ela é em maior quantidade do que a matéria organizada) e há muita poeira doméstica quando paramos de varrer, de espanar, de limpar, isto é, quando deixamos as coisas de lado... No nosso universo, as estrelas cospem fogo, ardem e finalmente explodem. Há um incessante barulho de fundo, barulhos diversos no silêncio infinito do espaço.

Como foi possível acreditar que o universo era uma máquina comum que obedecia ao determinismo universal? Como ainda podemos acreditar que a sociedade e o ser humano sejam máquinas deterministas comuns das quais sempre conhecemos os *output* quando já conhecemos os *input*? Como pudemos tomar uma pobre racionalização pela própria racionalidade? O que designei como o "pentágono de racionalidade", na verdade, é uma pseudo-racionalidade. Racionalidade e racionalização têm a mesma origem, a vontade de formular sistemas de idéias coerentes que possam ser aplicados ao universo. Porém, a racionalização prende o universo num pelourinho abstrato que ela toma por realidade concreta, enquanto a verdadeira racionalidade dialoga com o irracionalizável, com a incerteza, com o imprevisível, com a desordem, em vez de anulá-los. A racionalidade é uma estratégia de conhecimento e de ação. Repito que dizer estratégia é dizer diálogo, combate e cooperação com a desordem. Nossa relação com a desordem é como o quadro da igreja de Saint-Sulpice que representa o combate de Jacó com o Anjo, onde não conseguimos discernir se vemos uma luta de morte ou uma cópula pornográfica.

A racionalidade vive e se alimenta tanto de incertezas quanto de certezas. Depois de Newton, acreditamos que a teoria científica trazia a certeza que a religião havia deixado de fornecer. As teorias científicas se fundamentam em dados verificados, tornando-se, por isso, indubitáveis, mas seu caráter propriamente científico é o de serem falíveis e não certas, como teorias. Whitehead, Popper e Kuhn, cada um a seu modo, mostraram que as teorias científicas são frágeis e mortais. A refutabilidade permanente da teoria científica é o traço decisivo que a coloca em oposição aos dogmas ideológicos ou religiosos que são irrefutáveis no sistema de pensamento do crente.

Efetivamente, a ciência moderna abriu o diálogo com a incerteza e a incompletude. Ao dizer incompletude, penso nos grandes teoremas de indecidibilidade desse século, posteriores ao de Gödel, que unem a incompletude lógica de nossos pensamentos à incompletude empírica de nosso saber. A lição que fica da ruína das idéias do Círculo de Viena e do sonho axiomático de Hilbert é a renúncia à esperança louca de encontrar a certeza absoluta na verificação empírica e na verificação lógica.

Existe uma outra coisa que cegou os cientistas apóstolos da ordem. Eles acreditaram que poderíamos eliminar os acasos e desordens, que, no entanto, eram bem evidentes na experiência geral comum, porque acreditavam que o "verdadeiro" conhecimento não tinha nada a ver com o senso comum e que o "bom senso" só poderia ser gerador de ilusões. Ora, Wittgenstein, na última fase, descobriu as riquezas da linguagem originária e os belos trabalhos de Jean-Blaize Grize mostraram a complexidade da lógica do senso comum.

Precisamos repensar de maneira complexa para repensar o problema da ordem e da desordem e repensar esse problema deve nos ajudar a repensar de modo complexo. Certamente, as resistências continuam enormes. Atualmente, o "pentágono" de pseudo-realidade resiste à problemática da desordem, vendo nela barbárie e obscurantismo, embora carregue consi-

Para o pensamento complexo 231

go a barbárie brutal do pensamento mutilante. No Renascimento, houve uma resistência obstinada da racionalização medieval em torno do sistema de Aristóteles. A descoberta empírica estava errada ao se opor à idéia de Aristóteles.

Uma vez mais, a racionalização altiva rejeita a racionalidade empírica, que tira as conseqüências lógicas das observações e experiências. Acontece que essa racionalidade empírica está bem estabelecida nos mais amplos setores da física e da biologia, onde o pensamento trata, em conjunto, acaso e necessidade, ordem e desordem.

No entanto, vejo que existe uma dificuldade muito grande, porque ele se refere às estruturas profundas do modo dominante do pensamento simplificador; ele nos prende na alternativa aparentemente lógica de escolher entre a verdade da ordem e a da desordem, ao recusar qualquer compromisso, qualquer dialética, qualquer dialógica. Eu já disse que não é o caso de fazer um trato entre ordem e desordem, por exemplo, dando a cada uma delas 50% do território do conhecimento; *trata-se de enfrentar a inelutável complexidade do tetragrama de que falei, que formula não a chave do conhecimento, mas suas condições e limites incompreensíveis.*

A necessidade de pensar em conjunto as noções de ordem, de desordem e de organização na sua complementaridade, concorrência e antagonismo, nos faz respeitar a complexidade física, biológica e humana. Pensar não é servir às idéias de ordem ou de desordem, é servir-se delas de modo organizador e, às vezes, desorganizador, para conceber nossa realidade.

Citei a palavra complexidade. A complexidade não é a palavra-mestra que vai explicar tudo. É a palavra que vai nos despertar e nos levar a explorar tudo. O pensamento complexo é o pensamento que, equipado com os princípios de ordem, leis, algoritmos, certezas e idéias claras, patrulha o nevoeiro, o incerto, o confuso, o indizível, o indecidível. Um grande autor disse o seguinte: "Finalmente, não é impossível que a ciência esteja próxima, desde já, de suas últimas possibilidades de descrição completa. O indescritível, o informalizável estão agora nas nossas portas e é preciso aceitar o desafio." Esse grande autor chama-se René Thom.

Efetivamente, a aventura do conhecimento nos conduz ao limite do concebível, do dizível, a esse limite onde a ordem, a desordem e a organização perdem suas distinções. Não podemos mergulhar na escuridão total do inconcebível, reservada às pessoas em êxtase. Mas podemos entrar numa *no man's land*, bem mais extensa do que pensamos, entre a idéia clara, a lógica evidente, a ordem matemática e a escuridão absoluta.

E, para terminar, vou dizer o seguinte: o objetivo do conhecimento não é descobrir o segredo do mundo numa equação mestra da ordem que seria equivalente à palavra mestra dos grandes mágicos. O objetivo é dialogar com o mistério do mundo.

4

O retorno do acontecimento

Não existe ciência do singular, não existe ciência do acontecimento: é um dos princípios mais seguros de uma vulgata teórica ainda dominante.

I. O RETORNO DO ACONTECIMENTO

O acontecimento foi perseguido na medida em que foi identificado com a singularidade, a contingência, o acidente, a irredutibilidade, o vivido (questionaremos adiante o sentido da palavra acontecimento). Foi perseguido não só nas ciências físicoquímicas, mas também na sociologia, que tende a ordenar-se em torno de leis, modelos, estruturas, sistemas. Tende até a ser perseguido na história, que é, cada vez mais, o estudo dos processos que obedecem a lógicas sistemáticas ou estruturais, sendo cada vez menos uma cascata de seqüências de acontecimentos.

Mas, segundo um paradoxo que se encontra freqüentemente no nível da história das idéias, é no momento em que uma tese atinge os domínios mais afastados do ponto de partida que se opera uma revolução precisamente no ponto de partida, invalidando radicalmente a tese.

No momento em que as ciências humanas se moldam segundo um esquema mecanicista, estatístico e causal, proveniente da física, é que a própria física se transforma radicalmente e levanta a questão da história e do acontecimento.

"Physis" e "Cosmos"

Enquanto a noção de cosmo, ou seja, de um universo uno e singular, por ser inútil, fora afastada, não só da física, mas também da astronomia, assiste-se nesse domínio, há alguns anos, à reintrodução necessária e central do cosmo. Já não se trata sequer de nos referirmos à disputa doutrinal entre os defensores de um universo sem começo nem fim, obedecendo a princípios de que se pode encontrar a fórmula unitária sem, contudo, postular sua unicidade, e os defensores de um universo criado. De fato, há alguns anos, os fenômenos captados pela astronomia de observação e, sobretudo, a deslocação dos raios espectrais dos *quasars* em direção ao vermelho por efeito Doppler reforçaram, cada vez mais, não só a tese da expansão do universo, mas também a tese de um acontecimento originário, com aproximadamente seis mil milhões de anos, do qual procedeu a dispersão explosiva que se chama universo, e a partir do qual se desenrola em cascata uma história evolutiva. Parece, então, não só que a *physis* volta a entrar no *cosmos*, mas também que o cosmo é fenômeno ou, melhor, processo singular desenrolando-se no tempo (criando o tempo?).

Digamos de outro modo: o cosmo parece ser ao mesmo tempo universo e acontecimento. É universo (físico) constituído por traços constantes regulares, repetitivos, e é acontecimento por seu caráter singular e fenomenal; neste último sentido, o universo é um acontecimento que evolui há mais de dez milhões de anos.

Por esse caráter, o *tempo* aparece não só indissoluvelmente

Para o pensamento complexo 235

ligado ao espaço, como demonstrara a teoria de Einstein, mas ligado indissoluvelmente ao advento/acontecimento do Mundo. Além disso, a origem do universo, a partir de um estado prévio (radiação, unidade originária?), não pode ser concebida, em nossa opinião, senão como acontecimento no estado puro, porque não é pensável nem lógica nem estatisticamente.

É admirável que o caráter eventual do mundo não o impeça de obedecer a relações necessárias, que, entretanto, não excluem acidentes e acontecimentos, como as explosões de estrelas ou os embates de galáxias.

Além disso, a idéia de cosmo enquanto processo é de capital importância. O curso cosmológico justifica o segundo princípio da termodinâmica que, no âmbito da antiga física dos fenômenos reversíveis, parecia uma anomalia.

Parece que "a matéria tem uma história",[1] ou seja, que a matéria, em alguns aspectos, também *é* história. Pode-se levantar a hipótese de que as primeiras partículas, ao mesmo tempo que a energia se dissipava por radiação, se agregaram em núcleos, depois, "primeiros passos para a dualidade e a organização", se formaram átomos, apareceram propriedades individuais.[2] Há que dizer que é "a escala quântica de energia que (...) propõe e nos impõe uma hipótese de evolução".[3] Essa hipótese microfísica vem juntar-se à hipótese astromacrofísica.

Assim, a natureza singular e evolutiva do mundo torna-se cada vez mais plausível, sendo inseparável de sua natureza acidental e eventual. O cosmo não se torna aquilo que deveria ser, à maneira hegeliana, por desenvolvimento autogenitor de um princípio obediente a uma lógica dialética interna (a do antagonismo ou do negativo, embora nem tudo nessa tese deva ser rejeitado), mas evolui enquanto:

---

[1] Jean Ullmo, "Les Concepts physiques", *in* Piaget, *Logique et Connaissance*, La Pléiade, 1967.
[2] Jean Ullmo, in *op. cit.*, p. 686.
[3] *Ibid.*, p. 685.

a) uma sucessão de acontecimentos, a começar pelo seu surgimento físico-espaço-temporal;

b) um feixe de processos selvagens com associações, combinações, entrechoques e explosões;

c) um devir constituído por metamorfoses, ou seja, transportes para além do dado original, que se modifica na sua deslocação ao longo e por meio de encontros e rupturas (donde a possibilidade de desenvolvimentos).

Se considerarmos agora a ordem microfísica, parece que atualmente já não se pode distinguir a noção de elemento, isto é, a partícula-unidade de base dos fenômenos físicos, da noção de acontecimento. Com efeito, o elemento de base manifesta certos caracteres eventuais: a atualização (em certas condições de observação ou de operação), o caráter descontínuo, a indeterminabilidade e a improbabilidade. Existe, portanto, em certo grau microfísico, analogia ou coincidência entre elemento e acontecimento.

Assim, no nível astronômico-cósmico, no nível da história física e no nível da observação microfísica, vê-se que os caracteres próprios do acontecimento e a ele propícios — atualização, improbabilidade, descontinuidade e acidentalidade — se impõem à teoria científica.

Portanto, é errôneo opor uma evolução biológica a um estaticismo físico. De fato, existe uma história micro-macro-físico-cósmica onde já aparece o princípio de evolução mediante "uma criação sucessiva de ordem sempre crescente, de objetos sempre mais complexos e, por isso, improváveis".[4]

A vida

A evolução não é, por conseguinte, uma teoria, uma ideologia; é um fenômeno que tem de ser compreendido e não escamoteado. Ora, as questões cruciais levantadas pela evolução

---

[4] *Ibid.*, p. 696.

surgem, de forma espantosa, com as associações ativas nucleoproteinadas chamadas vida.

É possível que um princípio de heterogeneização esteja em ação no cosmo, e que a vida na Terra seja uma das manifestações ocasionais desse princípio, em condições dadas. Não está excluído, aliás, o fato de organizações heterogeneizantes de um tipo desconhecido, mas não assimiláveis àquilo que denominamos vida, poderem existir em outros planetas ou mesmo na Terra. O que chamamos de vida, entretanto, uma organização nucleoproteinada com poder de auto-reprodução e determinando-se segundo um duplo movimento generativo e fenomenal, parece ter sido um acontecimento da mais alta improbabilidade. Como diz Jacques Monod (*Le Hasard et la Nécessité*, p. 160): "A vida apareceu na Terra: qual era, antes *do acontecimento*, a probabilidade de que assim fosse? Não está excluída a hipótese (...) de que um acontecimento decisivo só se tenha produzido uma vez. Isso significaria que sua probabilidade, *a priori*, era quase nula." De fato, a unicidade do código genético, a identidade dos constituintes protéicos e nucléicos em todos os seres vivos, tudo isso parece indicar que esses seres vivos descendem de um único e ocasional antepassado. E, logo que a vida apareceu, manifestou-se simultaneamente como acidente-acontecimento, por um lado, e sistema-estrutura, por outro. Enquanto habitualmente se tende a dissociar esses dois conceitos antagônicos, acontecimento e sistema, temos, ao contrário, de tentar perceber o quanto estão indissoluvelmente ligados.

Em todo caso, tudo o que é biológico é passível de acontecer:

1º A evolução a partir do primeiro unicelular, até a gama infinita das espécies vegetais ou animais, é composta por uma multidão de cadeias eventuais improváveis, a partir das quais se constituíram, nos casos favoráveis, as organizações cada vez mais complexas e cada vez mais bem integradas.

a) O aparecimento de um elemento ou traço novo tem sempre caráter improvável, porque é determinado por mutação genética. A mutação é um acidente que aparece no momento da cópia da mensagem hereditária, que a modifica, ou seja, modifica o sistema vivo que vai determinar. A mutação é provocada quer por radiações externas, quer pelo caráter inevitavelmente aleatório da indeterminação quântica. Não pode aparecer senão como acidente. Vemos, então, que, em certos casos, raríssimos é certo, a mutação, isto é, o acidente, é recuperada pelo sistema, em sentido aperfeiçoado ou progressivo, permitindo aparecer um novo órgão ou uma nova propriedade.

b) Não é apenas no campo da mutação que a evolução depende do acontecimento. A "seleção natural" (ou pelo menos os fatores de eliminação e de sobrevivência das espécies) manifesta-se com certo grau de eventualidade. Não são condições exatamente estatísticas que operam a seleção, mas eventualmente dinâmicas (os encontros e interações de sistemas móveis), e algumas aleatórias, como o clima, que por mudança sutil modifica a fauna e a flora.

O meio não é um quadro estável, mas um lugar de surgimento de acontecimentos. Lamarck observava "o poder que as circunstâncias têm de modificar todas as opções da natureza". O meio é o lugar dos encontros e interações eventuais de onde vão decorrer o desaparecimento ou a promoção das espécies.

c) A evolução não é nem estatisticamente provável segundo as causalidades físicas, nem autogenerativa segundo um princípio interno. Pelo contrário, os processos físicos conduzem à entropia, e o princípio interno, entregue a si mesmo, mantém pura e simplesmente a invariância. Ora, a evolução depende de acontecimentos-acidentes internos-externos e constitui, a cada etapa, um fenômeno improvável. Elabora diferenças, individualismo, novidade. A autogeração da vida (evolução das espécies) só se tornou possível pela heteroestimulação do acidente-acontecimento.

d) Enfim, há que constatar que o acontecimento não ocorre apenas no plano das espécies, mas também no dos indivíduos;

Para o pensamento complexo 239

a existência fenomenal é uma sucessão de acontecimentos: o *learning*, a aprendizagem são frutos não só de educação familiar, mas também dos encontros do indivíduo com o ambiente.

2°. E aqui chegamos talvez à zona teórica que será, sem dúvida, desbravada nos anos futuros, em que a vida aparece, nos seus caracteres simultaneamente organizacionais e eventuais. Quer dizer que a organização biológica (a vida) é não só um sistema metabólico assegurando, nas suas trocas com o ambiente, a manutenção de sua constância interna; não só um sistema cibernético dotado de *feed-back*, ou possibilidade retroativa de autocorreção; a vida é também, mais profundamente, um sistema eventualizado, ou seja, capaz de enfrentar o acontecimento (acidente, aleatoriedade, acaso).

a) A organização biótica é capaz de reagir ao acontecimento externo que ameaça alterá-la e de preservar, reencontrar sua homeostasia (*feed-back*). É capaz de modificar seus caminhos para alcançar os fins inscritos em seu programa (*equifinality*). É capaz de se automodificar em função dos acontecimentos que surgem no plano fenomenal (*learning*). É capaz, no plano genotípico, de se reestruturar respondendo aos acidentes-acontecimentos que alteram a mensagem genética (mutações).

b) Assim, a organização biótica é comandada antagonicamente por estruturas de conservação (*feed-back*, homeostase, invariância genética) e por aptidões automodificadoras.

c) A indeterminação fenotípica, ou seja, a aptidão para responder aos acontecimentos, aumenta com o desenvolvimento do cérebro. Como diz J. L. Changeux:[5] "O que parece muito característico dos vertebrados superiores é a propriedade de escapar ao determinismo genético absoluto que conduz aos comportamentos estereotipados; é a propriedade de possuir de nascença certas estruturas cerebrais não determinadas que, mais tarde, são especificadas por um *encontro* (o grifo é

---

[5] "L'Inné et l'Acquis dans la structure du cerveau", in *La Recherche*, 3, julho-agosto de 1970, p. 271.

240 *Ciência com Consciência*

meu) geralmente imposto, por vezes fortuito, com o ambiente físico-social e cultural."

d) Seria necessário considerar melhor a questão das alternativas e das "escolhas" que se levantam no nível dos seres vivos. Fuga/agressão, regressão/progressão são, por exemplo, duas respostas possíveis ao acontecimento perturbador. Na medida em que as duas respostas são possíveis no mesmo sistema, pode-se perguntar se a organização biótica não dispõe de um duplo dispositivo antagônico associado, que desencadearia a possibilidade de alternativa sempre que o desconhecido, o acaso, o acontecimento se apresentassem. E, se existe efetivamente essa aptidão do sistema para elaborar alternativas, escolhas, ou seja, incertezas, então, pode-se dizer que a vida contém em si, *organizacionalmente, a própria aleatoriedade*. Pode-se perguntar se a única forma que um sistema vivo tem de poder responder à aleatoriedade não é integrar *em si a própria aleatoriedade*.

A "decisão", a "escolha" em situação em que duas respostas possíveis oferecem probabilidade e risco são, elas mesmas, *elementos-acontecimentos aleatórios*.

Em todo caso, a vida apresenta-se-nos não só como fenômeno eventualizado, mas também como sistema eventualizado no qual surge a aleatoriedade. É na relação ecológica entre a organização biótica, sistema aberto, e o meio que engloba outras situações bióticas que acontecimentos e sistemas estão em inter-relação permanente. A relação ecológica é a fundamental, na qual existe conexão entre acontecimento e sistema. Acrescentarei até, de minha parte, que a historicidade profunda da vida, da sociedade, do homem reside num vínculo indissolúvel entre o sistema, por um lado, e a aleatoriedade-acontecimento, por outro. Tudo se passa como se todo o sistema biótico, nascido do encontro de sistemas físico-químicos complexos, fosse constituído para o acaso, para a aleatoriedade, para jogar com os acontecimentos. (Donde a

Para o pensamento complexo 241

importância antropobiótica da ludicidade: vê-se que o jogo é uma aprendizagem, não só desta ou daquela técnica, desta ou daquela aptidão, deste ou daquele saber fazer; o jogo é uma aprendizagem da própria natureza da vida, que é jogo com o acaso, com a aleatoriedade.)

3º O acontecimento está ausente do desenvolvimento que parece ser o mais bem programado, isto é, o desenvolvimento embriogenético? Não se sabe quase nada do próprio processo de multiplicação-diferenciação celular que parte do ovo para chegar a uma organização complexa de, por vezes, vários milhares de milhões de células. Mas pode-se perguntar se tal desenvolvimento (autogerado) não é constituído por desencadeamentos, provocações, controles e regulações de acidentes-acontecimentos. Um desenvolvimento é a ruptura da homeostase celular, a ruptura do sistema cibernético, é a organização de uma multiplicidade de catástrofes de que o sistema vai tirar *partido* para proliferar, diferençar, constituir uma unidade superior. Assim, haveria um paralelo impressionante entre a evolução biológica — que aproveita os acidentes catastróficos que são as mutações para criar (por vezes) sistemas mais complexos e mais ricos — e o desenvolvimento de todo ser vivo — que *reconstitui* de certo modo a evolução passada da espécie, ou seja, os acontecimentos-catástrofes, mas, dessa vez, guiando-os. O que desencadeou o progresso do ser superior é, então, desencadeado por ele, no seu processo de reprodução.

4º Assim, a biologia moderna é o que nos introduz por todos os lados na noção de sistema *aleatório* ou eventualizado.

Com o aparecimento do homem, as seqüências de acontecimentos transformam-se em cascatas.

Antropologia

O próprio aparecimento do homem é um acontecimento. Dizer que uma grande muralha estrutural separa a natureza da cultura significa implicitamente que um grande aconteci-mento as separa. Esse acontecimento por certo decompõe-se em encadeamentos de acontecimentos, em que ocorreu uma dialética genético-cultural marcada, entre outros, pelo apare-cimento do utensílio e o da linguagem. É possível e até plausí-vel que o homem, em vez de surgir pluralmente em diversos pontos do globo, tenha nascido uma única vez, isto é, que a origem da humanidade, como a da vida, seja um acontecimen-to único. O citogeneticista Jacques Ruffié desenvolveu a esse respeito a hipótese de mutação num antropóide, cujo carióti-po, em seguida de fusão de dois cromossomas acrocêntricos, teria passado de 48 para 47 cromossomas; mediante uniões incestuosas entre descendências com 48 e 47 cromossomas, teriam saído alguns rebentos com 46 cromossomas, que apre-sentavam uma aptidão nova em relação ao tipo ancestral, beneficiados por "pressão de seleção".

1. *A história e as sociedades*

Com o homem, a evolução vai transformar-se em história. Isso não significa apenas que a evolução deixa de ser física para tornar-se psicossociocultural. Quer dizer também que os *acontecimentos* se vão multiplicar e que seu papel vai intervir de forma nova nos sistemas sociais.

As leis genéticas de Mendel e as determinações seletivas de Darwin têm caráter estatístico: se referem não a indivíduos, mas a populações. É, para a seleção natural, a aptidão de uma população de assegurar taxa de reprodução superior à de mortalidade, em condições ecológicas dadas, que decide a sua sobrevivência. Ora, a esfera de aplicação da estatística à história das relações entre grupos sociais é desprovida de bases quantitativas. Não há determinações estatísticas possí-veis senão sobre as populações de *indivíduos*, isto é, sobre os fenômenos intra-societais. Decerto que esses desempe-

Para o pensamento complexo 243

nham seu papel nas relações intersocietais e sobre a própria história, mas a vida e a morte das etnias, das nações, dos impérios, escapam à lei estatística. Donde o papel crucial do acontecimento na história: enquanto a sobrevivência de uma espécie não depende de um ou mais combates duvidosos, a sorte de uma sociedade pode depender de alguns acontecimentos felizes ou infelizes, sobretudo das guerras, cujos desenrolar e resultado comportam sempre, salvo em caso de desigualdade esmagadora na relação das forças, componente aleatório.

2. *A integração dos acontecimentos*

A segunda grande diferença entre história das sociedades e evolução biológica depende da própria natureza dos sistemas sociais que, ao contrário do sistema nucleoproteinado, são capazes de incorporar em seu capital generativo ou informativo (a *Cultura*, no sentido antropossociológico do termo) elementos adquiridos ao longo da experiência fenomenal. Quer dizer que *acontecimentos* de todas as espécies, desde a invenção técnica, da descoberta científica, do encontro de duas civilizações, da decisão de um tirano, podem desempenhar papel modificador no próprio sistema social.

3. *A história auto-heterogerada*

A história, desde que se impõe como uma dimensão constitutiva permanente da humanidade, impõe-se, ao mesmo tempo, como ciência cardinal.

Ela é a ciência mais apta a captar a dialética do sistema e do acontecimento. Primitivamente, a história foi, acima de tudo, a descrição das cascatas eventuais e tentou interpretar tudo em função do acontecimento. Depois, ao longo do último século e, sobretudo, hoje, a história "eventual" foi progressivamente rejeitada e refutada em proveito da evolução sistemática, que se esforça por determinar os dinamismos autogeradores dentro das sociedades.

Tal tendência, se levada ao extremo, pode autodestruir a própria história, destruindo o acontecimento. Se o acontecimento já não passa de elemento necessário em meio a um processo autogerado, a história resvala no hegelianismo, ou seja, na redução do histórico ao lógico, enquanto o lógico se desenha, se esboça, se fragmenta, morre, renasce *no* histórico. A história compreensiva é aquela para a qual o *ruído* e o *furor* desempenham papel *organizacional* não porque o ruído seria a máscara de uma informação oculta, mas porque ele contribui para a constituição e a modificação do discurso histórico.

O grande problema antropológico-histórico é conceber a história como a combinação de processos autogenerativos e heterogenerativos (em que o ruído, o acontecimento, o acidente contribuem de forma decisiva para a evolução).

Supor a existência de um processo autogenerativo é supor que os sistemas sociais se desenvolvem por si mesmos, não só segundo mecanismos de "crescimento", mas também segundo antagonismos internos ou contraditórios, que vão desempenhar um papel motor no desenvolvimento, provocando "catástrofes" mais ou menos controladas (conflitos sociais, luta de classes, crises). Em outras palavras, os sistemas sociais, pelo menos os sistemas sociais complexos, seriam *geradores de acontecimentos*. Esses processos autogenerativos estariam a meio caminho entre o desenvolvimento embriogenético (em que as catástrofes são *provocadas* e *controladas*, ou seja, *programadas*) e os desenvolvimentos acidentais entregues aos encontros aleatórios entre sistemas e acontecimentos (mutações).

De certa forma, pode-se isolar uma relativa autonomia dos processos autogenerativos, o que, como veremos adiante,

Para o pensamento complexo 245

revigora a concepção de Karl Marx, ainda o teórico mais rico da autogeratividade histórica.[6] Mas, na escala planetária e antropo-histórica, não existe processo autogenerativo. Na escala contemporânea, não existe desenvolvimento autônomo de uma sociedade, mas dialética generalizada dos processos autogenerativos e heterogenerativos. Temos de encontrar sua unidade teórica numa teoria sistemo-eventual a ser edificada transdisciplinarmente, além da sociologia e da história atuais.

4. A reação antieventual e a verdade estruturalista

Mas, entretanto, há uma formidável pressão de rejeição contra o acontecimento. Vítimas de um ponto de vista mecânico-físico hoje ultrapassado na física moderna, vítimas de um funcionalismo hoje ultrapassado na biologia moderna, as ciências humanas e sobretudo sociais esforçam-se por expulsar o acontecimento. A etnologia e a sociologia rejeitam a história cada uma por seu lado, e a história se esforça por exorcizar o acontecimento. Hoje ainda se assistem aos efeitos de uma tentativa profunda e múltipla para repelir o acontecimento externo às ciências humanas, a fim de obter certificado de cientificidade. Ora, a verdadeira ciência moderna só poderá começar com o reconhecimento do acontecimento. Decerto, ninguém nega a realidade do acontecimento, mas ele é remetido à contingência individual e à vida privada. Essa rejeição do acontecimento, de fato, tende a dissolver não só a noção de história (reduzida ao conceito dispersivo de diacronia), mas também a de evolução, e isso não só no estrutural, mas também no estaticismo que lhe disputa o império das ciências humanas, e para o qual só pode haver, quando muito, crescimento. Nas lutas ocasionais que as teorias histórico-

---

[6] Porque não viu apenas mecanismos na base dos desenvolvimentos, mas também antagonismos.

evolutivas e as teorias estrutural-sistêmicas travam entre si, hoje marcadas pela vitória relativa do estrutural, este último, em seu excesso, traz oculta a chave de sua superação.

De fato, a intuição profunda do estruturalismo é que *não há estruturas evolutivas*. Efetivamente, as estruturas são apenas conservadoras, protetoras de invariâncias. Na verdade, são os acontecimentos internos provenientes das "contradições" dos sistemas complexos e fracamente estruturados e os acontecimentos externos provenientes dos encontros fenomenais que fazem *os sistemas evoluírem* e, finalmente, na dialética sistemo-eventual, provocam a modificação das estruturas.

5. *Entre geneticismo e estruturalismo*

Mas ainda estamos longe de captar a dialética que situaria a teoria além do geneticismo e do estruturalismo. Enquanto o estruturalismo repele o acontecimento da ciência, o historicismo genético assimila-o como elemento e o desintegra. A teoria sociológica não consegue ultrapassar os modelos mecânico-físicos ou parabiológicos (como o funcionalismo). A dominação da estatística faz reinar a probabilidade, ou seja, as regulações e as médias das populações.

Embora obrigada a enfrentar a mudança, visto que quer apreender a sociedade moderna que está em rápido devir, a sociologia não consegue teorizar a evolução. Para ela, tudo o que é improvável torna-se aberrante, tudo o que é aberrante torna-se anômico, enquanto a evolução não passa de uma sucessão de aberrações que atualizam as improbabilidades. Encontra-se, assim, atrasada em relação às ciências, como a economia, que tiveram de reconhecer o problema das crises e que hoje reconhecem a existência de limiares eventuais no desenvolvimento (os *take off*). Mais ainda, a economia avançada deve conceber cada vez mais que o desenvolvimento

Para o pensamento complexo 247

não é apenas um processo geral, mas também um *fenômeno singular* dependente de um complexo de circunstâncias históricas situadas e datadas. "Os desenvolvimentos são originais, ou não são", disse Jacques Austruy (*Le Monde*, 8 de maio de 1970). O sociologismo que não consegue conceber as estruturas fica cego ao desenvolvimento. Ora, o desenvolvimento é, como já dissemos, muito mais do que um mecanismo autogenerativo. Além disso, seria necessário perguntar se nossas sociedades em plena evolução, ou seja, em mudança permanente, não são ao mesmo tempo, necessariamente, sociedades "em crise", sociedades "catastróficas", que utilizam bem e/ou mal, com erro e/ou êxito, com regressões e/ou progressões, as forças destruturantes em jogo, para se reestruturar de outro modo. Uma sociedade que evolui é uma sociedade que se destrói para se recuperar, e é, portanto, uma sociedade onde se multiplicam os acontecimentos. Hoje, a sociologia é a única ciência que desdenha o acontecimento, enquanto nossas sociedades modernas estão submetidas à permanente e contrastada dialética do eventual e do organizacional. A sociologia propõe modelos econocráticos ou tecnológicos da sociedade moderna, enquanto o século 20 sobreexcitou — não resistiu — os caracteres shakespearianos de uma história feita de ruídos e de furor, com duas guerras mundiais e uma série ininterrupta de crises e caos.

Marx e Freud

Se considerarmos as duas grandes doutrinas transdisciplinares em ciências humanas, a de Marx e a de Freud, vemos não só que a evolução autogenerativa desempenha papel capital, mas também que o acontecimento pode encontrar seu lugar nos dois sistemas. Se em Marx a luta de classes se associa de forma indissolúvel à noção de desenvolvimento das forças de produção, isso significa que a evolução não se deve

248   *Ciência com Consciência*

apenas a uma lógica econômico-técnica desenvolvendo-se autogenerativamente; ela comporta relações ativas, isto é, conflituosas, entre sujeitos-atores histórico-sociais: as classes. Vê-se que o desenvolvimento histórico é o produto de antagonismos, de "contradições" (e essa palavra nascida de uma lógica idealista exprime muito bem o caráter *heterogêneo* dos sistemas sociais complexos), sendo o choque contraditório dos antagonismos que se torna *gerador*. A própria noção de luta de classes, se a analisarmos melhor, revela um aspecto aleatório, como toda luta, e remete a acontecimentos, como as batalhas decisivas que são as revoluções ou as contra-revoluções. As revoluções — "locomotivas da história" — são acontecimentos-chave, e, em suas obras históricas, como *O 18 Brumário*, Marx estudou estrategicamente, quer dizer no plano das decisões, a luta de classes. É por esse intermédio que podemos fazer a junção, que, não sendo assim, seria completamente falha, por um lado, de uma técnica baseada em determinismos absolutamente rigorosos e, por outro, uma prática que exige decisões extremamente ousadas. Com efeito, como conciliar a ousadia das decisões de tipo leninista — as teses de abril em 1917, isto é, a decisão da revolução de outubro de 1917 — com a concepção de um mecanismo de forças econômico-sociais? Parece que é desenvolvendo as virtualidades eventuais e aleatórias incluídas na noção de luta das classes que se pode fazer a junção teórica.

Quanto a Freud, damo-nos conta de que a busca da elucidação antropológica tende, como em Rousseau, a procurar um acontecimento original de onde proviria toda a sistemática humana e social. Em *Totem e Tabu*, Freud encara a hipótese do assassinato do pai pelo filho como fundação de toda a sociedade humana pela instituição conjunta da lei, a proibição do incesto e do culto. Justamente, Freud percebe muito bem que existe em toda evolução, talvez desde a criação do mundo, relação entre o traumatismo e a modificação estruturante geral

Para o pensamento complexo 249

de um sistema. Se considerarmos agora o freudismo pela outra extremidade, isto é, já não a partir da busca de uma teoria das origens da relação social, mas do lado da teoria dos indivíduos, isto é, das personalidades em meio a um mundo socializado, vemos que a formação da personalidade vem do encontro entre um desenvolvimento autogenerativo e o ambiente. O papel capital dos traumatismos é realçado. Ora, os traumatismos são precisamente alguns dos choques que provêm do encontro entre esse desenvolvimento autogerado e o mundo externo, representado pelos principais atores que intervêm no processo generativo, ou seja, o pai, a mãe, os irmãos, as irmãs e outras figuras substitutivas. Acontecimentos decisivos marcam a constituição, a formação de uma personalidade. Uma personalidade não é só um desenvolvimento autogerado a partir, por um lado, de uma informação genética e, por outro lado, de uma informação sociocultural. Além disso, notamos que a conjunção de temas conflituosos, uns provenientes da informação genética (hereditariedade), outros da informação sociológica (cultura), é por si mesma potencialmente generativa de conflitos. E esses conflitos já constituem acontecimentos internos invisíveis. Assim, o desenvolvimento é uma cadeia cujos elos são associados por dialética entre acontecimentos internos (resultantes dos conflitos interiores) e externos. É nesses entrechoques perturbadores que aparecem os traumatismos fixadores que vão desempenhar papel capital na constituição da personalidade. A terapêutica freudiana exige fundamentalmente não só a elucidação da causa original do mal de que sofre o organismo inteiro, isto é, o encontro do traumatismo esquecido (ocultado), mas também um novo acontecimento, simultaneamente traumático e destraumatizante, que seja tanto a repetição e quanto a expulsão do *acontecimento* que desregulou e alterou o complexo psicossomático.

Assim, podemos avançar que a personalidade se forma e se modifica em função de três séries de fatores:

a) hereditariedade genética;

b) herança cultural (em simbiose e antagonismo com o precedente);

c) acontecimentos e aleatoriedades.

Conviria examinar como a associação antagônica ou heterogênea da hereditariedade genética e da herança cultural, fonte permanente de acontecimentos internos, permite ao acontecimento-aleatoriedade desempenhar um papel na formação do sistema biocultural que constitui o indivíduo humano.

Essas indicações mostram que as teorias de Marx e de Freud dão um lugar, por vezes vazio, por vezes ocupado, ao acontecimento. Mas o marxismo e o freudismo contemporâneos, derivando em vertente, dogmática e vulgática, procuram rejeitar o problema eventual que continham fundamentalmente as teorias geniais de Marx e de Freud. Sob a influência do determinismo econômico, da glaciação stalisnística e, em último lugar, do estruturalismo althusseriano, a eventualidade e até o eventualizado foram repelidos dos marxismos ortodoxos.

Quanto à psicanálise, renunciou a considerar o problema da origem antropológica e uma nova vulgata tende a encarar o processo edipiano como um mecanismo em que o acontecimento se torna elemento. Também aqui nos damos conta da degradação dos sistemas explicativos pela redução do acontecimento ao elemento, enquanto devemos ficar na ambigüidade, isto é, na dualidade, em que o mesmo traço fenomenal é, simultaneamente, elemento constitutivo e acontecimento.

II. A Noção de Acontecimento

A noção de acontecimento foi utilizada, no que ela precede, para designar o que é improvável, acidental, aleatório, singular, concreto, histórico... Em outras palavras, essa noção apa-

Para o pensamento complexo 251

rentemente simples e elementar remete a outras noções e as contém; é, de fato, uma noção complexa. Não saberíamos nem queremos propor a sua análise. Limitamo-nos a indicar algumas linhas de força.

A noção de acontecimento é relativa

1. *a*) A noção de elemento depende de ontologia espacial, a de *acontecimento*, de ontologia temporal. Ora, todo elemento pode ser considerado acontecimento na medida em que o consideramos situado na irreversibilidade temporal, uma manifestação ou atualização, isto é, em função de seu aparecimento e desaparecimento, como em função de sua singularidade. O tempo marca todas as coisas com um coeficiente *de eventualidade*.

b) Em outras palavras, há sempre ambivalência entre acontecimento e elemento. Se não existe "puro" elemento (isto é, se todo elemento está ligado ao tempo), também não existe "puro" *acontecimento* (ele se inscreve num sistema), e a noção de acontecimento é relativa.

c) Em outras palavras ainda, a natureza acidental, aleatória, improvável, singular, concreta, histórica do acontecimento depende do *sistema* segundo o qual o consideramos. O mesmo fenômeno é acontecimento num sistema, elemento em outro. Exemplo: as mortes do fim de semana automobilístico são elementos previsíveis, prováveis, de um sistema estatístico-demográfico que obedece a leis estritas. Mas cada uma dessas mortes, para os membros da família da vítima, é um acidente inesperado, um azar, uma catástrofe concreta.

2. Os acontecimentos de caráter modificador são os que resultam de *encontros*, *interações* de, por um lado, um princípio de ordem ou um sistema organizado com, por outro lado, outro princípio de ordem, outro sistema organizado ou uma perturbação de qualquer origem. Destruições, trocas,

associações, simbioses, mutações, regressões, progressões, desenvolvimentos podem ser a conseqüência de tais *acontecimentos.*

Para uma ciência do devir

a) São, evidentemente, as constituições de unidades ou organizações novas, as associações, as mutações e sobretudo as regressões e as progressões que constituem o aspecto mais original da questão levantada pelo acontecimento. É a *tendência organizadora de um grande conjunto complexo para poder, eventualmente, aproveitar o acidente a fim de criar uma unidade superior (e de não poder fazê-lo sem acidente)* que constitui o fenômeno perturbador, crucial, capital cuja teoria há que ser tentada.

b) Uma teorização que se esboça a partir das idéias lançadas por von Foerster,[7] formuladas por Bateson[8], retomadas por Henri Atlan,[9] permite conceber pela primeira vez a possibilidade de uma ciência do devir. De fato, na medida em que as estruturas não evoluem, que os sistemas não se modificam senão sob o estímulo do acontecimento, que a mudança é indissociável de uma relação sistema-acontecimento, que, portanto, já não há separação entre estruturas ou sistemas, por um lado e, por outro, acontecimento (quer dizer, "ruído", improbabilidade, individualidade, contingência), então é possível teorizar a história. O *ruído e o furor* shakespearianos são justamente os *fatores eventuais* sem os quais não há possibilidade de histórias, isto é, modificações e evolução dos sistemas, aparecimento de novas formas, enriquecimento da informação (cultura).

---

7 Num texto fundamental "On self organizing-systems and their Environments", in Yovits, Cameron, *Self Organizing Systems*, Pergamon Press, Nova York, 1962.
8 "Tudo o que não é nem informação, nem redudância, nem forma, nem coação é ruído: *a única fonte possível de novos 'patterns'*".
9 "Papel positivo do ruído em teoria da informação aplicada a uma definição da organização biológica", *Ann. phys. biol. et med.*, 1970, 1, pp. 15-33.

Para o pensamento complexo   253

c) Nesse sentido, os sistemas mais complexos são *estruturas de acolhimento* cada vez mais abertas ao acontecimento e cada vez mais *sensíveis* a ele. A sociedade humana é a organização, até hoje, em que a sensibilidade ao acontecimento é a mais aberta; ela já não está somente limitada ao aparelho fenomenal, mas concerne também ao sistema informacional-generativo, isto é, à cultura. Enquanto, nos seres vivos, o sistema informacional-generativo (ADN, informação genética) só é sensível a raríssimos acontecimentos transformadores, a cultura das sociedades humanas modernas, sensível a todos os acontecimentos em princípio, está em *evolução permanente*.

d) Os sistemas mais sensíveis ao acontecimento são talvez os que comportam em seu meio uma bipolaridade antagônica ou mesmo, um duplo *circuito associado*, que contém e segrega a aleatoriedade, o acontecimento sob a forma de possibilidade *alternativa*, escolha entre duas ou mais soluções possíveis que, por sua vez, dependem da intervenção de acontecimentos-fatores aleatórios internos ou externos. Nesse caso, a decisão é o acontecimento que vem do interior.

e) A evolução (física, biológica, humana) pode ser considerada não só o produto das dialéticas entre princípios de organização e processos desordenados, mas também o produto da dialética entre sistemas e acontecimentos que, a partir do momento em que se constituem os sistemas vivos, faz aparecerem as possibilidades de regressões e desenvolvimentos.

f) Uma ciência do devir teria de explorar a necessária relação entre os fenômenos autogerados (que se desenvolvem segundo uma lógica interna, desencadeiam os acontecimentos que asseguram o desenvolvimento) e os fenômenos heterogerados, que precisam de incitações eventuais-acidentais para se desenvolver.

Uma vez que a dialética de Hegel integra o heterogenerativo (o que ele denomina o negativo) no autogenerativo e considera o *acontecimento* um elemento do necessário processo

254 *Ciência com Consciência*

autogenerativo, não devemos conceber a dialética nem como redução do heterogerado (esse agressivo que Hegel chama de "negativo") no autogerado, nem como dissolução dos sistemas autogenerativos na desordem dos encontros.

g) A evolução não é teoria, mas um fenômeno da natureza cósmica, física, biológica, antropológica. Não é somente progressão (desenvolvimento), mas também regressão e destruição. Traz com ela a *catástrofe* como força não só de destruição, mas também de criação. A *teoria* da evolução, ou seja, do devir, dá os primeiros passos. A teoria da *evolução* é uma teoria da improbabilidade, na medida em que os *acontecimentos* desempenham papel indispensável de fato. "Todos os acontecimentos são improváveis" (J. Monod). A evolução física já era "uma criação sucessiva de ordem sempre crescente de objetos sempre mais complexos e, por isso, mais improváveis" (Jean Ullmo). "Por mais que um processo estatístico tenha uma direção, é um movimento para a média — e é exatamente isso que não é a evolução" (J. Bronowski).

CONCLUSÃO

I. A rejeição do acontecimento era talvez necessária aos primeiros desenvolvimentos da racionalidade científica. Mas pode corresponder também à preocupação de racionalização quase mórbida que afasta a aleatoriedade porque ela significa o risco e o desconhecido.

II. Esse mórbido racionalismo é, num sentido, o próprio idealismo, isto é, uma concepção em que as estruturas do espírito compreendem um mundo transparente sem encontrar resíduos irredutíveis ou refratários. E o idealismo histórico de Hegel faz o mundo obedecer a um processo autogerado que coincide com o desenvolvimento da dialética espiritual, ou seja, o real coincide com o racional.

O materialismo teve o sentido de opacidade, de irredutibili-

Para o pensamento complexo 255

dade, de inapreensibilidade que resistem ao espírito, o precedem, o superam e até o movem. Mas esse aspecto ontológico irredutível encontrou-se fixado espacialmente na noção de matéria, enquanto essa irredutibilidade da atualização física é também eventual. Foi essa irredutibilidade que encontrou a microfísica moderna, aparentemente idealista porque dissolve a noção de matéria, mas, de fato, antiidealista na medida em que elemento e acontecimento se tornam noções ambíguas complementares. Foi o materialismo que resvalou no idealismo quando quis fazer coincidir o real com a necessidade lógica, reecontrando a Lei do Logos. O materialismo não viu que o real estava ligado ao eventual, ou seja, à aleatoriedade.

Assim, racionalismo idealista e marxismo escolástico estão na mesma vertente da realidade, e ambos ocultam a vertente eventual.

Depois de ter sido posto em estado de ilegalidade científica e racional, o acontecimento obriga-nos a rever seu processo. Foi preciso haver a experiência, ou seja, a experimentação microfísica, as descobertas da biologia moderna, para reabilitar o acontecimento que só permanece ilegal nas ciências menos avançadas, as ciências sociais.

III. Apenas a noção de sistema é uma placa giratória cosmo-físico-bioantropológica; a de acontecimento também. Ela toca todas as ciências, sendo a questão-limite de todas elas e, ao mesmo tempo, a questão filosófica da improbabilidade ou contingência do ser.

IV. Sistema e acontecimento não deveriam, finalmente, ser concebidos de forma associada? A teoria dos sistemas que dispõe de uma informação organizadora-generativa (auto-organizados, autoprogramados, autogerados, automodificadores etc.) precisa de integrar o acontecimento acidente-aleatoriedade em sua teoria. Podemos já entrever a possibilidade de uma teoria dos sistemas eventualizados das anacatastrofizáveis? Tal teoria permitiria visualizar finalmente uma ciência do devir.

5

O sistema:
paradigma ou/e teoria?

O DOMÍNIO DO CONCEITO DE SISTEMA

O primeiro domínio que importa é o do conceito de sistema. Ora, a teoria dos sistemas revelou a generalidade do sistema, não sua "genericidade".

A generalidade do sistema: tudo aquilo que era matéria no século passado tornou-se sistema (o átomo, a molécula, o astro); tudo aquilo que era substância vital tornou-se sistema vivo; tudo aquilo que é social foi sempre concebido como sistema. Mas essa generalidade não basta para dar à noção de sistema seu lugar epistemológico no universo conceitual.

A teoria dos sistemas resolveu aparentemente o problema: o sistema depende de uma teoria geral (a teoria dos "sistemas gerais"), mas não constitui um princípio de nível paradigmático: o princípio novo é o *holismo*, que procura a explicação no nível da totalidade e se opõe ao paradigma reducionista, que procura a explicação no nível dos elementos de base. Ora, eu queria mostrar que o *holismo* depende do mesmo princípio

258 *Ciência com Consciência*

simplificador que o reducionismo, ao qual se opõe (idéia simplificada do todo e redução do todo). Como indiquei (Morin, 1977, p. 101), a teoria dos sistemas não escavou seus próprios alicerces, não elucidou o conceito de sistema. Assim, o sistema como paradigma permanece larvar, atrofiado, não esclarecido; a teoria dos sistemas sofre, portanto, de carência fundamental: tende incessantemente a cair nos trilhos reducionistas, simplificadores, mutilantes, manipuladores de que se devia libertar e libertar-nos.

Ora, a inteligência do sistema postula um novo princípio de conhecimento que não é o *holismo*. Isso só é possível se se conceber o sistema não só como um termo geral, mas também como um termo genérico ou gerador, isto é, como um paradigma (definindo-se aqui paradigma como o conjunto das relações fundamentais de associação e/ou de oposição entre um número restrito de noções-chave, relações essas que vão comandar-controlar todos os pensamentos, todos os discursos, todas as teorias).

A noção de sistema foi sempre uma noção-apoio para designar todo o conjunto de relações entre constituintes formando um todo. A noção só se torna revolucionária quando, em vez de completar a definição das coisas, dos corpos e dos objetos, substitui a de coisa ou de objeto, que eram constituídos de forma e de substância, decomponíveis em elementos primários, isoláveis nitidamente em espaço neutro, submetidos apenas às leis externas da "natureza". A partir daí, o sistema separa-se necessariamente da ontologia clássica do objeto. (Descobriremos que o objeto da ciência clássica é um corte, uma aparência, uma construção, simplificada e unidimensional, que mutila e abstrai uma realidade complexa que se enraíza na organização física e na organização psicocultural.) Conhecemos a universalidade da ruptura que a noção do sistema traz com relação à noção de objeto; falta considerar a radicalidade dessa ruptura e a verdadeira novidade que poderia trazer.

I. O PARADIGMA SISTEMA

A. O todo não é uma capa

A minha tese: oponho à idéia de teoria geral ou específica dos sistemas a idéia de um paradigma sistêmico que deveria estar presente em todas as teorias, sejam quais forem os seus campos de aplicação aos fenômenos.

O *holismo* só abrange visão parcial, unidimensional, simplificadora do todo. Faz da idéia de totalidade uma idéia à qual se reduzem as outras idéias sistêmicas, quando deveria ser uma idéia confluente. O *holismo* depende, portanto, do paradigma de simplificação (ou redução do complexo a um conceito-chave, a uma categoria-chave).

Ora, o paradigma novo que a idéia do sistema traz, Pascal já havia exprimido: *Considero impossível conhecer as partes sem conhecer o todo, como conhecer o todo sem conhecer particularmente as partes.* Essa proposição, na lógica da simplificação, conduz a um impasse designado por Bateson pelo nome de *double bind*: as duas injunções (conhecer as partes pelo todo, conhecer o todo pelas partes) parecem dever anular-se num círculo vicioso no qual não se vê nem como entrar, nem como sair. Ora, há que extrair da fórmula de Pascal um tipo superior de inteligibilidade baseada na circularidade construtiva da explicação do todo pelas partes e das partes pelo todo, isto é, na qual essas duas explicações, sem poderem anular todos os seus caracteres concorrentes e antagônicos, se tornam complementares, *no mesmo movimento que as associa.*

$$\text{Todo} \rightarrow \text{Partes}$$

É esse circuito ativo que constitui a descrição e a explicação. Ao mesmo tempo, a manutenção de uma certa oposição e de um certo jogo entre os dois processos de explicação, que, segundo a lógica simplificadora, se excluem, não é viciosa, mas fecunda. Ao mesmo tempo, a procura da explicação no movimento retroativo de um desses processos em relação ao outro (partes ⇄ todo, todo ⇄ partes) anuncia-nos uma primeira introdução da complexidade no nível paradigmático (pois, como veremos, a complexidade não deve ser respeitada no nível dos fenômenos para ser escamoteada no do princípio de explicação: é no nível do princípio que a complexidade deve ser revelada).

Ao mesmo tempo, devemos considerar o sistema não só como unidade global (o que equivale pura e simplesmente a substituir a unidade elementar simples do reducionismo por uma macrounidade simples), mas como *unitas multiplex*; também aqui estão necessariamente associados termos antagônicos. O todo é efetivamente uma macrounidade, mas as partes não estão fundidas ou confundidas nele; têm dupla identidade, identidade própria que permanece (portanto, não redutível ao todo) identidade comum, a da sua cidadania sistêmica. Mais ainda: os sistemas atômicos, biológicos, sociais indicam-nos que um sistema não é só uma constituição de unidade a partir da diversidade, mas também uma constituição de diversidade (interna) a partir da unidade (princípio de exclusão de Pauli que cria uma diversificação eletrônica em volta do núcleo; morfogêneses biológicas em que, a partir de um ovo indiferenciado, se desenvolve um organismo constituído por células e por órgãos de extrema diversidade; sociedades que não só dão uma cultura-identidade comum a indivíduos diversos, mas também permitem por essa cultura o desenvolvimento das diferenças). Também aqui, há que recorrer a um pensamento que opere a circulação

entre dois princípios de explicação que se excluem; com efeito, o pensamento unificador torna-se cada vez mais homoge-

Para o pensamento complexo 261

neizante e perde a diversidade; o pensamento diferenciador torna-se catalogal e perde a unidade. Também aqui, não se trata de "dosar" ou de "equilibrar" esses dois processos de explicação; é preciso integrá-los num circuito ativo onde se possa conceber que:

➙ a diversidade organiza a unidade que organiza a ⌐

Não basta conceber como problema central o da manutenção das relações todo/partes, uno/diverso, há que ver também o caráter complexo destas relações, que vou formular aqui lapidarmente (para mais desenvolvimentos, cf. Morin, 1977, pp. 105-128). Assim:

— *O todo é mais do que a soma das partes* (princípio bem explícito e, aliás, intuitivamente reconhecido em todos os níveis macroscópicos), visto que em seu nível surgem não só uma macrounidade, mas também *emergências*, que são qualidades/propriedades novas.

— *O todo é menos do que a soma das partes* (porque elas, sob o efeito das coações resultantes da organização do todo, perdem ou vêem inibirem-se algumas das suas qualidades ou propriedades).

— *O todo é mais do que o todo*, porque o todo enquanto todo retroage sobre as partes, que, por sua vez, reatroagem sobre o todo (por outras palavras, o todo é mais do que uma realidade global, é um dinamismo organizacional).

É nesse contexto que temos de compreender o ser, a existência, a vida como qualidades emergentes globais; essas noções-chave não são qualidades primárias, de raiz ou de essência, mas realidades *de emergência*. O ser e a existência são, de fato, emergências de todo o processo anelando-se sobre si mesmo (Morin, 1977, sobretudo pp. 210-216). A vida é um feixe de qualidades emergentes resultantes do processo

262   *Ciência com Consciência*

de interações e de organização entre as partes e o todo; esse feixe emergente retroage sobre as partes, interações, processos, parciais e globais que o produziram. Donde este princípio explicativo complexo: não se deve reduzir o fenomenal ao generativo, a "superestrutura" à "infra-estrutura", mas a explicação deve procurar compreender o processo cujos produtos ou efeitos finais geraram seu próprio recomeço: processo que será designado aqui como recorrente.

generativo → fenomenal   infra-estrutura → superestrutura

  ↑_____| ↑_____|

— *As partes são ao mesmo tempo menos e mais do que as partes*. As emergências mais notáveis dentro de um sistema muito complexo, como a sociedade humana, efetuam-se não só no nível do todo (a sociedade), mas também e sobretudo dos indivíduos; assim, a consciência-de-si só emerge nos indivíduos. Nesse sentido:

— *As partes são eventualmente mais do que o todo*. "O sistema de controle mais proveitoso para as partes não deve excluir a bancarrota do conjunto" (Stafford Beer, 1960). O "progresso" não está necessariamente na constituição de totalidades cada vez mais amplas; pode estar, pelo contrário, nas liberdades e independências de pequenas unidades. A riqueza do universo não está na sua totalidade dispersiva, mas nas pequenas unidades reflexivas desviadas e periféricas que nele se constituíram. Isso, observado por Gottard Gunther (1962) e Spencer Brown (1962), faz eco à palavra de Pascal: *Se o universo o esmagasse, o homem seria ainda mais nobre do que aquilo que o mata, porque ele sabe que morre, e, sobre a vantagem que o universo tem sobre ele, o universo nada sabe.*

— *O todo é menos do que o todo*. Há, dentro do todo, zonas de sombra, ignorâncias mútuas e até cisões, falhas, entre o reprimido e o exprimido, o imerso e o emergente, o

Para o pensamento complexo

generativo e o fenomenal. Há buracos negros em toda totalidade biológica e, sobretudo, antropossocial. Não é apenas o indivíduo parcelar que ignora e é inconsciente da totalidade social, é também a totalidade social que é ignorante-insconsciente dos sonhos, aspirações, pensamentos, amores, ódios dos indivíduos, e os milhares de milhões de células que constituem esses indivíduos ignoram esses sonhos, aspirações, pensamentos, desejos, amores, ódios... Se colocamos essa concepção dos buracos negros e das zonas de sombra, das cisões e ignorâncias mútuas, no paradigma sistêmico, ele se abre para as teorias modernas do inconsciente antropológico (Freud) e do inconsciente sociológico (Marx).

— *O todo é insuficiente*, o que decorre de tudo quanto precede.

— *O todo é incerto.* Vamos ver adiante que não saberíamos com certeza isolar ou fechar um sistema entre os sistemas de sistemas de sistemas aos quais está associado e nos quais está imbricado ou encadeado. É igualmente incerto no sentido de que, no universo vivo, tratamos com politotalidades, em que cada termo seu pode ser concebido ao mesmo tempo enquanto todo e parte. Assim, no que diz respeito ao *homo*, qual é o sistema, a sociedade, a espécie, o indivíduo?

— *O todo é conflituoso.* Tentei mostrar (Morin, 1977, pp. 188-122, 217-224) que todo sistema comporta forças antagônicas à sua perpetuação. Esses antagonismos são, quer virtualizados ou neutralizados, quer constantemente controlados-reprimidos (por regulação, *feed-back* negativo), quer utilizados de forma constitutiva: nas estrelas, a conjunção de processos contrários, tendendo uns para a implosão, outros para a explosão, constitui uma regulação espontânea de caráter organizador; a organização viva só é inteligível em função da desorganização permanente, que degrada moléculas e células continuamente reproduzidas. No nível das sociedades humanas, há que compreender *sistemicamente* as idéias de Montesquieu, segundo a qual os conflitos sociais estiveram na origem não só da decadência, mas também da grandeza romana, e de Marx, que liga a idéia de sociedade organizada em classes à de antagonismos entre as classes.

Assim, devemos apoiar a idéia de sistema num conceito não totalitário e não hierárquico do todo, mas, pelo contrário, num conceito complexo da *unitas multiplex*, aberto às politotalidades. Esse preliminar paradigmático é, de fato, de importância prática e política capital. O paradigma de simplificação holística conduz a um funcionamento neototalitário e integra-se adequadamente em todas as formas modernas de totalitarismo. Conduz, em todo o caso, à manipulação das unidades em nome do todo. Pelo contrário, a lógica do paradigma de complexidade não só vai no sentido de um conhecimento mais "verdadeiro", mas também incita à procura de uma prática e de uma política complexas; adiante voltarei a esse ponto.

B. O macroconceito

A problemática do sistema não se resolve na relação todo-partes, e o paradigma holista esquece dois termos capitais: interações e organização.

As relações todo-partes devem ser necessariamente mediadas pelo termo interações. Esse termo é tão importante quanto a maioria dos sistemas é constituída não de "partes" ou "constituintes", mas de *ações* entre unidades complexas, constituídas, por sua vez, de *interações*.

Para o pensamento complexo   265

Fez-se justamente constatar que um organismo não é constituído pelas células, mas pelas ações que se estabelecem entre as células. Ora, o conjunto dessas interações constitui a organização do sistema. A organização é o conceito que dá coerência construtitiva, regra, regulação, estrutura etc. às interações. De fato, com o conceito de sistema, tratamos com um conceito de três faces:

— sistema (que exprime a unidade complexa e o caráter fenomenal do todo, assim como o complexo das relações entre o todo e as partes);
— interação (que exprime o conjunto das relações, ações e retroações que se efetuam e se tecem num sistema);
— organização (que exprime o caráter constitutivo dessas interações — aquilo que forma, mantém, protege, regula, rege, regenera-se — e que dá à idéia de sistema a sua coluna vertebral).

Esses três termos são indissolúveis; remetem uns aos outros; a ausência de um mutila gravemente o conceito: o sistema sem conceito de organização é tão mutilado como a organização sem conceito de sistema. Trata-se de um macroconceito. Ora, percebemos que o entendimento simplificador que nos formou só pôs à nossa disposição conceitos atômicos e não moleculares; conceitos químicos isolados e estáticos, e não conceitos organísmicos que se co-produzem na relação recorrente de sua interdependência.

A idéia de organização emergiu nas ciências sob o nome de estrutura. Mas a estrutura é um conceito atrofiado, que remete mais à idéia de ordem (regras de invariância) do que à de organização; a visão "estruturalista" depende da simplificação (tende a reduzir a fenomenalidade do sistema à estrutura que a gera; desconhece o papel retroativo das emergências e do todo na organização).

A organização, na maior parte dos sistemas físicos naturais e em todos os sistemas biológicos, é ativa: organização. Isso significa que comporta provisão, armazenamento, repartição, controle da energia, ao mesmo tempo que, por seu trabalho, comporta gasto e dispersão de energia. A *organização*, de certo modo, produz entropia (isto é, a degradação do sistema e sua própria degradação) e, ao mesmo tempo, neguentropia (a regeneração do sistema e sua própria regeneração). Vê-se que se trata de conceber de forma complexa a relação entre entropia-neguentropia (que não são dois termos maniqueistamente opostos, mas estão ligados um ao outro — Morin, 1977, pp. 291-296). Mas, sobretudo, trata-se de conceber a organização: *a*) como reorganização permanente de um sistema que tende a desorganizar-se; *b*) como reorganização permanente de si, isto é, não apenas organização, mas auto-reorganização; nos seres vivos, essa organização está duplamente polarizada, por um lado, em geratividade (a organização genética comportando a pretensa programação do "genótipo"), por outro, em fenomenalidade (a organização das atividades e comportamentos do "fenótipo"). Em outras palavras, trata-se de uma organização auto-(geno-feno)-reorganizadora. Acrescentemos, enfim, que tal organização diz respeito à troca com o ambiente, que, por sua vez, fornece organização (sob a forma de alimentos vegetais ou animais) e potencial de organização (sob a forma de informações); esse ambiente constitui, por sua vez, uma macroorganização sob a forma de ecossistema (conjunção organizacional de uma biocenose num biótipo); a organização viva, ao mesmo tempo que a organização de uma clausura (salvaguarda da integridade e da autonomia) é a organização de uma abertura (trocas com o ambiente ou ecossistema), por conseguinte uma auto-ecoorganização. Assim, desde o ser vivo menos complexo (o unicelular) até a organização das sociedades humanas, toda organização é, pelo menos, auto-(geno-feno)-eco-reorganização.

Vemos, portanto, que o problema da organização não se reduz a algumas regras estruturais. Desde o começo, o conceito de organização biológico e, *a fortiori*, sociológico, é um supermacroconceito integrante do macroconceito sistema-interações-organização.

A organização é um conceito de caráter paradigmático superior. O paradigma da ciência clássica via a explicação na redução à ordem (leis, invariâncias, médias etc.) Aqui, não se trata de substituir a ordem pela organização, mas de associá-las, isto é, de introduzir o princípio sistêmico-organizacional como princípio explicativo não-redutível, o que, simultaneamente, introduz a desordem. A organização cria ordem (criando o seu próprio determinismo sistêmico), mas também desordem: por um lado, o determinismo sistêmico pode ser flexível, comportar suas zonas de aleatoriedade, de jogo, de liberdades; por outro, o trabalho organizador, como já dissemos, produz desordem (aumento de entropia). Nas organizações, a presença e a produção permanente da desordem (degradação, degenerescência) são inseparáveis da própria organização. O paradigma da organização comporta, portanto, nesse plano, igualmente uma reforma do pensamento; doravante, a explicação já não deve expulsar a desordem, já não deve ocultar a organização, mas deve conceber sempre a complexidade da relação

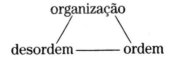

O novo paradigma comporta, portanto, incertezas, antagonismos, associando termos que se implicam mutuamente. Mas o novo espírito da ciência, inaugurado por Bohr, consiste em fazer progredir a explicação, não eliminando a incerteza e a contradição, mas *as reconhecendo*, ou seja, em fazer progredir o conhecimento pondo em evidência a zona de sombra que todo saber comporta, isto é, fazendo *progredir* a ignorância, e digo progredir porque a ignorância reconhecida, inscrita e, por assim dizer, aprofundada se torna qualitativamente diversa da ignorância ignorante de si mesma.

Enfim, há que abandonar a concepção mutilante que só pode constituir o conceito de sistema ou de organização eliminando a idéia de ser ou de existência. Tentei mostrar que a idéia de organização-de-si é produtora de ser e de existência (Morin, 1977, pp. 211-215). Isto é de capital importância e opõe dois tipos de pensamento, um que só pode funcionar ocultando os seres e os entes concretos, condenando-se a ver apenas o esqueleto dos seres-entes e condenando-os, assim, a todas as manipulações; o outro que só poderá funcionar revelando e patenteando a realidade dos seres existenciais, o que é, evidentemente, de capital importância no que diz respeito aos seres vivos, aos seres humanos.

Assim, vemos que um novo conhecimento da organização é de natureza a criar uma nova organização do conhecimento. O antigo paradigma reducionista e atomístico que só conhecia a ordem como princípio de explicação é substituído por um novo paradigma, constituído pelas inter-relações necessariamente associativas entre as noções de:

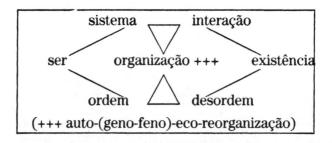

A antiga palavra-chave solitária é substituída por macroconceito, não só de caráter molecular, mas cujas relações entre os termos são circulares, ou seja, um macroconceito de caráter recorrente.

C. O caráter psicofísico do paradigma sistêmico

O paradigma de simplificação leva-nos a escolher entre duas ordens de realidade sistêmica:

ou o sistema é uma categoria física real que se impõe naturalmente à percepção do observador, que então deve "refleti-la" em sua descrição;

ou o sistema é uma categoria mental ou modelo ideal, de caráter heurístico/pragmático, que se aplica aos fenômenos para os controlar, dominar, "moldar". A concepção complexa do sistema não se pode deixar fechar nessa alternativa. O sistema é um conceito com duas entradas: $physis \rightleftarrows psyché$; é um conceito físico pelos pés, psíquico pela cabeça. É

FÍSICO	PSÍQUICO
Pelas suas condições de formação e de existência (interações, conjuntura ecológica, condições e operações energéticas e termodinâmicas), mesmo um sistema de idéias tem um componente físico (fenômenos bioquímico-físicos ligados à atividade cerebral, necessidade de um cérebro)	Pelas suas condições de distinção ou de isolamento. Pela escolha do conceito-foco (sistema, subsistema, suprassistema, ecossistema).

donde

um princípio de arte (diagnóstico)
um princípio de reflexão crítica (sobre a relatividade das noções e fronteiras do sistema)
um princípio de incerteza.

Resulta da indissociabilidade do caráter psicofísico do sistema a indissociabilidade da relação sujeito observador/objeto observado, *donde a necessidade de incluir, não de excluir, o observador na observação.*

Donde a necessidade de elaborar um metassistema de compreensão em que o sistema de observação/percepção/concepção deva ser observado, percebido, concebido na observação/percepção/concepção do sistema observado. Donde as conseqüências em cadeia que levam a tornar complexo nosso modo de percepção/concepção do mundo fenomenal. Donde a necessidade de proceder a uma reforma paradigmática e epistemológica ainda mais importante do que a que nos tinha aparecido até então visto que a articulação entre o conhecimento da organização e a organização do conhecimento exige uma reorganização do conhecimento, pela introdução de um segundo grau reflexivo, ou seja, de um conhecimento do conhecimento.

Ao mesmo tempo, a dissociação radical entre ciência da *physis* e ciências do espírito, entre ciências da natureza e ciências da cultura, entre ciências biofísicas e ciências antropossociais aparece-nos como uma mutilação prévia e um obstáculo a todo conhecimento sério. Se a ambição de articular essas ciências distintas continua a parecer grotesca, então a aceitação dessa separação torna-se ainda mais grotesca.

Temos, portanto, se ainda somos incapazes de efetuar a articulação, de pelo menos confrontar:

O observador
O sujeito
A cultura (que produz uma ciência física)

O sistema observado
O objeto
A *physis* (que produz organização biológica, que, por sua vez, produz organização antropossocial, portanto, cultura)

Para o pensamento complexo 271

A operação de *distinção*, que está fundamentalmente em todo ato cognitivo, torna-se complexa: aparece-nos como o resultado de uma transação entre o observador e o mundo observado, transação em que um dos parceiros pode enganar o outro. Essa operação que se inscreve numa dada cultura (que fornece os paradigmas que permitem a distinção e a ela incitam) apresenta, portanto, entre seus caracteres, o caráter ideológico. Se não se pode reduzir a ciência à ideologia (isto é, vê-la somente como produto ideológico de uma sociedade dada), é, contudo, necessário notar que em todo conhecimento científico entra um componente ideológico. Não se pode omitir o exame ideológico do conhecimento científico — portanto, do seu próprio conhecimento —, e isso é válido também para os que se julgam possuidores da verdadeira ciência e denunciam a ideologia dos outros.

D. O paradigma de complexidade

O termo fundamental a esclarecer do que precede é complexidade. O que é reconhecido como complexo é geralmente o complicado, o imbricado, o confuso e, portanto, o que não poderia ser descrito, dado o número astronômico de medidas, operações, computações etc., necessário a essa descrição. Mas os que reconhecem essa complexidade geralmente concordam em pensar que ela pode encontrar sua explicação básica em alguns princípios simples permitindo a combinação quase infinita de alguns elementos simples. Assim, a complexidade extrema do discurso pode explicar-se a partir dos princípios estruturais que permitam combinar fonemas e palavras; de igual modo, pensa-se ter encontrado a chave da organização viva tendo posto em evidência uma estrutura de dupla articulação permitindo combinar quatro "letras" de um alfabeto químico. Decerto, tais explicações são de enorme alcance e permitem compreender ao mesmo tempo a unidade e a diversidade (da linguagem humana, da linguagem da vida), mas não esgotam o problema da explicação. A lingüística estrutural não explica o sentido do discurso. O algoritmo genético não explica nem a existência fenomenal, nem o feixe de qualidades emergentes que denominamos vida. Assim, a biologia molecular, explicando os maquinismos químicos da vida, mas não a própria vida, julgou que a vida era uma noção mitológica, indigna de ciência, e a expulsou da biologia. Ora, inversamente, é necessário interrogar-se sobre a carência de toda explicação que se baseia em simplificação de princípio. A complexidade não está na espuma fenomenal do real. Está em seu próprio princípio. O fundamento físico do que denominamos realidade não é simples, mas complexo; o átomo não é simples, a partícula dita elementar não é uma unidade primeira simples, oscila entre o ser e o não ser, entre a onda e o corpúsculo, contém talvez componentes de natureza não isoláveis (os *quarks*). No nível macroscópico, o universo já não é a esfera ordenada com que Laplace sonhava, mas, ao mesmo tempo, dispersão e cristalização, desintegração e organização. A incerteza, a indeterminação, a aleatoriedade, as contradições aparecem não como resíduos a eliminar pela explicação, mas como ingredientes não elimináveis de nossa percepção/concepção do real, e a elaboração de um princípio de complexidade precisa de que todos esses ingredientes, que arruinavam o princípio de explicação simplificadora, alimentem daqui em diante a explicação complexa.

A complexidade é insimplificável. É o que decorre do paradigma-sistema. É complexo porque nos obriga a unir noções que se excluem no âmbito do princípio de simplificação/redução:

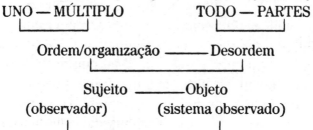

É complexo porque estabelece implicação mútua, portanto uma conjunção necessária, entre noções classicamente distintas:

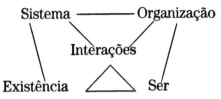

É complexo porque introduz causalidade complexa, sobretudo a idéia de ecoautocausalidade, sendo a autocausalidade (que precisa sempre da causalidade externa) a causalidade recorrente, em que o processo organizador elabora os produtos, ações e efeitos necessários à sua própria geração ou regeneração.

II. AS TEORIAS SISTEMIZADAS

O sistema é conceito mais genérico do que geral. É genérico de um novo modo de pensar que a partir daí pode aplicar-se de forma geral. Mas, para aplicar-se de forma geral, não é necessária uma teoria geral dos sistemas. A dimensão sistêmica organizacional deve estar presente em todas as teorias relativas ao universo físico, biológico, antropossociológico, noológico. Essas teorias, se fossem ramos de uma teoria geral dos sistemas, reduziriam os fenômenos diversos apreendidos à dimensão sistêmica. Pelo contrário, é necessário diferenciação entre teorias sobre tipos de fenômenos, tendo cada um sua própria física, química, termodinâmica, natureza, organização, existência, o seu próprio ser, enfim.

Acrescentemos que a *General System Theory*, aplicada aos sistemas vivos ou sociais, baseada apenas na noção de sistema aberto, é totalmente insuficiente. O que parece necessário, portanto, é reconsiderar as teorias físicas, biológicas, antropossociológicas, aprofundar sua dimensão sistêmico-organizacional e encontrar suas articulações: *a*) nos conceitos organizacionais-chave; *b*) num pensamento capaz de operar o anelamento dinâmico em circuito entre termos complementares, concorrentes e antagônicos.

Senão, cai-se de novo nos vícios da redução, da homogeneização e da abstração que a teoria dos sistemas pretende remediar.

CONCLUSÕES

1. O sistema não é uma palavra-chave para a totalidade; é uma palavra-raiz para a complexidade.

2. Há que erguer o conceito de sistema do nível teórico para o paradigmático (poderia dizer o mesmo, ou mais, do conceito cibernético de máquina, valendo tudo quanto foi dito neste texto sobre a idéia de sistema *a fortiori* para a idéia de máquina).

3. A questão não é fazer uma teoria geral abrangendo o átomo, a molécula, a estrela, a célula, o organismo, o artefato, a sociedade, mas considerar de forma mais rica, à luz da complexidade sistêmico-organizacional, o átomo, a estrela, a célula, o artefato, a sociedade..., isto é, todas as realidades, incluindo sobretudo as nossas.

4. Enquanto, no reino do paradigma de simplificação/separação, o ser, a existência, a vida se dissolvem na abstração sistêmica, que, então, se torna a continuadora de todas as abstrações que, ocultam a riqueza do real e provocam sua manipulação desenfreada, pelo contrário, o ser, a existência, a vida surgem necessariamente sob o efeito do desenvolvimento do conceito complexo de sistema/organização.

5. Em outras palavras, a idéia sistêmica, em permanecendo "teórica", não afeta o paradigma de separação/simplificação que julga superar julgando superar a atomização reducionista;

Para o pensamento complexo 275

pelo contrário, seu "holismo" torna-se reducionista por redução ao todo. Só no nível paradigmático, em que desabrocha verdadeiramente sua complexidade virtual, a sistêmica poderia abrir-se para uma nova organização (complexa) do pensamento e da ação.

6. Uma nova racionalidade deixa-se entrever. A antiga racionalidade procurava apenas pescar a ordem na natureza. Pescavam-se não os peixes, mas as espinhas. A nova racionalidade, permitindo conceber a organização e a existência, permitiria ver os peixes e também o mar, ou seja, também o que não pode ser pescado.

7. Organizava-se a partir de ordens — ordenando. Trata-se de ordenar a partir da organização, ou seja, do jogo das interações das partes empenhadas com o todo. Nesse sentido, organizar deve substituir ordenar. Quanto mais complexa é a organização, mais comporta as desordens denominadas *liberdade*.

8. A organização não é instituição, mas uma atividade regeneradora e geradora permanente em todos os níveis, e que se baseia na computação, na elaboração das estratégias, na comunicação, no diálogo.

9. O paradigma sistêmico quer que dominemos não a natureza, mas o domínio (Serres), o que nos abre formas de ação que comportam necessariamente a autoconsciência e o autocontrole.

10. Esse princípio conduz a uma prática responsável, liberal, libertária, comunitária (cada um desses termos sendo transformado por suas interações com os outros). Conduz também à redescoberta da questão da sabedoria e à necessidade de fundar a *nossa* sabedoria. A procura dessa sabedoria é, nesse sentido, a procura da superação da cisão que se operou no Ocidente entre o universo da meditação e o da prática social.

6

Pode-se conceber
uma ciência da autonomia?

Vou partir do paradoxo que encontra tanto o sociólogo como o ator político ou social. *O paradoxo* é que, se aplicarmos a visão científica "clássica" à sociedade, só vemos determinismos. Esse tipo de conhecimento exclui toda a idéia de autonomia nos indivíduos e nos grupos, exclui a individualidade, exclui a finalidade, exclui o sujeito.

Por isso, o sociólogo ou o "político" vive uma situação esquizofrênica. Por um lado, sua experiência subjetiva, como a de todo ser humano, é — julga ele — a de sua relativa liberdade, sua responsabilidade, seus deveres, suas intenções; vê a sua volta não só determinismos, mas também atores com os quais está em relação de competição, de conflito ou de cooperação. A partir daí, há o divórcio total entre essa visão subjetiva "vivida" e a visão dita científica. E a solução, para cada um, é esquizofrênica, ou seja, com dois patamares de pensamento que não se comunicam jamais. Assim, por exemplo, o tecnocrata vê na sociedade determinismos, mecanismos, processos, mas, de vez em quando, o tecnocrata dá um salto filosófico, vê a sociedade formada por concidadãos e sujeitos que têm problemas ou necessidades. O marxista também vive essa situação esquizofrênica: por um lado, possui a ciência da história submetida a processos deterministas, mas, por outro, como, por exemplo, fez Lênin, concede à decisão, à escolha estratégica um papel capital, exalta a vontade, a tomada de consciência, condena e denuncia, ou seja, situa-se no terreno moral.

Podemos ou devemos aceitar viver ainda dessa forma? Mas *é possível sair dela*? O que me proponho a lhes dizer é que, efetivamente, há um caminho para sair dela.

O que se passa atualmente no domínio das ciências sociais? Na realidade, há *duas sociologias em uma*. Há a sociologia que se pretende científica e a que resiste a essa cientificação. A que se julga científica adotou o modelo físico determinista clássico de que falei no início desta exposição. Serve-nos de noções mecânicas e energéticas das quais, efetivamente, elimina as idéias de atores, de sujeitos.

A outra sociologia trata de atores, de sujeitos, de tomada de consciência, de problemas éticos, mas, neste momento, é considerada absolutamente não científica. É denunciada pelos "cientistas" como literária, ensaísta, jornalística, termos carregados de maldição para os jalecos brancos. Efetivamente, não tem fundamento científico.

Por outro lado, a sociologia que se diz científica fechou-se para a biologia. Fechou-se não para defender a especificidade do fenômeno humano, mas para fugir da realidade bioantropossocial. Por isso, essa clausura é empobrecedora. Os fenômenos antropossociais são reduzidos a estruturas de pensamento provenientes do modelo físico clássico, mais simples do que o modelo biológico contemporâneo. Assim, a sociologia torna-se uma ciência privada de vida.

Tem-se medo da vida, do *Lebenswelt*, da realidade humana, que é biocultural. Tem-se medo até da noção de homem, que se que exorcizar, como se ela fosse privada de todo conteúdo e de toda significação. Ora, para sermos capazes de pensar a

Para o pensamento complexo 279

realidade antropossocial em sua complexidade, falta-nos um trabalho fundamental sobre nossos princípios de pensamento.

Precisamos de um método que saiba distinguir, mas não separar e dissociar, e que saiba promover a comunicação do que é distinto. Precisamos de um método que respeite o caráter multidimensional da realidade antropossocial, isto é, que não escamoteie nem sua dimensão biológica, nem a dimensão do social, nem a do individual, isto é, que possa enfrentar as questões do sujeito e da autonomia.

O que vou tentar desenvolver para vocês é que é possível considerar a autonomia, o indivíduo, o sujeito não como noções metafísicas, mas como noções que podem encontrar seu enraizamento e suas condições físicas, biológicas e sociológicas. Com efeito, são os próprios desenvolvimentos das ciências naturais que hoje permitem dar sentido científico à idéia de autonomia e, assim, permitem uma verdadeira revolução de pensamento.

A primeira "revolução de pensamento" manifesta-se nos primórdios de uma *ciência* da organização. O mérito capital, a meu ver, da cibernética fundada por Norbert Wiener e da teoria dos sistemas fundada por Von Bertalanffy é que uma e outra trazem elementos primeiros para conceber a organização. É claro que a idéia de sistema não é nova. Sabia-se há muito que as interações do Sol com seus planetas formavam *sistema*, isto é, um conjunto organizado. A idéia de organização estava, desde o século 18, no âmago da problemática biológica e distinguia o orgânico do inorganizado e, no século 19, considerava o corpo enquanto organismo. O que é novo é o foco cibernético e sistêmico sobre a questão da organização enquanto organização. Aqui, a cibernética traz um conceito importante: o de *retroação*, que efetua uma revolução conceitual porque rompe com a causalidade linear, fazendo-nos conceber o paradoxo de um sistema causal cujo efeito repercute sobre a causa e a modifica. Assim, vemos aparecer a *causalidade em anel*.

A causalidade em anel, por exemplo, a do sistema de aquecimento central, em que o efeito produzido pela caldeira, isto é, o aumento de temperatura na sala, determina, pelo termostato, a interrupção do aquecimento. Em tal sistema, a retroação reguladora produz a autonomia térmica do conjunto aquecido, em relação às variações externas de temperatura.

Ora, esse fenômeno de autonomia térmica é produzido, por meio de processos muito mais complexos, é certo, mas da mesma natureza retroativa e reguladora, nos organismos vivos dos animais ditos homeotérmicos. A homeotermia é uma propriedade, dentre outras, de *homeostase*, isto é, de produção e manutenção de *constância* na composição e na organização dos constituintes físico-químicos dos nossos organismos. Vemos, então, que a causalidade retroativa permite conceber a constituição de uma causalidade interna ou *endocausalidade* que, de certo modo, emancipa o organismo das causalidades externas, embora sofra seus efeitos. Sofre os efeitos, mas, reagindo a eles, contraria-os ou anula-os. O homeotérmico, longe de ser atingido e degradado pelo frio externo, responde-lhe por meio de maior produção de calor interno, e, paradoxalmente, o frio (externo) provoca o calor (interno).

Chegamos a esta idéia capital: um sistema que se anela em si mesmo cria sua própria causalidade e, por isso, sua própria autonomia. Como disse brilhantemente Claude Bernard no século passado, "a constância do mundo interno é a condição da vida autônoma".

A segunda idéia importante decorre da idéia de sistema. É bem sabido que um todo organizado dispõe de propriedades, até mesmo no nível das partes, que não existem nas partes isoladas do todo. São propriedades *emergentes*. O interessante é que, uma vez produzidas, essas propriedades retroagem sobre condições da sua formação. Entre essas propriedades, há a qualidade de autonomia. Assim, consideremos o exemplo da primeira célula viva: ela só pôde nascer ao acaso de

Para o pensamento complexo 281

interações de ácidos nucléicos com ácidos aminados em meio a uma sopa primitiva entre turbilhões e relâmpagos. Seu nascimento depende, então, de condições extremamente aleatórias. Mas, desde que existiu enquanto ser vivo, essa protocélula dispôs de qualidades desconhecidas pelas macromoléculas químicas que a constituem, sobretudo a capacidade de metabolizar, de trocar com o externo, e, mais fundamentalmente, a propriedade de autoprodução e de auto-reprodução.

Ora, é evidente que, desde que essa qualidade de auto-reprodução existe, a criação de uma nova vida deixa de depender das condições externas aleatórias que são as da origem, e os seres vivos podem efetivamente multiplicar-se em condições que dependem não só do meio externo, mas também da sua própria organização. A partir de uma protocélula originária, a vida pôde espalhar-se por toda a Terra talvez em poucas dezenas de anos.

Portanto, vemos que a idéia sistêmica de *emergência* e a idéia cibernética de *retroação* permitem conceber, ao mesmo tempo que a idéia de organização, a *autonomia de uma organização*.

Uma segunda idéia importante que a teoria dos sistemas revelou foi a idéia "bertalanffyana" de *sistema aberto*. O que é um sistema aberto? É um sistema que está aberto energética e, às vezes, informacionalmente para o universo externo, ou seja, que pode alimentar-se de matéria/energia e até de informação. Ora, todo sistema que trabalha tende, em virtude do segundo princípio da termodinâmica, a dissipar sua energia, degradar seus constituintes, desintegrar sua organização e, portanto, desintegrar-se. É, portanto, necessário à sua existência — e, quando se trata de um ser vivo, à sua vida — que ele possa alimentar-se, isto é, regenerar-se, extraindo do externo a matéria-energia de que precisa.

Assim, viver é, ao mesmo tempo, sofrer a degradação ininterrupta de moléculas de nossas células, das células de nos-

282 *Ciência com Consciência*

sos organismos, e produzir sua regeneração/reprodução ininterrupta.

Aqui surge o ponto mais crucial da nova noção de autonomia: *um sistema aberto é um sistema que pode alimentar sua autonomia, mas mediante a dependência em relação ao meio externo.* Isso significa que, contrariamente à oposição simplificadora entre uma autonomia sem dependência e um determinismo de dependência sem autonomia, vemos que a noção de autonomia só pode ser concebida em relação à idéia de dependência, e esse paradoxo fundamental é invisível a todas as visões dissociadoras para as quais há antinomia absoluta entre dependência e independência. É esse pensamento-chave de autonomia/dependência que a realidade nos obriga a conceber. E, de resto, quanto mais um sistema desenvolver sua complexidade, mais poderá desenvolver sua autonomia, mais dependências múltiplas terá. Nós mesmos construímos nossa autonomia psicológica, individual, pessoal, por meio das dependências que suportamos, que são as da família, a dura dependência na escola, as dependências na universidade. Toda a vida humana autônoma é uma trama de incríveis dependências. É claro que, se nos falta aquilo de que dependemos, estamos perdidos, estamos mortos; isso significa também que o conceito de autonomia não é substancial, mas relativo e relacional. Não digo que quanto mais dependente mais autônomo; não há reciprocidade entre esses termos. Digo que não se pode conceber autonomia sem dependência.

A terceira noção-chave que me parece capital para fundar a idéia de autonomia viva é a de auto-organização. Enquanto o pensamento da organização está em seus primórdios, apenas esboçamos o pensamento da auto-organização. Ora, o que é impressionante, quando consideramos as miríades de estrelas que povoam o cosmo, é que elas não são o produto de nenhuma organização externa. Elas não param de se autoproduzir, de se auto-regular a partir de seus próprios processos inter-

Para o pensamento complexo 283

nos e, assim, produzem a própria autonomia. A auto-organização aparece, portanto, no universo propriamente físico. Mas ainda mais impressionante é esta auto-organização física a que chamamos vida, porque dispõe de qualidades desconhecidas pelas outras organizações físicas: qualidades informacionais, computacionais, comunicacionais e de auto-reprodução. A auto-organização viva é uma organização que incessantemente se auto-repara, se auto-reorganiza (reproduzindo as moléculas que se degradam e as células que degeneram). Essa organização, como se descobriu, é "programada" geneticamente. Mas nenhum *deus ex machina* ou *pro machina* fabricou do externo esse "programa"; ele se autoproduziu com autoprodução da própria vida e se autodesenvolveu com os autodesenvolvimentos da vida.

A idéia de autoprodução ou de auto-organização não exclui a dependência em relação ao mundo externo: pelo contrário, implica-a. A auto-organização é, de fato, uma auto-ecoorganização.

Não pretendo elucidar aqui esse termo; quero apenas indicar que ele é incompreensível se não se recorrer a essa idéia desconhecida na visão simplificadora própria da ciência clássica: a idéia de *recorrência organizacional*. Processo recorrente é aquele cujos produtos ou efeitos são necessários à sua própria regeneração, isto é, à sua própria existência. A imagem do turbilhão é elucidativa. Um turbilhão é uma organização estacionária, que apresenta forma constante; no entanto, é constituída por fluxo ininterrupto. O fim do turbilhão é, ao mesmo tempo, seu começo, e o movimento circular constitui simultaneamente o ser, o gerador e o regenerador do turbilhão. De igual modo, nós, seres vivos, só aparentemente parecemos formar corpos sólidos e estáveis. Nosso corpo subitamente petrifica-se e, depois, desintegra-se se o movimento turbilhonante de nossa circulação sangüínea parar. Mais profundamente, nosso corpo só existe num formidável *turnover* em que seus milhões de milhões de moléculas, seus milhares de milhões de células são incessantemente renovados. No nível da existência de cada célula, há um processo recorrente, em que o ADN especifica as proteínas necessárias para que o ADN as possa especificar. No nível da relação indivíduo/reprodução, o indivíduo é produzido por um ciclo de reprodução, que por sua vez é produzido pelos indivíduos que ele produz.

A idéia de recorrência organizacional é necessária para conceber a autoprodução e a auto-organização, e essas idéias permitem compreender a emergência do *si*, ou seja, do ser e da existência individual, noções ignoradas, invisíveis para a visão científica clássica, o que leva os Diafoirus a duvidar do ser, da existência, da individualidade, visto que seus conceitos os tornam invisíveis. Ao mesmo tempo, pode-se conceber a autonomia de um ser e sua dependência existencial de tudo aquilo que é necessário à sua autonomia, como de tudo aquilo que ameaça sua autonomia no seu ambiente aleatório...

Voltemos à idéia de individualidade. Segundo o axioma clássico, "só existe ciência do geral". Ora, esse axioma é doravante caduco em física e em biologia. Em física, as "leis gerais" do universo são doravante concebidas como resultantes de coações singulares próprias de um universo singular. Em biologia, parece plausível que a vida tenha tido nascimento único e singular; as espécies não são quadros gerais em que se inscrevem os indivíduos singulares, mas princípios singularizantes que produzem individualidade singular. Mesmo nos unicelulares, os indivíduos geneticamente semelhantes não são absolutamente idênticos, e nós sabemos que a reprodução sexual é acima de tudo geradora de diversidades, ou seja, de indivíduos diferentes uns dos outros.

Mais ainda, o sistema imunológico próprio dos animais superiores mostra que, para o organismo desses animais, há uma relação fundamental entre individualidade, singularida-

Para o pensamento complexo 285

de, integridade e autonomia; com efeito, o sistema imunológico é um sistema de defesa que opera a distinção molecular do eu e do não-eu, rejeita ou destrói aquilo que é reconhecido como não-eu, protege e defende aquilo que é reconhecido como "eu". Eis que a imunologia introduz na ciência da vida a noção de eu, que comporta o princípio do autoconhecimento da própria individualidade e a valorização dessa individualidade em relação a tudo aquilo que é não-eu. Há que ir ainda mais longe. Dado que todo ser vivo, celular ou policelular, é um ser *computante*, isto é, que trata informacionalmente seus próprios dados internos e os dados-acontecimentos externos, esse ser que computa para si computa *de fato na primeira pessoa*. Donde a idéia que já exprimi (*La Méthode, 2, La Vie de la Vie*), de *computo*, que caracteriza a individualidade viva. Portanto, a individualidade não é só diferença e singularidade, mas também *subjetividade*: ser sujeito é dispor, mediante o *computo*, da qualidade de auto-referência; *é dispor-se no centro do seu universo* (egocentrismo). Nesse sentido, o indivíduo-sujeito é único, mesmo quando é exatamente igual a seu congênere, como mostra o caso dos gêmeos homozigóticos. Por mais cúmplices e identificados um com o outro que esses gêmeos sejam, cada um ocupa exclusivamente a sede do seu "eu". A qualidade do sujeito é inseparável de um princípio de exclusão que exclui todo outro da sede egocêntrica/auto-referente que constitui propriamente a qualidade do sujeito que lhe dá unicidade. Assim situado no mundo, o indivíduo-sujeito é um ator no jogo aleatório da vida. Aqui, podemos ver que a teoria dos jogos, de von Neumann e Morgenstern, tinha fornecido o primeiro fundamento formal de uma teoria científica das interações competitivas entre indivíduos-sujeitos. De fato, a realidade dos indivíduos-sujeitos vivos é muito mais complexa do que a de um simples jogador egocêntrico. O sujeito vivo é, ao mesmo tempo, egocêntrico e genocêntrico (isto é, dedicado aos seus, à produção de semente, à proteção e defesa da progenitura), e , onde existe sociedade, é também sociocêntrico. Egocentrismo, genocentrismo, sociocentrismo são noções simultaneamente complementares, concorrentes e antagônicas; isso quer dizer que sua relação é complexa. Quer dizer também que a autonomia do indivíduo-sujeito vivo, sendo dependente do ambiente, é também dependente de sua ascendência genética e da sociedade em que se inscreve.

A autonomia viva desenvolve-se de forma paradoxal. À partida, os autotrófitos, de onde se vão desenvolver os vegetais, são capazes de transformar em energia a luz solar e são autônomos com relação aos heterotrófitos, que não podem captar utilmente essa energia. Ora, a autonomia de movimento animal vai desenvolver-se a partir dessa carência. Os animais terão de comer vida — plantas ou outros animais — e tornam-se, ao mesmo tempo, parasitas, dependentes e soberanos do mundo vegetal. Os predadores são dependentes das presas que lhes são necessárias. Foi por meio desse circuito de dependências/autonomias que se desenvolveu a vida animal, isto é, também o aparelho neurocerebral dos animais, sua capacidade de computar e conhecer o ambiente, sua aptidão para elaborar estratégias de ação. O desenvolvimento dos vertebrados, dos mamíferos, dos primatas e da hominização é inseparável do desenvolvimento neurocerebral.

A partir daí, com o *homo sapiens*, a cultura, a linguagem, podemos conceber a noção de liberdade, que não é uma qualidade própria do homem, mas uma emergência que, em certas condições externas e internas favoráveis, pode emergir no homem.

O que é a liberdade? Uma visão insuficiente define-a como o reconhecimento da necessidade. Outra, também insuficiente, a define como aquilo que escapa à necessidade, isto é, a identifica com a aleatoriedade. Para que haja liberdade, é preciso um universo com determinismos, constâncias, regulari-

Para o pensamento complexo 287

dades, nos quais a ação possa apoiar-se, mas é preciso que haja também potencialidades de jogo, aleatoriedades, incertezas, para que a ação possa desenvolver-se. A liberdade supõe, por conseguinte, determinismos e aleatoriedades. Mas essas são apenas as primeiras condições externas da liberdade, que demanda também essas condições internas fundamentais: aparelho neurocerebral capaz de representar uma situação, de elaborar hipóteses e estratégias. Enfim, é necessário que haja possibilidades de escolha, ou seja, as condições externas que permitem a escolha e as condições internas que permitem concebê-la.

Aqui, reencontramos nossas questões sociopolíticas clássicas das liberdades e da liberdade. Somos livres ou não livres em função das determinações sociológicas, econômicas e políticas que suportamos.

A partir daí, pode-se fazer a articulação com a questão das liberdades políticas. É certo que a pluralidade política, os direitos do homem constituem de certo modo condições externas que permitem em certos domínios possibilidades de escolha e de decisões.

Tudo que restringe as liberdades restringe, efetivamente, nos indivíduos, as possibilidades de escolha. Toda censura que restringe a informação retira as possibilidades de conhecimento que permitem de fato as condições ótimas de decisão.

E eis a situação paradoxal do ser humano, que é e pode ser o mais autônomo e o mais subjugado; as subjugações que lhe são impostas inibem ou suprimem sua liberdade. Mas sua autonomia só se pode afirmar e fazer emergir suas liberdades nas e pelas dependências. Donde estas proposições paradoxais: possuímos os genes que nos possuem; eles nos possuem, são anteriores à nossa existência, nos impõem suas determinações, mas, ao mesmo tempo, nos permitem existir e agir, e, enquanto sujeitos auto-referentes e egocêntricos, nós nos apropriamos deles, sem, contudo, deixar de deles depender.

Suportamos nosso destino forjando nossa experiência. Fazemos a história que nos faz; somos jogados e jogadores na sociedade. Dependemos da sociedade, que depende de nós; a sociedade parece-nos um ser transcendente externo e superior que se nos impõe, mas ela só existe por nós e desaparece totalmente logo que cessam as interações dos indivíduos; de fato, nós nos co-produzimos mutuamente: os indivíduos fazem a sociedade, que, por meio da cultura, faz os indivíduos. A autonomia da sociedade depende dos indivíduos, cuja autonomia depende da sociedade.

ALGUMAS IDÉIAS DE CONCLUSÃO

A *primeira* é que, muito curiosamente, o enraizamento na física e na biologia permite-nos encontrar fundamento para a idéia de autonomia. Então, podemos conceber que o homem seja um ser físico, biológico, cultural e psíquico. Se abrirmos mão desse enraizamento conceitual, as idéias de autonomia humana e de liberdade permanecem totalmente metafísicas.

A autonomia, a individualidade, o sujeito, a liberdade deixam, portanto, de ser noções substanciais, princípios ou prendas metafísicas. Simplesmente, para concebê-lo, precisamos de:

a) um princípio de complexidade física que conceba as relações dialógicas de ordem, desordem e organização;

b) um princípio de complexidade organizacional para compreender o que é a emergência, a retroação e a recorrência;

c) um princípio de complexidade lógica que conceba a relação entre autonomia e dependência. A partir daí, porque temos os instrumentos conceituais, podemos conceber em interação e associação, e já não em exclusão, as noções de determinismo e de liberdade, bem como de autonomia e de dependência. Assim, a liberdade é serva de suas condições de emergência, mas pode retroagir sobre essas condições.

Para o pensamento complexo 289

A *segunda idéia* é que uma questão-chave de método está ligada a essa nova visão; um método simplificador só pode conceber causalidades externas, sendo incapaz de conceber a causalidade interna; dissocia o físico e o biológico do antropológico, reduz o complexo ao simples; não pode conceber a organização nem, é claro, a auto-organização.

Se vocês são prisioneiros daquilo que denomino paradigma de simplificação (separação e redução), é impossível que vejam a autonomia. Mas algo para o que seus conceitos são cegos não é, necessariamente, algo que não existe.

Em outras palavras, seria lamentavelmente diafoiresco que, por não ver a autonomia, o cientista não visse o indivíduo, não visse a vida... e concluísse que a autonomia, o indivíduo, a vida não existem. E, no entanto, esse diafoirismo ainda é preponderante em nossas universidades.

A *terceira idéia* é que a sociologia "de retaguarda", isto é, ensaísta, literária, filosófica, salvaguardaria os conceitos essenciais de autonomia, ator, sujeito, que, doravante, encontrariam fundamentos científicos.

Eis minha última palavra: a questão da ciência e da ação pode ser modificada por uma visão que dê sentido às noções de ator, autonomia, liberdade, sujeito, que eram pulverizadas ou afastadas pela concepção simplificadora da ciência "clássica".

Tal visão via apenas quantidades ou objetos manipuláveis onde há seres e indivíduos. Condenava-os, portanto, à esquizofrenia permanente de que falei no início de minha palestra. Além disso, tendia para a manipulação. A manipulação do homem pelo homem, do homem pelo Estado só é refreada, atualmente, pelos enormes atrasos do conhecimento sociológico; mas, no dia em que atingisse o nível da biologia, permitiria todas as manipulações. Só estamos protegidos pela ética, termo que não tem nenhum sentido científico na concepção clássica, porque a ética supõe o sujeito.

Em contrapartida, com os conceitos da *scienza nuova* em gestação no domínio físico e biológico das questões da organização, podemos reconhecer na sociedade não só processos, regularidades, aleatoriedades, mas também seres, entes, indivíduos. Então, essa ciência permitiria reconhecer e ajudar as aspirações individuais, coletivas e étnicas de autonomia e de liberdade. Então, a resposta que a ciência dá à questão social não será manipulação, mas contribuição para as aspirações profundas da humanidade.

7

A complexidade biológica
ou auto-organização

Complexidade e organização da diversidade

Não dependem *a priori* da complexidade nem a unidade simples e irredutível, nem uma população não organizada de unidades (como as moléculas de um gás), nem uma diversidade desorganizada (como uma carroça de lixo).

Se ficarmos no campo da "banda média" física[1] (isto é, excluindo os campos microfísico e macrofísico, o que, aliás, é uma simplificação de método), a complexidade começa logo que há sistema, isto é, inter-relações de elementos diversos numa unidade que se torna complexa (una e múltipla).

A complexidade sistêmica manifesta-se, sobretudo, no fato de que o todo possui qualidades e propriedades que não se encontram no nível das partes consideradas isoladas e, inversamente, no fato de que as partes possuem qualidades e propriedades que desaparecem sob o efeito das coações organizacionais do sistema. A complexidade sistêmica aumenta, por

---

[1] Chamamos de "banda média" à zona fenomenal da *physis*, onde atuam as leis da física clássica.

um lado, com o aumento do número e da diversidade dos elementos, e, por outro, com o caráter cada vez mais flexível, cada vez mais complicado, cada vez menos determinista (pelo menos para um observador) das inter-relações (interações, retroações, interferências etc.).

Uma nova ordem de complexidade aparece quando o sistema é "aberto", isto é, quando sua existência e a manutenção de sua diversidade são inseparáveis de inter-relações com o ambiente, por meio das quais o sistema tira do externo matéria/energia e, em grau superior de complexidade, informação. Aqui aparece uma relação propriamente complexa, ambígua, entre o sistema aberto e o ambiente, em relação ao qual é, ao mesmo tempo, autônomo e dependente.

Acede-se a outra ordem de complexidade com os sistemas cibernéticos, de que não se pode compreender a organização se não se recorrer às noções de informação, de programa, de regulação etc.

O sistema vivo possui e combina até o extremo a complexidade sistêmica, a complexidade de sistema "aberto", a complexidade cibernética.

A partir daí, poder-se-ia supor que a complexidade do vivo está circunscrita e que bastaria fazer atuar a teoria dos sistemas e a cibernética. O que vamos mostrar é que a complexidade própria do vivo, embora contenha essas ordens de complexidade, é de outra ordem, de outra qualidade e que depende de um princípio organizador diferente.

A estranha fábrica automática

É certo que muitas vezes se comparou a célula, que é a unidade de base do ser vivo, a uma fábrica automática extremamente aperfeiçoada. Efetivamente, a célula efetua operações múltiplas de transformação em função do que parece ser um programa detalhado (as instruções do "código

Para o pensamento complexo 293

genético"). Mas essa comparação, ou assimilação, elimina tanto o que é próprio da fábrica como o que é próprio do ser vivo, e, nos dois casos, a complexidade viva. Com efeito, no caso da fábrica, ela só encontra sua inteligibilidade no âmbito da sociedade que a construiu e na qual funciona, o que nos remete à tecnologia, à economia, à divisão do trabalho, às classes sociais dessa sociedade; além disso, por mais automatizada que seja, essa fábrica é controlada por seres humanos, que são atores sociais. Em outras palavras, a fábrica só pode ser compreendida se introduzirmos a complexidade social de uma sociedade industrial, que é o produto de longa evolução, na origem da qual se encontra... a célula viva originária. Em outras palavras, a complexidade cibernética da fábrica não passa de um aspecto, que não é o mais complexo, de uma complexidade social viva que a produziu e que a comanda, envolvendo-a. Em contrapartida, a célula, no caso do unicelular, se depende evidentemente de um ecossistema externo de que faz parte e onde alimenta sua complexidade, baseia sua complexidade no próprio sistema generativo, isto é, na sua auto-organização. Embora seja tão aperfeiçoada como ou, mesmo, mais do que uma fábrica automática, ela funciona sem diretores, engenheiros, serventes, isto é, sem seres vivos mais complexos do que ela, que a produzem e a comandam. É evidente que não é produzida por um sistema econômico e social anterior e externo. Tudo se passa como se as moléculas fossem, ao mesmo tempo, programadores, operários, máquinas, produtores, consumidores. É evidente que o "programa" não vem de uma realidade externa mais complexa; ele está no interior da célula e vem de outra célula, por auto-reprodução, e assim por diante. Portanto, a comparação com a fábrica automática, como toda comparação cibernética, elimina o núcleo da complexidade biológica, que é a auto-organização.

A visão estritamente cibernética elimina a complexidade externa do autômato artificial (a fábrica automática) e elimi-

294   *Ciência com Consciência*

na a complexidade interna, auto-organizadora, do autômato natural (o ser vivo). Trata-se, pelo contrário, de captar a complexidade interna própria do autômato natural sem eliminar a complexidade de sua relação com o externo (ecossistema), a única que lhe permite a complexidade interna,[2] ou seja, mais uma vez, sua auto-organização.

O autômato natural: geratividade e desordem

Aqui, von Neumann introduz-nos naquilo que constitui a diferença fundamental entre o autômato artificial, mesmo o mais aperfeiçoado (o computador, a fábrica automática) e o autômato natural mais rudimentar, o unicelular, e introduz-nos no âmago da complexidade biológica. Essa diferença manifesta-se sob três aspectos interdependentes:

1. Uma máquina artificial é composta por elementos extremamente confiáveis (*reliable*), ou seja, por peças calibradas, verificadas, que se ajustam perfeitamente umas às outras e são constituídas pelos materiais mais resistentes e menos deformáveis em função do trabalho a efetuar. Todavia, em seu conjunto, a máquina é de confiabilidade muito reduzida, ou seja, pára e sofre avaria logo que um único de seus componentes se degrada. É tanto menos confiável quanto mais numerosos e interdependentes forem os seus componentes. Em contrapartida, o ser vivo é composto por elementos muito pouco confiáveis; as moléculas de uma célula, as células de um organismo degradam-se incessantemente e têm duração efêmera (assim, 99% das moléculas de um ser

---

[2] Quanto mais evoluído for o ser vivo, mais autônomo será, mais extrairá de seu ecossistema vivo energia, informação, organização. Mas mais dependerá, pela mesma razão, de seu ecossistema. O ser vivo é, portanto, ao mesmo tempo, autônomo e dependente e, em se tornando mais autônomo, torna-se mais dependente. É, portanto, auto-organizador sem ser auto-suficiente. Essa ambiguidade que desfaz toda a noção de entidade fechada relativa ao ser vivo, "sistema aberto", remete-nos a outro aspecto da complexidade biológica, a complexidade da relação ecossistêmica.

Para o pensamento complexo

humano são destruídas no espaço de um ano). Todavia, o conjunto é muito mais confiável do que seus constituintes, e sua confiabilidade não diminui com o aumento do número e das inter-relações desses constituintes. O conjunto é muito mais confiável do que o de toda máquina artificial. O conjunto pode funcionar apesar da degradação definitiva de certos constituintes, apesar dos acidentes locais que o podem atingir. A equifinalidade é a atitude dos seres vivos que lhes permite realizarem seus fins (seu "programa") por meios desviados, apesar de carências, de acidentes ou de obstáculos, enquanto a máquina, privada de um dos seus elementos ou de um dos seus alimentos, se deteriora, pára ou fornece produtos errôneos.

Donde a questão levantada por von Neumann: como é que um autômato extremamente confiável pode ser constituído por elementos extremamente pouco confiáveis?[3] Questão que podemos levar um pouco adiante: será que a fraca confiabilidade dos componentes não é o obstáculo, mas a condição da forte confiabilidade do ser vivo?

2. A questão da confiabilidade pode ser concebida em termos mais gerais de ordem e desordem. Os desgastes, as deformações, as degradações que sofrem os constituintes de uma máquina perturbam e degradam sua ordem e podem ser considerados elementos ou fatores de desordem. Quando se trata de uma máquina cibernética dotada de um programa ou manipuladora de informação, essa desordem pode ser considerada "ruído". Denomina-se ruído toda perturbação aleatória que intervém na comunicação da informação e que, por isso, degrada a mensagem, que se torna errônea. O ruído é, portan-

---

[3] Para ele, a questão não era unicamente teórica; perguntava também: como constituir, construir um tal autômato, isto é, um ser artificial que teria, então, uma vantagem fundamental própria do ser vivo? A criação de um ser artificial que teria os caracteres do ser vivo não é eventualidade a ser excluída; o que separa o ser vivo da máquina não é o caráter artificial da máquina, é a baixíssima complexidade de nossos artifícios tecnológicos.

to, desordem que, desorganizando a mensagem, se torna fonte de erros. Desordem, ruído, erro são aqui noções ligadas. Ora, a máquina artificial não apenas sofre em pouco tempo desordem, ruído, erros (por causa de sua fraca confiabilidade), mas também não os pode tolerar. Quando muito, pode diagnosticar o erro e parar imediatamente, a fim de limitar o curso da desordem, que cresce de forma fatal (em *feed-back* positivo). Em contrapartida, o funcionamento do ser vivo tolera sempre uma parte de desordem, de ruído, de erros, até certos limiares. A degradação das moléculas e das células num organismo, que é contínua, como vimos, constitui, nesse sentido, a desordem permanente. Além disso, há um certo grau de autonomia das células num organismo; enquanto numa máquina a integração peça por peça dos componentes é extremamente precisa e rigorosa, a integração das células entre elas, dos órgãos entre eles é extremamente frouxa e, portanto, comporta margem de incertezas e de aleatoriedades. A presença de agentes infecciosos, de elementos nocivos, tal como a proliferação descontrolada de células, é, num organismo — até certo limite, naturalmente — um fenômeno normal. No caso do câncer, por exemplo, "nascem constantemente células malignas e, à medida que aparecem, são eliminadas pelas defesas imunológicas" (Lwoff, 1972). Além disso, quando consideramos quer os ecossistemas naturais, quer as sociedades superiores (nas formigas, como nos mamíferos, e, é claro, nos humanos), constatamos não só um grande número de movimentos aleatórios nos comportamentos individuais, mas também conflitos incessantes entre indivíduos, antagonismos de grupos ou classes. Damo-nos conta de que, na ordem do ser vivo, as relações entre elementos ou subsistemas, entre indivíduos ou grupos não dependem de um estreito ajustamento (*fitting*), de uma estreita complementaridade, mas também de concorrências, competições, antagonismos, conflitos, o que é, evidentemente, fonte de per-

Para o pensamento complexo 297

turbações e desordens. Tais relações são, até agora, impossíveis numa máquina artificial.

Ora, trata-se de um sinal de complexidade, pois, quanto mais evoluído for um ser vivo, mais complexo ele é e mais compreende em si desordem, ruído, erro. Os sistemas mais complexos que conhecemos — o cérebro e a sociedade dos homens — são os que funcionam com a maior parte de aleatoriedade, de desordens, de "ruído". Mais uma vez, a complexidade manifesta-se como ambigüidade e paradoxo, aqui na relação entre ordem e desordem. De novo, não podemos deixar de ir ainda mais além no paradoxo e perguntar: o ser vivo funciona não apesar da desordem, mas também com a desordem? A partir daí concebemos que a complexidade do vivo é a de um princípio organizador que desenvolve suas qualidades superiores às de todas as máquinas baseando-se precisamente na desordem (quer provenha das degradações, dos conflitos ou dos antagonismos).

3. Podemos doravante colocar a questão em termos radicais. Todo sistema físico organizado sofre, sem remissão, o efeito do segundo princípio da termodinâmica, isto é, o aumento de entropia dentro do sistema, que se traduz pelo aumento da desordem em detrimento da ordem, da homogeneidade em detrimento da heterogeneidade (a diversidade dos elementos constitutivos), em resumo, da desorganização em detrimento da organização. Nesse sentido, uma máquina artificial, por mais aperfeiçoada que seja, é sempre degenerativa e, dado que no conjunto é muito pouco confiável, é rapidamente degenerativa. Degrada-se a partir do momento em que é constituída, quer funcione, quer não funcione. Só se pode lutar contra essa degradação externamente, isto é, reparando ou substituindo as peças gastas, o que significa que o poder regenerador está no exterior da máquina.

Além disso, não é só a máquina que está sujeita à degradação, mas também a informação (o programa) que a controla e a comanda: a informação, conforme o teorema de Shannon — segundo o qual a quantidade de informação recebida por um receptor só pode ser, quando muito, igual à quantidade de informação emitida por um emissor —, é degenerativa, está submetida aos "ruídos" que acumulam os erros e, finalmente, distorcem a mensagem.

Em contrapartida, a máquina viva é, pelo menos temporariamente, não degenerativa. Vemos logo por que: porque é capaz de renovar seus constituintes moleculares e celulares que se degradam; certas espécies podem até regenerar órgãos inteiros. Bem entendido, o indivíduo vivo acaba por degenerar: envelhece e morre; a entropia vence-o, sob o efeito estatístico da acumulação dos "erros" que se efetuam na transmissão da mensagem genética[4] (o que verifica o teorema de Shannon sobre a degradação da informação). Mas, em contrapartida, o ser vivo dispõe de um poder de "geratividade", que até agora o autômato artificial, evidentemente, desconhece. O autômato natural é auto-reprodutor, ou seja, capaz de gerar um novo autômato natural. É capaz de reproduzir e de multiplicar a organização complexa viva, o que se manifesta também no plano da ontogênese dos indivíduos, que, a partir de um ovo, realizam um ciclo generativo até sua maturidade. Tudo isso não contradiz o segundo princípio, mas não é previsto por ele. Como muitas vezes foi dito, a auto-organização viva faz o papel do demônio de Maxwell que, dotado de seu poder informador, separa e seleciona as moléculas em movimento de forma a restabelecer a heterogeneidade, pagando o seu tributo à entropia (Brillouin).

Temos de ir mais adiante ainda e entender a geração num sentido lato, isto é, comportando a da própria informação. A evolução biológica pode ser considerada o desenvolvimento

---

[4] Há, com certeza, espécies em que a morte é, provavelmente, "programada" com antecedência, isto é, prevista pela auto-organização. Mas essas espécies não podem escapar à morte dos indivíduos por acumulação de erros.

Para o pensamento complexo

selvagem arborecente, a partir de um antepassado celular único, no reino vegetal e no reino animal, da complexidade generativa. Tais desenvolvimentos efetuaram-se ao longo das mutações ou reorganizações genéticas, que enriquecem o patrimônio hereditário no sentido da complexidade. Assim, há uma relação essencial entre geratividade e complexidade biológica; a complexidade biológica traduz-se por geratividade, que, por sua vez, se traduz por complexidade. Von Neumann, mais uma vez, observara que o princípio qualitativamente novo que se manifesta no autômato natural em relação ao artificial, como em relação a todo sistema estritamente físico-químico, se encontra na geratividade.

"Viver de morte, morrer de vida"

Aqui, chegamos ao cerne do paradoxo. A confiabilidade, a não degeneratividade, a geratividade dos sistemas vivos dependem de certa forma da não confiabilidade e da degeneratividade de seus componentes. O êxito da vida depende de sua própria mortalidade. Desordem, ruído, erro são mortais em diferentes aspectos, graus e termos para o ser vivo: mas também são parte integrante de sua auto-organização não degenerativa e são elementos fecundantes de seus desenvolvimentos generativos.

A constante degradação dos componentes moleculares e celulares é a enfermidade que permite a superioridade do ser vivo sobre a máquina. É fonte da constante renovação da vida. Não significa apenas que a ordem viva se alimenta de desordem, mas também que a organização do ser vivo é, essencialmente, um sistema de reorganização permanente (Atlan).

O nó da complexidade biológica é o nó górdio entre destruição interna permanente e autopoese, entre o vital e o mortal. Enquanto a "solução" simples da máquina é retardar o

300

Ciência com Consciência

curso fatal da entropia pela alta confiabilidade de seus constituintes, a "solução" complexa do ser vivo é acentuar e ampliar a desordem, para dela extrair a renovação de sua ordem. A geratividade funciona com a desordem, tolerando-a, servindo-se dela e combatendo-a, em relação antagônica, concorrente e complementar.

A reorganização permanente e a autopoese constituem categorias aplicáveis a toda ordem biológica e, *a fortiori*, à ordem sociológica humana. Uma célula está em autoprodução permanente por meio da morte de suas moléculas. Um organismo está em autoprodução permanente por meio da morte de suas células (que etc); uma sociedade está em autoprodução permanente por meio da morte de seus indivíduos (que etc): ela se reorganiza incessantemente por meio de desordens, antagonismos, conflitos que minam sua existência e, ao mesmo tempo, mantêm sua vitalidade.

Portanto, em todos os casos, o processo de desorganização-degenerescência participa no processo de reorganização-regeneração. A desorganização torna-se um dos traços fundamentais do funcionamento, ou seja, da organização do sistema. Os elementos de desorganização participam na organização, como o jogo desorganizador do adversário, numa partida de futebol, é constituinte indispensável do jogo do time, que, integrando a aplicação de regras imperativas (como o são as instruções do código genético) numa estratégia flexível sugerida pelas aleatoriedades do combate, se torna capaz das construções combinatórias mais requintadas. Eis a base do *order from noise principle* de von Foerster (von Foerster, 1960), que vai se aplicar a toda criação, a todo desenvolvimento, a toda evolução.

O princípio foersteriano (*order from noise*) é diferente do princípio mecânico *order from order*, que é o da física clássica e impõe a invariância, e do princípio *order from disorder*, que é o da estatística, em que os movimentos desordenados-

Para o pensamento complexo 301

aleatórios das unidades obedecem, no plano dos grandes números ou populações, a leis de ordem, a tendências médias ou globais, mas sem nenhuma geratividade. É complementar-antagonista do princípio *disorder from order*, que é o do segundo princípio da termodinâmica. Supõe um princípio de seleção/organização, que, no caso do ser vivo, tem caráter informacional capaz de desenvolver "um processo que absorve as mais baixas formas de ordem e por isso converte um grau correspondente de desordem num sistema de ordem mais alta" (Gunther, p. 341). Trata-se, diz Gunther, de uma "síntese das idéias *order from order* e *order from disorder*, isto é *order from (order + disorder)*" (*ibid.*, p. 341). Gunther esquece, a meu ver, que, para que essa "síntese" se efetue, é necessário também a presença do princípio (que ele esqueceu) *disorder from order*.

O princípio *order from noise* pode ser entendido em dois sentidos diferentes, embora complementares. O primeiro é o da não degeneratividade, em que a auto-reorganização e a autopoese permanentes precisam de "ruído" para manter a ordem viva. É o que vimos. O segundo é o da geratividade em sentido criativo do termo, tal como se manifesta em toda evolução, quer seja biológica, quer, no plano humano, sociológica. Consideremos o caso da evolução biológica que se opera ao longo de mutações. O que é uma mutação? Sejam quais forem as prodigiosas sombras que a envolvem, trata-se, em todo caso, de um fenômeno de desorganização da "mensagem hereditária" sob o efeito de ruídos que perturbam a reprodução da mensagem matricial e que suscitam "erros" em relação a essa mensagem. Mas é por meio da ação desses ruídos e da ocorrência desses erros que se opera a reorganização da mensagem em outra que, nos casos felizes, pode ser mais rica, e mais complexa do que a mensagem anterior. O encontro do ruído e de um princípio auto-organizador é, portanto, o que provoca a constituição de uma ordem superior mais complexa.

Assim, vemos que a noção de auto-reorganização diz respeito tanto aos fenômenos constantes de autoconservação não degenerativa, de auto-reprodução generativa, como os fenômenos de transformação, de desenvolvimento, de aumento da complexidade da geratividade.

A paŗtir daí, compreendemos o termo neguentropia justamente aplicado ao ser vivo. A neguentropia não suprime a entropia. Pelo contrário, como todo fenômeno de consumo de energia, de combustão térmica, provoca-a, acentua-a. Bem entendido, o ser vivo combate a entropia reabastecendo-se de energia e de informação, no externo, no ambiente, e esvaziando, também no externo, sob a forma de dejetos, os resíduos degradados que não pode assimilar. Mas, ao mesmo tempo, a vida reorganiza-se sofrendo internamente o caráter desorganizador/mortal da entropia. A entropia participa da neguentropia, que depende da entropia. Não se trata, por conseguinte, da oposição maniqueísta, não complexa, de dois princípios antagônicos, como se compreende muitas vezes. Trata-se, pelo contrário, de uma relação complexa, complementar, concorrente e antagônica. Essa verdade, esse segredo da complexidade biológica, Heráclito já havia formulado da forma mais densa do que se pode conceber: "Viver de morte e morrer de vida." E Hegel quase pressentira a neguentropia naquilo que denominava "força mágica (*Zauberkraft*) que transforma o negativo em ser".

Um princípio de desenvolvimento

Como acabamos de ver, a auto-organização, isto é, a complexidade biológica, traz consigo uma aptidão morfogenética, ou seja, uma aptidão para criar formas e estruturas novas, que, quando trazem aumento de complexidade, constituem desenvolvimentos da auto-organização.

Esses desenvolvimentos não vão constituir somente maior

Para o pensamento complexo 303

complexidade da organização interna dos sistemas vivos (como a constituição de organismos multicelulares, que comportam processos de funcionamento cada vez mais complexos com o aparecimento dos sistemas homeotérmicos, dos sistemas nervosos etc.), vão também manifestar-se no plano das relações com o ambiente (ecossistema), sobretudo no plano dos comportamentos.

Quanto mais complexos forem os comportamentos, mais manifestarão flexibilidade adaptativa em relação ao ambiente; os comportamentos serão aptos a se modificar em função das mudanças externas, sobretudo das aleatoriedades, das perturbações e dos acontecimentos, e serão aptos igualmente a modificar o ambiente imediato, a moldar, em resumo, a adaptar o ambiente ao sistema vivo.

A flexibilidade adaptativa do comportamento vai exprimir-se no desenvolvimento de estratégias heurísticas, inventivas, variáveis, que substituirão os comportamentos programados de forma rígida.

O desenvolvimento das estratégias supõe, naturalmente, o desenvolvimento interno dos dispositivos auto-organizacionais competentes para a organização do comportamento. Esses dispositivos tratarão de forma cada vez mais complexa, para as ações e comunicações externas, a aleatoriedade, a desordem, o ruído externo. Em outras palavras, a auto-organização torna-se cada vez mais apta, tornando-se mais complexa, a organizar o ambiente, e a introduzir no comportamento da natureza a complexidade de sua organização interna. Torna-se, pois, apta a tratar, no sentido da autonomia, não só os determinismos do ambiente, mas também suas aleatoriedades e desordens, e seus acasos. O domínio do comportamento tende a tornar-se por vezes quase tão complexo ou até mais do que o da organização interna.

Assm, as possibilidades morfogenéticas que se manifestavam primeiro no plano estrito da mutação genética se transferem para o comportamento, as ações, as obras e se tornam criatividade. O desenvolvimento das competências heurísticas tornadas aptas para encarar várias estratégias possíveis, isto é, para criar condições de vida, vai permitir a emergência de liberdades.

Liberdade e criatividade são noções que até aqui pareciam vir como aditivos, descidos do céu metafísico, para guiar o maquinismo do organismo. Ora, como vimos, a criatividade tem raízes muito antigas, visto que a origem da vida e cada mutação genética feliz são atos criativos no sentido morfogenético do termo. A liberdade também tem raízes profundas. Suas primeiras raízes estão certamente no âmago daquilo que denominamos indeterminação microfísica. Seu fundamento está certamente na combinação complexa que efetua a auto-organização, da incerteza microfísica, da tendência entrópica para a desordem, e da ordem determinística da "banda média" física. Veremos adiante que tal organização dispõe de um princípio lógico flexível, permitindo escapar ao princípio binário do tudo ou nada. O que me importa aqui é mostrar que a liberdade é um desenvolvimento da aptidão auto-organizacional para utilizar — de forma aleatória e incerta — a incerteza e a aleatoriedade no sentido de autonomia. A liberdade aparece, portanto, como emergência da crescente complexidade, e não como seu fundamento. Emerge a partir do desenvolvimento dos dispositivos ricamente combinatórios, criadores de estratégias, que criam ao mesmo tempo uma riqueza de potencialidades internas e possibilidades de escolha na ação. Leva, portanto, a nível não só mais alto, mas também ampliado ao comportamento as possibilidades incluídas no princípio *order from noise*.

Todos estes traços, adaptatividade, criatividade, liberdade, vão favorecer-se uns aos outros e tomarão novo caráter com o aparecimento do *homo sapiens* e o desenvolvimento das sociedades humanas. A criatividade poderá aplicar-se a obje-

Para o pensamento complexo 305

tos técnicos e artísticos; as liberdades poderão institucionalizar-se e começar a constituir um dos elementos da auto-organização das sociedades humanas. Assim, todos esses traços de humanidade e de espiritualidade podem ser, não reduzidos aos, mas originados pelos caracteres principais da auto-organização biológica. Porque não pretendemos "explicar" a criatividade e a liberdade humanas aqui; queremos mostrar as condições de seu aparecimento. Isso já é uma aquisição; a inventidade, a criatividade, a liberdade deixam de ser excluídas do campo da ciência; deixam de ser atribuídas a um *deus ex machina*, e até ao deus Acaso. É certo que a auto-organização e a complexidade têm e terão sempre relação com a aleatoriedade, que, afinal, participa de toda criação; o coração misterioso da vida, da criação, da liberdade, entretanto, está no encontro entre o princípio organizacional e o acontecimento aleatório, a desordem, o "ruído".

E o desenvolvimento terá sempre caráter aleatório. É por isso que os progressos da complexidade são fenômenos marginais, estatisticamente minoritários e, nesse sentido, "improváveis"; os fracassos são muito mais numerosos do que os êxitos, e os progressos, sempre incertos.

Complexidade da complexidade

A noção de complexidade dificilmente pode ser conceitua lizada Por um lado, porque está emergindo e, por outro, porque não pode deixar de ser complexa. Todavia, já podemos reconhecer a complexidade biológica como noção fundamental de ordem organizacional e de caráter auto-organizacional. Ela caracteriza uma organização que combina em si, de forma original, os princípios de incerteza da microfísica, os princípios determinísticos da banda média física, e seus caracteres neguentrópicos são inseparáveis da produção de entropia. A teoria da complexidade biológica é, portanto, inseparável de uma teoria da *physis*, mas constitui desenvolvimento original que necessita de teoria original. Estamos ainda nas preliminares. (Excluímos deste texto o exame, sob o ângulo da complexidade, do que significa o prefixo recorrente *auto* de auto-organização. Nós o consideramos em *La Méthode II: La Vie de la Vie*, pp. 101-300.)

As vias múltiplas do aumento da complexidade

Da bactéria ao organismo multicelular, dos vermes aos mamíferos, dos lêmures ao *homo sapiens*, há aumento de complexidade, e podemos considerar que todo aumento das qualidades auto-organizadoras é um aumento de complexidade. Todavia, seria grosseiro e em todo caso pouco complexo querer classificar os seres vivos segundo uma escala de complexidade e, pior ainda, desejar medir, mesmo aproximadamente, graus de complexidade. E isso por duas razões principais. Uma é que há múltiplas vias de aumentar a complexidade; a segunda é que os sistemas vivos combinam, de forma variável, esferas de alta e de baixa complexidade; há traços de complexidade que se desenvolveram nas sociedades de formigas, de abelhas, de térmitas, e não nas sociedades humanas; e, evidentemente, há traços de complexidade que só aparecem nas sociedades humanas.

Portanto, temos de insistir aqui, em primeiro lugar, na diversificação da complexidade, havendo, tanto para os organismos como para as sociedades. Assim, por exemplo, há a via "cêntrica" em que o organismo desenvolve um sistema central de comando/controle, como o sistema nervoso central nos vertebrados e, sobretudo, nos mamíferos (desenvolvimento do cérebro), em que a sociedade desenvolve autoridade central de comando/controle (chefe, casta dirigente, Estado). Há também a "via acêntrica", em que a auto-organização de um organismo se efetua mediante conexões de um

Para o pensamento complexo 307

circuito ganglionar policêntrico, em que a auto-organização da sociedade, como nas formigas (Chauvin), se efetua sem nenhuma autoridade social de controle/comando (a rainha tem apenas a função reprodutora e não dispõe de nenhum poder), mediante intercomunicações dos indivíduos dotados de um "programa" genético, aliás, muito pouco detalhado.[5]

Quanto ao desenvolvimento da complexidade dos organismos multicelulares, parece estabelecido que ele tenha tido de efetuar-se mediante crescente diferenciação/especialização das células e, depois, dos órgãos, ao longo do desenvolvimento de uma organização hierárquica. Mas há que temperar fortemente essa dupla asserção. Com efeito, o desenvolvimento das especializações é acompanhado pelo desenvolvimento das polivalências, polifunções, poliaptidões, em órgãos, como o fígado, como a boca (que serve para comer, beber, respirar, falar, beijar) e, sobretudo, como o cérebro, cujas células são pouco diferenciadas e onde várias zonas, no córtex superior do homem, não são especializadas. Pode-se até pensar, como se verá, que nos estados da mais alta complexidade a especialização é cada vez mais corrigida e limitada por polivalências.

Quanto à hierarquia, identificam-se muitas vezes sob esse termo dois tipos de fenômenos diferentes. O primeiro é o de uma arquitetura de níveis sistêmicos, sobrepostos uns aos outros, em que as qualidades globais emergentes num primeiro nível se tornam os elementos de base do segundo, e assim por diante. Nesse sentido, a hierarquia produz ao máximo as emergências, isto é, as qualidades e as propriedades do sistema. O segundo tipo de fenômenos, que responde ao sen-

---

[5] O formigueiro, cuja organização foi admiravelmente revelada por Rémy Chauvin, mostra o exemplo de uma grande coerência global, apesar — e por causa — da grande desordem nos comportamentos individuais das formigas. É lícito pensar que a alta qualidade de "ruído" nesse tipo de sociedade não deixa de estar relacionada à extrema complexificação de certos formigueiros que praticam a criação e a agricultura, e até a droga.

tido vulgar do termo, corresponde à rígida estratificação em que cada nível superior controla estreitamente o inferior, inibindo ou reprimindo suas potencialidades de emergência, com suprema autoridade centralizadora no topo. No limite, há oposição entre essas duas organizações, ambas hierárquicas; a primeira permite a florescência de qualidades em cada nível e é compatível com controle flexível e auto-organização acêntrica ou policêntrica, mas a segunda constitui, a partir de certos limiares, a restrição da complexidade por rigidez das coações, porque o desenvolvimento da alta complexidade requer a regressão das coações hierárquicas.

O aumento da complexidade progrediu de forma ambígua e variável segundo essa dupla via. Pode-se considerar que esse aumento da complexidade dos organismos e das sociedades de mamíferos, até os primatas, se efetuou segundo combinações complexas, variáveis, múltiplas entre tendências antagônicas: a tendência para o desenvolvimento de um sistema centralizador, para o desenvolvimento da hierarquia no sentido controlador/repressor, para o desenvolvimento da diferenciação/especialização; a tendência contrária para o desenvolvimento — justamente no órgão mais complexo, o cérebro — de policentrismo, de fraca especialização, e para a proliferação do "ruído", isto é, das conexões aleatórias entre neurônios.

A desigual complexidade no mesmo sistema

Como acabamos de indicar, a complexidade não está uniformemente repartida nos organismos e varia, em primeiro lugar, segundo o tempo; os momentos de estrito maquinismo são menos complexos do que os de transformação, decisão, criação. Varia segundo a diferenciação dos organismos. Os elementos que asseguram o controle e a decisão são, evidentemente, mais complexos do que os outros.

Para o pensamento complexo 309

De maneira mais geral, os sistemas vivos apresentam combinação variável de elementos e de estados, uns mais complexos, mas mais frágeis, outros menos complexos, mais resistentes num sentido, mas menos flexíveis e não inventivos. Apresentam dupla potencialidade, para o aumento e para a diminuição da complexidade, que se manifesta algumas vezes alternadamente, outras, simultaneamente em situação de crise. Com efeito, os sistemas em crise reagem quer com tendência para a regressão até os estados e as soluções menos complexas, quer com estimulação das estratégias heurísticas e com a invenção de soluções novas.

Há certamente um limite para o aumento da complexidade dentro de um sistema. No limite, há excesso de "desordem" e de "ruídos", e o sistema já não pode ser integrado. Um sistema não pode passar sem coações, que têm relação tanto com a matéria físico-química dos elementos de que é constituído quanto com a própria organização. Mas qual é o limite da complexidade? Em termos inversos: quais são as possibilidades ainda não exploradas de complexidade? É a questão que o homem levanta, hoje, neste planeta.

8

Si e *autos*

A vida apresenta-se sob rosto duplo: por um lado, na forma de seres vivos, aparecendo e desaparecendo de maneira descontínua; por outro, na de um processo contínuo, o da reprodução em que se propaga no tempo o mesmo modelo (*pattern*). A vida apresenta-se, "macroscopicamente" à sua maneira, de forma tão paradoxal como se apresenta microscopicamente a realidade física, que parece de natureza ora ondulatória, ora corpuscular. Mas a biologia clássica tentou abafar esse paradoxo. Num primeiro estádio, se bem que só os indivíduos sejam reais e que a noção de espécie seja ideal, deu-se realidade à espécie, cujo indivíduos aparecem como amostras ou espécimes, e viu-se no *organismo* o objeto concreto que permite estudar a espécie por intermédio dos indivíduos. Todavia, a dualidade não cessou de reaparecer com o nascimento e os desenvolvimentos da genética: por um lado, o *germe*; por outro, o *soma*; depois, por um lado, o genótipo, por outro, o fenótipo. Na ótica genética, o fenótipo é apenas a expressão, modificada pelas condições ambientais, do genótipo: o termo fenomenal (o indivíduo vivo, o seu comportamento) está subordinado ao termo generativo, que aparece como

312   *Ciência com Consciência*

um programa anônimo, produzido, ao que parece, pelo mais anônimo dos atores cósmicos: o acaso. Tal visão simplificadora e redutora tende, portanto, a escamotear o problema perturbador que a autonomia do ser vivo levanta. Nessa perspectiva, nunca se vê aparecer o prefixo *auto*.

O prefixo *auto* teria podido aparecer no campo do estudo dos próprios seres vivos. Mas esses eram ou reduzidos ao estado de organismos, isto é, de organização sem cabeça nem inteligência, funcionando como que por regulação automática (homeostase), ou considerados experimentalmente, isolados das condições concretas de sua vida comunicante e/ou social e, durante decênios, considerados segundo a ótica behaviorista, em que a fonte das respostas do organismo não está na autonomia de computação, mas no estímulo externo. Foi necessário esperar os desenvolvimentos da etologia, na segunda metade do século 20, para conceber que esses "organismos" são seres vivos, comunicando-se entre eles, dispondo de aptidões cognitivas e de inteligência. Mas não se considerou a autonomia desses seres em seus fundamentos organizacionais.

Conceber a vida, em seu duplo rosto, generativo (genético, genotípico) e fenomenal (individual, fenotípico), como auto-organização é evidência que foi ocultada por todos os esforços teóricos para construir uma concepção simplificadora da vida, fiel à concepção clássica para a qual o determinismo é sempre externo aos objetos, por conseguinte aos seres. Foi necessário o surgimento da cibernética para se poder conceber — com a idéia de retroação, portanto de um efeito retroagindo sobre a causa e tornando-se causal, e com a idéia de regulação, portanto de uma causa interna de constância num sistema — a idéia de uma *endocausalidade* (Morin, 1977, p. 277 *s.*) interagindo com as causalidades externas (exocausalidades) para suscitar e manter a autonomia de um sistema. Foram necessárias as idéias informacionais de "programa" para conceber uma endocausalidade determinando finalidades próprias de

Para o pensamento complexo 313

um sistema. Mas isso não é suficiente, porque o modelo aplicado à organização viva continuará a ser a máquina artificial (*artefact*) que recebe sempre seu programa, seus materiais, sua concepção, sua fabricação do externo, isto é, do homem. Contudo, é no rastro da cibernética, na teoria dos *automata* que irrompe, centralmente, o prefixo *auto*. É com a reflexão de von Neumann (1956) sobre a teoria dos *self-reproducing automata* que irrompe como idéia e questão teórica a *reprodução-de-si*. Mais ainda: Neumann, refletindo sobre a diferença entre autômatos artificiais (*artefacts*) e autômatos naturais (seres vivos), tinha aberto os caminhos para a idéia de auto-organização. Se os autômatos artificiais começam a degradar-se logo que entram em funcionamento, embora sejam constituídos por elementos muito confiáveis (*reliables*), enquanto os seres vivos, embora constituídos por elementos muito pouco confiáveis, podem resistir durante algum tempo à degradação, é porque os primeiros não podem regenerar seus constituintes nem reorganizar-se; os seres vivos são capazes de regenerar seus componentes; porque se reorganizam permanentemente: a idéia de *auto-reorganização permanente*, revelada por Atlan (1972), abre, de fato, a porta central às idéias de auto-organização e de autopoese.

É a partir do fim dos anos 50 que alguns pesquisadores tentam conceber a organização viva em termos de sistemas auto-organizadores (Von Foerster, 1967), de autopoese (Maturana, Varela, 1972), mas, a partir daí, levanta-se a questão: o que significa *auto*? Percebe-se que não há conceito para significar essa propriedade misteriosa que faz que um ser, um sistema, uma máquina viva extraiam de si mesmos a fonte da sua autonomia muito particular de organização e de comportamento, sendo, ao mesmo tempo, dependentes — para efetuar esse trabalho — de alimentos energéticos, organizacionais, informacionais extraídos ou recebidos do ambiente. *O que é, então, uma autonomia viva que não é autonomia senão porque, em outro nível, é ecodependência?* Nesse vazio conceitual, proponho o conceito de *autos* para poder encarar as questões que o prefixo *auto* levanta.

Varela (1975, 1978) propõe reconhecer como *self-reference* a qualidade própria da autopoese e definir formalmente como reentrada e, portanto, como recorrência a *self-reference*. Creio que, efetivamente, *self-reference*, reentrada, recorrência são noções-chave para compreender o fenômeno vivo. Mas, por mais necessárias que sejam, são insuficientes, por serem muito vastas; com efeito, podem dar conta de inúmeros fenômenos físicos *self*-organizadores, que não são biológicos, como a organização do átomo, das estrelas e até dos turbilhões.

Sendo assim, proponho que se distingam as noções de si (*self*) e de *autos*. Um turbilhão é organizador de si (*self-organizing*) no mesmo movimento em que constitui sua forma circuitada constante, que é recorrente no sentido em que os estados finais se confundem com os estados iniciais. As estrelas, como o nosso Sol, nascem do encontro de retroações implosivas (gravitação) e de retroações explosivas (calor), que constituem conjuntamente um anel regulador organizacional de si. O fenômeno do *self*, ou seja, do ser e da existência, é um fenômeno físico fundamental, visto que é sobre ele que se constitui o nosso mundo organizado, feito de átomos e de estrelas. (Pode-se até considerar, como Bogdansky (1978), que as ondas são fenômenos *self*-reguladores.) Aliás, desenvolvi a teoria física da produção-de-si (Morin, 1977, pp. 182-234). Eis por que considero *autos* conceito mais rico que *si*, que ele contém e, ao mesmo tempo, engloba (com efeito, a auto-organização biológica contém, controlando-a, a organização-de-si que se efetua termodinamicamente na e pela formação das "estruturas dissipativas" (Nicolis, Prigogine, 1976).

Tal distinção entre *autos* e *si* é convencional quanto ao sentido corrente desses termos: poder-se-ia denominar *autos* o que eu chamo de *si* e, inversamente, *si* o que chamo de *autos*. Mas,

Para o pensamento complexo   315

se se admitir que o *autos* corresponde ao fenômeno do *si* no
nível de complexidade biológica, então o *autos* traz aquilo que
é comum à auto-organização, à autopoese, à auto-regulação, à
auto-referência, e funda a autonomia própria do ser vivo.

1. *AUTO (GENO-FENO) ORGANIZAÇÃO*

Em primeiro lugar, evitemos toda definição do *autos* que
escamoteie um dos dois aspectos da vida, quer o generativo
(que se cristaliza na noção de espécie), quer o fenomenal (que
se cristaliza na noção de indivíduo). Em geral, as teorias geneticistas tendem a subordinar o fenomenal ao generativo, enquanto as teorias da auto-organização tendem a subordinar a idéia
de auto-reprodução à de autoprodução (Maturana e Varela,
1974). Ora, precisamos de uma concepção complexa, que reve-
le a unidade dessa dualidade e a dualidade dessa unidade.

Há que falar de unidualidade dentro da auto-organização.
Essa dupla organização é *una* em seu caráter recorrente.
Como muitas vezes se observou, "a célula é, ao mesmo tempo,
produtor e produto que incorpora o produtor" (Varela, 1975);
em outros termos, a auto-organização é uma organização que
organiza a organização necessária à sua própria organização.
Não se pode conceber a organização generativa (que a biologia reduz, reifica, unidimensionaliza na idéia dos genes porta-
dores do "programa" organizador) e a organização fenomenal
(que a mesma biologia considera metabolismo e homeostase)
como duas organizações distintas, nem as reduzir a uma entidade recorrente indistinta. Há, ao mesmo tempo, distinção e
indistinção: a primeira aparece na tradução necessária da linguagem de quatro sinais do "código genético", na linguagem
de vinte "letras" dos ácidos aminados. Uma heterogeneidade
aparece entre o conceito de espécie e o de indivíduo que parecem depender de dois universos diferentes, um contínuo, o
outro descontínuo. A indistinção está no fato de que todos

esses termos são solidários em anéis recorrentes em que a conjugação do generativo e do fenomenal constitui a própria auto-organização. Assim, há que conceber o generativo e o fenomenal como duas polarizações. De um lado, o pólo generativo, o da regeneração e da reorganização permanentes, da reprodução periódica; do outro, o pólo fenomenal, o da *praxis* de um ser vivo, da organização de suas trocas e de seu comportamento num ambiente *hic et nunc*. Num pólo, a reprodução, ou seja, a sobrevivência da "espécie" no tempo; no outro, o metabolismo, a troca no instante, o comer, a ação, isto é, o "viver". Os geneticistas pensam que se vive para se sobreviver, isto é, para se reproduzir, e Jacob diz-nos que "o sonho de uma bactéria é fazer outra bactéria". O senso comum parece dizer-nos que se come para viver e que não se vive para comer. Mas, de fato, sobrevive-se também para viver, isto é, metabolizar, isto é, "usufruir", e vive-se também para comer. Não há um fim de um lado, um meio do outro, mas o circuito vivo onde tudo é, simultaneamente, fim e meio:

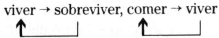

Toda a teoria do *autos* deve, portanto, comportar uma teoria da auto (geno-feno) organização. Todo o desenvolvimento do *autos* comporta o desenvolvimento e o aumento da complexidade da unidualidade do *genos* e do *fenon*. Assim, no formidável desenvolvimento da individualidade fenomenal própria dos vertebrados, vêem-se constituir dois aparelhos "epigenéticos", ao mesmo tempo dissociados e comunicantes, um destinado à reprodução (aparelho sexual), o outro, à organização da existência fenomenal (aparelho neurocerebral).

2. A AUTO-ORGANIZAÇÃO COMUNICANTE/COMPUTACIONAL

Toda a teoria do *autos* deve também necessariamente comportar a idéia de organização comunicante/informacional, e,

Para o pensamento complexo 317

por isso, a idéia de computação. Isso parece evidente, visto que é próprio da "revolução biológica" aberta por Watson e Crick aplicar um esquema cibernético/informacional à organização do ser celular, e concebê-la como um modelo de comunicação (ADN → ARN → Proteínas). Todavia, falta à teoria cibernética — e, portanto, a essa concepção biológica — a idéia de aparelho. O ADN é concebido, ao mesmo tempo, como memória e programa puro de uma "máquina" que seria a célula. Ora, olhando de perto, a célula procariota é de forma quase indistinta uma máquina e um aparelho computante; efetivamente, a bactéria computa os dados internos e externos e toma "decisões" em função do tratamento dos dados que efetua. Ainda aqui aparece a diferença entre a organização-de-si somente física (as estrelas, os turbilhões, os átomos) e a auto-organização que, permanecendo física, se torna biológica. As organizações-de-si não conhecem a dualidade geno-fenomenal e não dispõem de organização comunicante/informacional dotada de um aparelho computante. Constituem-se e mantêm-se "espontaneamente", enquanto, na auto-organização geno-fenomenal, a espontaneidade "prigogineana" é desencadeada, controlada, supervisionada pela organização computacional/informacional/comunicante.

Aqui, devemos revelar a idéia de que nenhum processo vivo, tanto o da organização metabólica como o da organização da reprodução, é concebível sem a ação de, pelo menos, um aparelho computante (e, no caso da ontogênese de um policelular, sem as interações entre os aparelhos computantes das células que se multiplicam por mitose). Ora, essa idéia de computação é a idéia capital que vai permitir compreender o caráter logicamente original do *autos*.

Para concebê-lo, é preciso superar uma dupla insuficiência, da teoria biológica clássica e da teoria da *self*-referência. A teoria biológica clássica, cujo paradigma sobrevive no inconsciente dos biólogos, tende a minimizar a individualidade em

318   *Ciência com Consciência*

proveito não só da genericidade mas também da generalidade. O axioma "só há ciência do geral" tende a ocultar o caráter surpreendente da individualidade viva: a existência de seres singulares, comportando cada um sua diferença empírica, cada um único *para ele*, cada um computando sua própria existência em função dele e *para si*.

3. O PARA-SI E O AUTOCENTRISMO

Aqui aparece a utilidade da idéia de *auto-referência*. As definições da auto-referência avançadas até agora (Varela, 1975) têm o grande mérito de ser definições formalizantes, mas não podem ser suficientes. É preciso conceber a auto-referência como um aspecto da realidade multidimensional lógica, organizacional e existencial do *autos*.

Para compreender a auto-referência, é preciso considerar a organização computacional do ser vivo. Todo ser vivo, mesmo o menos complexo, é um indivíduo dotado de aparelho de computação. Esse aparelho é radicalmente diferente dos *computers* artificiais que são construídos por outrem, recebem seu programa de outrem e operam para outrem. Em contrapartida, no ser celular há *computação de si, por si, para si*. Essa computação não é só auto-referente, embora seja fundamentalmente "egocêntrica". Assim como um sistema auto-organizador, é, ao mesmo tempo e necessariamente, um sistema auto-ecoorganizador, visto que precisa do ambiente para sua própria autopoese, uma computação auto-referente é necessariamente eco-referente, isto é, deve ser capaz de tratar, examinar, calcular em informações os dados/acontecimentos que coleta no ambiente. Mas o que é importante é que essa computação trata esses dados como "objetos", precisamente porque o ser computante se constitui como *sujeito*, no sentido em que computa, decide, age *de si para si. Portanto, o importante é a afirmação ontológica distinta, única, privilegiada de si para si que caracteriza todo ser vivo.*

Essa afirmação ontológica comporta, necessariamente, a defesa da *identidade* (*autos* = o mesmo), que supõe, necessariamente, a distinção do si e do não-si, e, por isso, a rejeição do não-si no externo (imunologia). Como disse justamente Varela, a imunologia é uma propriedade do sistema total, e não uma qualidade própria de certos agentes de defesa. A afirmação ontológica de-si e para-si manifesta-se pela computação "egoísta" que determina ações finalizadas por e para si; não se trata, portanto, apenas de um comportamento (*behavior*) objetivo, trata-se também de um *ethos*, isto é, de um comportamento efetuado por um sujeito para si mesmo. (É por isso que há um progresso quando a ciência do comportamento se torna *etologia*.)

O para-si egoísta não se limita necessariamente ao indivíduo. A auto-referência comporta, de forma indistinta, ora complementar, ora concorrente e antagônica em seu princípio de identidade não só o indivíduo, mas também o processo de reprodução de que é portador, e o círculo do *autos* pode alargar-se à progenitura, à família e à sociedade.

Mas, mesmo no caso em que age para "os seus", o ser vivo, da bactéria ao *homo sapiens*, obedece a uma lógica particular que faz que o indivíduo, por mais efêmero, singular, marginal que seja, se considere, *para ele*, o centro do mundo. Situa-se numa sede ontológica de que estão excluídos todos os outros, até mesmo seu gêmeo homozigótico, seu congênere, seu semelhante, segundo um princípio de exclusão que não deixa de evocar o princípio de Pauli. Esse egocentrismo, que exclui de sua sede própria todo outro ser, essa computação e esse *ethos para si*, há que reconhecer finalmente, fornecem a definição lógica, organizacional e existencial do conceito de *sujeito*. O para-si, a auto-referência, o auto-egocentrismo são traços que permitem formular e reconhecer a noção de sujeito. A oposição do si e do não-si não é apenas cognitiva, é ontológica; cria a dualidade entre um reino valorizado, centrado e finalizado, que é o do si-sujeito, e um universo externo, útil ou perigoso, que é o dos objetos. A dualidade sujeito/objeto nasce dessa dissociação. Assim, o esforço teórico começado com a idéia de auto-referência deve, se for conseqüente, prosseguir por meio da idéia de auto-eco-referência para chegar ao conceito de sujeito, que, nele, lê as noções de para-si, de autocentrismo, de autológica, de *ethos*, de computação egoísta.

Estávamos muito habituados a reduzir a noção de sujeito e de subjetividade à contingência, à afetividade, à sentimentalidade. Ora, trata-se de uma categoria lógica e organizacional capital que caracteriza a individualidade viva e é inseparável da auto-geno-feno-organização.

A subjetividade individual, embora se considere o centro do universo, é efêmera, periférica, pontual. Mas é nesse "ponto" que interferem os processos organizadores e que emergem as qualidades da vida. Nesse sentido, o ponto pode ser mais rico do que os conjuntos que nele interferem, visto que é o foco das emergências. Os indivíduos-sujeitos são os seres emergindo na realidade fenomenal. É nos indivíduos-sujeitos e por indivíduos-sujeitos que se operam todos os processos de reprodução. Portanto, o conceito de sujeito não deve ser considerado epifenômeno, mas sim ser inscrito ontologicamente em nossa noção de "vida".

Vou tentar mostrar que o conceito de reprodução e o de sujeito têm algo de fundamentalmente comum. Consideremos o indivíduo-sujeito em sua computação "egoísta"; ele reconhece o si do não-si e organiza seu si não só no pormenor dos processos de transformação e regeneração moleculares, mas também globalmente, enquanto todo-uno. Nesse sentido, poderíamos dizer que esse poder de autocomputação, no pormenor e na globalidade, é, ao mesmo tempo, um poder de

Para o pensamento complexo 321

auto-reflexão. Não se pode tratar, evidentemente, daquilo que denominamos reflexão, consciência da consciência, que supõe precisamente a consciência. O sujeito computante reconhece, conhece, computa, decide, mas não é "consciente" de si mesmo. O sujeito, mesmo humano, está no inconsciente (Lacan, 1977). Então, como falar sobre auto-reflexão, isto é, a capacidade de se desdobrar, de se considerar sujeito-objeto, como na frase banal que bem reflete, no plano da linguagem humana, a ego-estrutura (Piccaldo) "eu sou eu", isto é, eu sou $\rightleftarrows$ eu. Essa idéia de auto-reflexão seria uma suposição gratuita se não houvesse justamente a auto-reprodução. O que é auto-reprodução celular? É um processo pelo qual, a partir de uma cisão cromossômica, a célula se divide em duas, reconstituindo cada metade a metade ausente, processo que conduz à constituição de dois seres celulares. Isso significa, portanto, que há na própria estrutura do ser-sujeito dualidade potencial, que a leva a dividir-se em duas e a multiplicar-se por dois. Essa capacidade de desdobramento que conhecemos, no nível de nosso aparelho cerebral, apenas pela capacidade de rememoração em representação ou imagem, existe, no nível da memória generativa, em capacidade de desdobramento prático, físico, organizacional, biológico. Se o *ego* pode criar um *ego-alter*, isto é, um outro ele mesmo, é porque se pode refletir num *alter-ego*, isto é, num ele mesmo outro ("Eu é outro", dizia Rimbaud).

Consideremos os dois *ego-alter* provenientes da mitose. São idênticos geneticamente e quase idênticos fenomenalmente. Contudo, cada um exclui o outro de sua sede subjetiva e cada um vai, doravante, computar e agir para si mesmo. Todavia, há uma possibilidade de comunicação, por identificação entre esses dois congêneres, donde a possibilidade de inclusão em associações que poderão tomar a forma de organismos e, nos indivíduos policelulares, de sociedade. Cada ser vivo é, então, portador *de um princípio de exclusão do outro de sua sede subjetiva e de um princípio de inclusão do congênere no circuito ampliado de seu* autos *subjetivo*. A possibilidade de comunicação entre congêneres não é só de trocas de sinais segundo um código comum, mas está na possibilidade de comunicação intersubjetiva, que, com os desenvolvimentos da organização viva, poderá tomar a forma de comunhões e co-organizações. Donde a possibilidade, mediante interações trans-subjetivas (entre indivíduos-sujeitos), de constituição de macro-indivíduos-sujeitos de segunda ordem (os seres policelulares) e até de terceira ordem (as sociedades). Vê-se, portanto, que o conceito de sujeito, longe de ser epifenomenal, pode ser considerado a placa giratória entre os processos genéticos de reprodução e os processos fenomenais de organização comunicante entre células (organismos) e indivíduos policelulares (sociedades).

Somos, então, arrastados para uma revolução mental inesperada. O método científico clássico obrigava-nos a expulsar a noção de sujeito, até de nós mesmos, observadores-concebedores. Eis-nos levados a ampliá-la e a reconhecê-la em toda criatura viva. Não apenas o "código genético", mas a subjetividade também é comum a toda criatura, da bactéria ao elefante.

A partir daí, vemos que a autopoese e a auto-organização são noções-chave, desde que sejam envolvidas e desenvolvidas numa teoria do *autos*. O *autos* resume em si as condições de existência e de reprodução da vida e toma a forma do princípio de auto-geno-feno-organização (que se inclui num paradigma incompreensível de auto-geno-feno-ecorreorganização). O ser vivo toma os caracteres do indivíduo-sujeito. As noções de *autos* e de sujeito, que remetem recorrentemente uma à outra, conduzem, se as introduzirmos no cerne da teoria da vida, a uma mutação lógica e ontológica. Há decisiva ruptura com as concepções que procuravam a explicação num termo-chave, num princípio-chave: o ADN-programa, ou o comportamento.

9

Computo ergo sum
(A noção de sujeito)

A idéia de sujeito pode parecer muito bizarra, se, para vocês, estiver ligada à consciência ou à afetividade, à particularidade e à contingência. Ora, a reflexão sobre o ser vivo leva-nos a definir o sujeito de forma ontológico-lógico-organizacional.

O primeiro traço notável do indivíduo é sua unicidade. Os trabalhos de Dausset, que acaba de receber o Prêmio Nobel, mostraram justamente essa fantástica singularidade dos indivíduos no nível imunológico. Mas, para mim, o verdadeiro caráter da individualidade não é só a singularidade fenomenal físico-química, mas a condição egocêntrica do sujeito, o fato de que ele é o único para ele computando *para si*. A menor atividade viva supõe um *computo* pelo qual o indivíduo trata todos os objetos e dados em egocêntrica referência a ele mesmo. O sujeito é o ser computante que se situa, para ele, no centro do universo, que ele ocupa de forma exclusiva: *Eu, só, posso dizer eu para mim*.

Essa noção de sujeito, aliás, não é apenas de competência filosófica ou lingüística, mas também matemática. Assim,

Hilbert tinha imaginado um operador $\sum$ que se exprimia sob a forma: *Aquele que só e ao mesmo tempo um qualquer*. Mas foi, sobretudo, a teoria dos jogos de von Neumann que me esclareceu, porque implica o jogador-ator egocêntrico. O ser vivo é, naturalmente, mais complexo do que um ser pura e simplesmente mais "egoísta", visto que é *auto*-egocêntrico. Não é só ele que está no centro do universo, são também seus, pais, filhos, congêneres, pelos quais se pode, eventualmente, sacrificar.

Essa estrutura egocêntrica auto-referente é a qualidade fundamental do sujeito. A afetividade só vem muito mais tarde, com o desenvolvimento do sistema neurocerebral nas aves e nos mamíferos.

Mas que relação há entre a subjetividade bacteriana e a nossa?

Num sentido, nenhuma relação, porque *computo* não é *cogito*: a bactéria é um sujeito sem consciência. Em outro, há uma relação radical: a partir do momento em que ser sujeito é pôr-se no centro do universo, o "eu" torna-se todo para si, sendo quase nada no universo. É esse o drama do sujeito. autotranscende-se espontaneamente, embora não passe de um ácaro microscópico, de uma migalha periférica, de um momento efêmero do universo.

É claro que a bactéria ignora tudo isso, não o computa. Nós, apesar da consciência que temos de que o nosso egocentrismo é irrisório e grotesco, não podemos existir senão como sujeitos egocêntricos. Todos os nossos fantásticos mitos que nos garantem uma vida além da morte, vêm de nossa resistência de sujeitos a nosso destino de objetos.

Julgou-se durante muito tempo que a noção de sujeito era metafísica, porque parecia ligada à idéia de liberdade, que exclui toda atitude científica, a qual só reconhece o determi-

Para o pensamento complexo 325

nismo e, se for preciso, reconhece o acaso ou a indeterminação. Ora, um dos eixos principais de meu trabalho foi tentar mostrar não só que é preciso associar e não separar as idéias de determinismo e de acaso, mas também, como lhes disse a propósito da auto-ecoorganização, que não se pode separar a idéia de autonomia da de dependência: quanto mais autônomos, mais dependentes somos de um grande número de condições necessárias à emergência de nossa autonomia. No que diz respeito ao ser vivo, ele sofre dupla determinação, genética e ecológica (à qual se junta, para o ser humano, a determinação sociocultural). Mas, em seu *computo* e no seu comportamento, o ser vivo apropria-se da e identifica consigo a determinação genética, que não deixa de ser determinação, fornecendo-lhe, ao mesmo tempo, as aptidões organizadoras que lhe permitem não sofrer passivamente os determinismos e acasos do ambiente. Ao mesmo tempo, esse ser vivo não só extrai do ambiente os alimentos e informações que lhe permitem ser autônomo, mas também sofre os acontecimentos de sua vida que, constituindo seu destino, constituem também sua experiência pessoal. Há, portanto, autonomia do indivíduo-sujeito em e por dupla subjugação.

Aqui, há que compreender que o *computo* comporta a possibilidade de decisão nas situações ambíguas, incertas, onde é possível escolha. Assim, a bactéria "decide" em situações ambíguas, como demonstraram os trabalhos de Adler e Wung Wai Tso.

Mas, mesmo então, a decisão e a escolha emergem, por meio do *computo*, nas e pelas dependências da auto-(geno-feno-ego) eco-reorganização. A liberdade poderá encontrar suas condições de emergência a partir do momento em que se desenvolve um aparelho neurocerebral que elabora estratégias (de conhecimento, de ação).

A estratégia desenvolveu-se nas espécies animais de uma forma extraordinária por meio do jogo trágico entre presa e predador, elaborando cada um uma estratégia de fingimento, de esquiva, de astúcia, um para o ataque, outro para a defesa ou a fuga. É próprio da estratégia transformar uma circunstância desfavorável em favorável. Assim, no que se refere à ação, Napoleão transforma o fator desfavorável, que é o nevoeiro nos pântanos de Austerlitz, em fator de vitória.

A grande estratégia consiste não só em saber utilizar o acaso, mas em utilizar a energia e a inteligência do adversário para derrubar o jogo dele a favor de si próprio. É isso que mostra, no plano físico, o caratê e, no plano psíquico, o xadrez.

Quanto a nós, humanos, dotados de consciência, de linguagem e de cultura, somos indivíduos-sujeitos computantes/cogitantes capazes de decisão, de escolha, de estratégia, de liberdade, de invenção, de criação, mas sem deixar de ser animais, sem deixar de ser seres-máquinas.

Bem entendido, a bactéria, e em geral todos os seres vivos, incluindo humanos, reagem ou agem freqüentemente como máquinas deterministas triviais, isto é, de que se conhecem os *outputs* quando se conhecem os *inputs* (foi por isso que o behaviorismo, enquanto determinismo ambiental, pôde pôr entre parênteses não só o que se passava no interior da máquina, mas também a própria máquina). Mas, quanto mais evoluído é um ser vivo, mais capaz de conceber escolhas e de elaborar uma estratégia, mais, então, deixa de ser uma máquina determinista trivial. De resto, os momentos importantes de uma vida são aqueles em que não se age como uma máquina trivial: no momento de se dizer "sim" no registro civil, diz-se "não". Em vez de se dizer "sim" ao patrão, ao chefe, ao tirano, diz-se "não". Perdoa-se o inimigo no momento de o matar.

A idéia de sujeito origina-se, portanto, no ser vivo mais arcaico, mas não se reduz a ele. Desenvolve-se com a animalidade, com a afetividade e, no homem, aparece esta novidade extraordinária: o sujeito consciente. Mas, mesmo no homem,

Para o pensamento complexo 327

há uma realidade "sujeito", inconsciente, orgânica, que se manifesta na e pela distinção imunológica que nosso organismo faz entre o si e o não-si.

A subjetividade não está espalhada pela natureza, e eu não estou de acordo com as gnoses de Princeton ou de Córdova que põem a consciência na partícula. O velho espiritualismo que se precipita na brecha aberta pelo desabamento do materialismo substancialista não passa do seu simétrico simplificador e eufórico.

Para que haja o menos ser-sujeito, é necessário um ser-máquina dispondo de um *computo*, isto é, de uma organização extremamente complexa. O nível organizador do ser celular é incomensurável com o nível imediatamente inferior da macromolécula.

Não excluo, *a priori*, a existência de outras formas de pensamento no universo que seriam invisíveis para nós, mas elas não se podem situar no nível da partícula. De resto, excluo tanto a consciência particular como a grande consciência macroscópica, isto é, Deus. O desenvolvimento de uma complexidade tão fantástica como a do espírito humano é muito marginal na vida, que, por sua vez, é marginal sobre a Terra. A organização em estrelas e sistemas estelares é minoritária num universo onde a maior parte da matéria-energia está em desordem. Seria espantoso que nesse universo trágico, que se desintegra ao mesmo tempo que se constrói, houvesse um todo onisciente e criador, ou mesmo que esse universo pudesse ser considerado uma totalidade organizadora e superpensante. A maior parte do universo, senão sua quase totalidade, está, pelo contrário, destinada ao caos, à dispersão e à desintegração. Os sujeitos estão, portanto, completamente perdidos no universo.

Escrevo que o ser-sujeito nasceu num universo físico, que ignora a subjetividade que fez brotar, que abriga e, ao mesmo tempo, ameaça. O indivíduo vivo vive e morre neste universo onde só o reconhecem como sujeito alguns congêneres vizinhos e simpáticos. É, portanto, na comunicação amável que podemos encontrar o sentido de nossas vidas subjetivas.

10

Os mandamentos da complexidade

A ciência "clássica" baseava-se na idéia de que a complexidade do mundo dos fenômenos podia e devia resolver-se a partir de princípios simples e de leis gerais. Assim, a complexidade era a aparência do real; a simplicidade, a sua natureza.

De fato, é um paradigma de simplificação, caracterizado por um *princípio de generalidade*, um *princípio de redução* e um *princípio de separação* que comandava a inteligibilidade própria do conhecimento científico clássico. Esse princípio revelou-se de extraordinária fecundidade no progresso da física da gravitação de Newton à relatividade de Einstein, e foi o "reducionismo" biológico que permitiu conceber a natureza físico-química de toda organização viva.

Mas, hoje, os próprios progressos da física fazem-nos considerar as insuperáveis complexidades da partícula subatômica, da realidade cósmica, e os próprios progressos da biologia levantam problemas inseparáveis de autonomia e de dependência que dizem respeito a tudo que é vivo. Assim, o desenvolvimento dos conhecimentos científicos põe em crise a cientificidade que suscitara esse desenvolvimento.

A partir daí, podemos perguntar se uma reflexão sobre os avanços das diversas ciências, naturais e humanas, não nos permitiria deduzir as condições e os caracteres de um "paradigma de complexidade".

Foi muito lentamente que pudemos estabelecer uma categorização (decerto não definitiva) dos princípios que comandam/controlam a inteligibilidade científica clássica e, por oposição, um esquema dos princípios que comandam/controlam a inteligibilidade complexa. Chamo *paradigma de simplificação* ao conjunto dos princípios de inteligibilidade próprios da cientificidade clássica, e que, ligados uns aos outros, produzem uma concepção simplificadora do universo (físico, biológico, antropossocial). Chamo *paradigma de complexidade* ao conjunto dos princípios de inteligibilidade que, ligados uns aos outros, poderiam determinar as condições de uma visão complexa do universo (físico, biológico, antropossocial).

A. Paradigma de simplificação
(Princípios de intèligibilidade da Ciência clássica)

1. Princípio de universalidade: "só há ciência do geral". Expulsão do local e do singular como contingentes ou residuais.

2. Eliminação da irreversibilidade temporal, e, mais amplamente, de tudo que é eventual e histórico.

3. Princípio que reduz o conhecimento dos conjuntos ou sistemas ao conhecimento das partes simples ou unidades elementares que os constituem.

4. Princípio que reduz o conhecimento das organizações aos princípios de ordem (leis, invariâncias, constâncias etc.) inerentes a essas organizações.

5. Princípio de causalidade linear, superior e exterior aos objetos.

Para o pensamento complexo 331

6. Soberania explicativa absoluta da ordem, ou seja, determinismo universal e impecável: as aleatoriedades são aparências devidas à nossa ignorância. Assim, em função dos princípios 1, 2, 3, 4 e 5, a inteligibilidade de um fenômeno ou objeto complexo reduz-se ao conhecimento das leis gerais e necessárias que governam as unidades elementares de que é constituído.

7. Princípio de isolamento/separação do objeto em relação ao seu ambiente.

8. Princípio de separação absoluta entre o objeto e o sujeito que o percebe/concebe. A verificação por observadores/experimentadores diversos é suficiente não só para atingir a objetividade, mas também para excluir o sujeito conhecente.

9. *Ergo*: eliminação de toda a problemática do sujeito no conhecimento científico.

10. Eliminação do ser e da existência por meio da quantificação e da formalização.

11. A autonomia não é concebível.

12. Princípio de confiabilidade absoluta da lógica para estabelecer a verdade intrínseca das teorias. Toda a contradição aparece necessariamente como erro.

13. Pensa-se inscrevendo idéias claras e distintas num discurso monológico.

B. PARA UM PARADIGMA DE COMPLEXIDADE

É evidente que não existe um "paradigma de complexidade" no mercado. Mas o que aparece aqui e ali, nas ciências, é uma problemática da complexidade, baseada na consciência da não-eliminabilidade daquilo que era eliminado na concepção clássica da inteligibilidade; essa problemática deve animar uma busca dos modos de inteligibilidade adequados a essa conjuntura. Formulo a hipótese de que um paradigma de complexidade poderia ser constituído na e pela conjunção dos seguintes princípios de inteligibilidade:

1. Validade, mas insuficiência do princípio de universalidade. Princípio complementar e inseparável de inteligibilidade a partir do local e do singular.
2. Princípio de reconhecimento e de integração da irreversibilidade do tempo na física (segundo princípio da termodinâmica, termodinâmica dos fenômenos irreversíveis), na biologia (ontogênese, filogênese, evolução) e em toda problemática organizacional ("só se pode compreender um sistema complexo referindo à sua história e ao seu percurso" — Prigogine). Necessidade inelutável de fazer intervirem a história e o acontecimento em todas as descrições e explicações.
3. Reconhecimento da impossibilidade de isolar unidades elementares simples na base do universo físico. Princípio que une a necessidade de ligar o conhecimento dos elementos ou partes ao dos conjuntos ou sistemas que elas constituem. "Julgo impossível conhecer as partes sem conhecer o todo, como conhecer o todo sem conhecer particularmente as partes" (Pascal).
4. Princípio da incontornabilidade da problemática da organização e — no que diz respeito a certos seres físicos (astros), os seres biológicos e as entidades antropossociais — da auto-organização.
5. Princípio de causalidade complexa, comportando causalidade mútua inter-relacionada (Maruyama), inter-retroações, atrasos, interferências, sinergias, desvios, reorientações. Princípio da endo-exocausalidade para os fenômenos de auto-organização.
6. Princípios de consideração dos fenômenos segundo uma dialógica

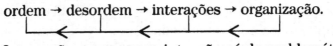

Integração, por conseguinte, não só da problemática

Para o pensamento complexo 333

da organização, mas também dos acontecimentos aleatórios na busca da inteligibilidade.

7. Princípio de distinção, mas não de separação, entre o objeto ou o ser e seu ambiente. O conhecimento de toda organização física exige o conhecimento de suas interações com seu ambiente. O conhecimento de toda organização biológica exige o conhecimento de suas interações com seu ecossistema.

8. Princípio de relação entre o observador/concebedor e o objeto observado/concebido. Princípio de introdução do dispositivo de observação ou de experimentação — aparelho, recorte, grade — (Mugur-Tachter) e, por isso, do observador/concebedor em toda observação ou experimentação física. Necessidade de introduzir o sujeito humano — situado e datado cultural, sociológica, historicamente — em estudo antropológico ou sociológico.

9. Possibilidade e necessidade de uma teoria científica do sujeito.

10. Possibilidade, a partir de uma teoria da autoprodução e da auto-organização, de introduzir e de reconhecer física e biologicamente (e sobretudo antropologicamente) as categorias do ser e da existência.

11. Possibilidade, a partir de uma teoria da autoprodução e da auto-organização, de reconhecer cientificamente a noção de autonomia.

12. Problemática das limitações da lógica. Reconhecimento dos limites da demonstração lógica nos sistemas formais complexos (Gödel, Tarski). Consideração eventual das contradições ou aporias impostas pela observação/experimentação como indícios de domínio desconhecido ou profundo[1] da realidade

---

[1] "Uma verdade superficial é um enunciado cujo oposto é falso; uma verdade profunda é um enunciado cujo oposto é também uma verdade profunda." N. Bohr.

334   *Ciência com Consciência*

(Withehead, Bohr, Lupasco, Gunther). Princípio discursivo complexo, comportando a associação de noções complementares, concorrentes e antagônicas.

13. Há que pensar de maneira dialógica e por macroconceitos,[2] ligando de maneira complementar noções eventualmente antagônicas.

Assim, esforço-me por extrair um princípio de complexidade comportando esses doze "mandamentos". Decerto que uma descrição puramente local ou um estudo estritamente analítico podem ignorá-los. A reintegração do objeto isolado e do estudo analítico em seu contexto, entretanto, exige-os. O paradigma de complexidade não "produz" nem "determina" a inteligibilidade. Pode somente incitar a estratégia/inteligência do sujeito pesquisador a considerar a complexidade da questão estudada. Incita a distinguir e fazer comunicar em vez de isolar e de separar, a reconhecer os traços singulares, originais, históricos do fenômeno em vez de ligá-los pura e simplesmente a determinações ou leis gerais, a conceber a unidade/multiplicidade de toda entidade em vez de a heterogeneizar em categorias separadas ou de a homogeneizar em indistinta totalidade. Incita a dar conta dos caracteres multidimensionais de toda realidade estudada.

---

[2] Para a definição do "macroconceito", cf. *La Méthode*, 1, p. 378, e 2, pp. 371-373.

11

Teoria e método

Uma teoria não é o conhecimento; ela permite o conhecimento. Uma teoria não é uma chegada; é a possibilidade de uma partida. Uma teoria não é uma solução; é a possibilidade de tratar um problema. Em outras palavras, uma teoria só realiza seu papel cognitivo, só ganha vida com o pleno emprego da atividade mental do sujeito. É essa intervenção do sujeito que dá ao termo *método* seu papel indispensável.

A palavra método deve ser concebida fielmente em seu sentido original, e não em seu sentido derivado, degradado, na ciência clássica; com efeito, na perspectiva clássica, o método não é mais do que um *corpus* de receitas, de aplicações quase mecânicas, que visa a excluir todo sujeito de seu exercício. O método degrada-se em técnica porque a teoria se tornou um programa. Pelo contrário, na perspectiva complexa, a teoria é engrama, e o método, para ser estabelecido, precisa de estratégia, iniciativa, invenção, arte. Estabelece-se uma relação recorrente entre método e teoria. O método, gerado pela teoria, regenera-a. O método é a *praxis* fenomenal, subjetiva, concreta, que precisa da geratividade paradigmática/teórica, mas que, por sua vez, regenera esta geratividade. Assim, a teoria não é o fim do conhecimento, mas um meio-fim inscrito em permanente recorrência.

Toda teoria dotada de alguma complexidade só pode conservar sua complexidade à custa de uma recriação intelectual permanente. Arrisca-se incessantemente a degradar-se, isto é, a simplificar-se. Toda teoria entregue a seu peso tende a achatarse, a unidimensionalizar-se, a reificar-se, a psitacizar-se.

Hoje, a simplificação toma três rostos: pudemos vê-lo tanto no caso da cibernética e da teoria dos sistemas como no do marxismo e do freudismo. Isso pode ser aplicado a toda teoria.

— A degradação tecnicista. Conserva-se da teoria aquilo que é operacional, manipulador, aquilo que pode ser aplicado; a teoria deixa de ser *logos* e torna-se *techné*.

— A degradação doutrinária. A teoria torna-se doutrina, ou seja, torna-se cada vez menos capaz de abrir-se à contestação da experiência, à prova do mundo exterior, e resta-lhe, então, abafar e fazer calar no mundo aquilo que a contradiz.

— A pop-degradação. Eliminam-se as obscuridades, as dificuldades, reduz-se a teoria a uma ou duas fórmulas de choque; assim, a teoria vulgariza-se e difunde-se, à custa dessa simplificação de consumo.

Além disso, essas três degradações simplificadoras podem combinar-se. Assim, a cibernética sofreu tecno e pop-deformação, enquanto se tornava ao mesmo tempo, para alguns, um dogma novo; é o que acontece com a teoria da informação. Quanto ao marxismo, sofreu sobretudo a degradação pop (vulgata ideológica) e doutrinária (doutrina esotérica portadora de toda a verdade). Na deformação doutrinária, anula-se a resistência do real à idéia. Na deformação pop e técnica, anula-se a resistência da idéia, isto é, a dificuldade propriamente teórica, e, na simplificação técnica, conserva-se apenas o pragmatizável. Ora, esse risco de achatamento, de degradação, de simplificação, que diz respeito a tudo aquilo que numa teoria é comple-

Para o pensamento complexo 337

xo, é capital para uma teoria, como aquela que propus, que *se baseia unicamente na complexidade*. Se, no estado atual, ela arrisca pouco a tecnodegradação, arrisca antes um misto de degradação popular e doutrinária. *O perigo essencial é que a própria palavra complexidade se torne o instrumento e ao mesmo tempo a máscara da simplificação.* Que o objetivo geral, tão difícil, deste trabalho, permita escamotear as dificuldades particulares; que a vontade de superação das clausuras disciplinares (e superação significa também integração) justifique a preguiça e a facilidade do anticientificismo imbecil, da cosmologia de bolso. Que a idéia transdisciplinar faça perder toda a disciplina interior. Que a dialetização da lógica permita a deflagração da incoerência pretensiosa, como aconteceu com a dialética, que cobriu muito mais o etilismo e a prestidigitação intelectuais do que elaborou um pensamento verdadeiramente complexo.

A pior simplificação é aquela que manipula os termos complexos como termos simples, os liberta de todas as tensões antagônicas/contraditórias, lhes esvazia as entranhas de todo o seu claro-escuro. A pior simplificação seria repetir aos quatro ventos "tudo é complexo, tudo é hipercomplexo", isto é, expulsar precisamente a resistência do real, a dificuldade de conceito e de lógica, que a complexidade tem a missão de *revelar e manter*.

Aqui, a teoria não é nada sem o método, a teoria quase se confunde com o método ou, melhor, teoria e método são os dois componentes indispensáveis do conhecimento complexo. O método é a atividade pensante do sujeito.

Assim, o método torna-se central e vital:

— quando há, necessária e ativamente, reconhecimento e presença de um sujeito procurante, conhecente, pensante;
— quando a experiência não é uma fonte clara, não equívoca do conhecimento;
— quando se sabe que o conhecimento não é a acumulação dos dados ou informações, mas sua organização;

338 *Ciência com Consciência*

— quando a lógica perde seu valor perfeito e absoluto;
— quando a sociedade e a cultura permitem duvidar da ciência em vez de fundar o tabu da crença;
— quando se sabe que a teoria é sempre aberta e inacabada;
— quando se sabe que a teoria necessita da crítica da teoria e a teoria da crítica;
— quando há incerteza e tensão no conhecimento;
— quando o conhecimento revela e faz renascer ignorâncias e interrogações.

O método, ou pleno emprego das qualidades do sujeito, é a parte inelutável de arte e de estratégia em toda paradigmatologia, toda teoria da complexidade. A idéia de estratégia está ligada à de aleatoriedade; aleatoriedade no objeto (complexo), mas também no sujeito (porque deve tomar decisões aleatórias, e utilizar as aleatoriedades para progredir). A idéia de estratégia é indissociável da de arte. Era na paradigmatologia clássica que arte e ciência se excluíam uma à outra. Hoje, aqui, no fim deste trabalho, já não é necessário grande demonstração para saber que a arte é indispensável para a descoberta científica, visto que o sujeito, suas qualidades e estratégias terão nela papel muito maior e muito mais reconhecido.

Os atrasados ainda julgam que a ciência não está bastante tecnoburocratizada, que a cidade científica ainda não é bastante análoga a uma empresa industrial; para dizer a verdade, a parte tecnoburocrática deverá refluir e regredir; o que deve desenvolver-se é o neo-artesanato científico, é a *pilotagem* das máquinas, não a maquinização do piloto, é uma inter-reação cada vez mais estreita entre pensamento e computador, não é a programação.

Arte, neo-artesanato, estratégia, pilotagem, cada uma dessas noções abrange um aspecto do poliscópico *método*; acrescentamos a reflexividade, que abre a fronteira com a filosofia: a reflexão não é nem filosófica, nem não filosófica, é a aptidão

Para o pensamento complexo 339

mais rica do pensamento, o momento em que ele é capaz de se autoconsiderar, de se metassistemar. O pensamento é o que é capaz de transformar as condições do pensamento, isto é, de superar uma insuperável alternativa, não se esquivando, mas situando-a num contexto mais rico, em que ela dá lugar a uma nova alternativa; é a aptidão para envolver e articular o antino meta-. Não é deixar-se dissociar pela contradição e o antagonismo, dissociação que evidentemente suprime a contradição, mas, pelo contrário, integrá-la num conjunto em que ela continua a fermentar, em que, sem perder sua potencialidade destrutiva, ela adquire também potencialidade construtiva.

O método, repitamos, é a atividade reorganizadora necessária à teoria: essa, como todo sistema, tende naturalmente a degradar-se, a sofrer o princípio de entropia crescente, e, como todo sistema vivo, deve regenerar-se em duas fontes de neguentropia: aqui, a fonte paradigmática/teórica; a fonte dos fenômenos examinados. Em todo pensamento, em toda investigação, há sempre o perigo de simplificação, de nivelamento, de rigidez, de moleza, de enclausuramento, de esclerose, de não retroação; há sempre a necessidade, reciprocamente, de estratégia, reflexão, arte.

O método é atividade pensante e consciente.

O método, dizia Descartes, é a arte de guiar a razão nas ciências. Acrescentemos: é a arte de guiar a ciência na razão. Uma *scienza nuova*, que já não está ligada a um *ethos* de manipulação e de persuasão, implica outro método: de *pilotagem*, de articulação. A maneira de pensar complexa prolonga-se em maneira de agir complexa. A ciência clássica erguia uma barreira absoluta entre fato e valor: mas os unificava sob o signo da simplificação. O valor humanista do homem soberano proprietário do planeta correspondia à ciência oferecendo o modo de manipulação de todas as coisas ao soberano. Ora, há a indução do pensamento complexo, como vimos, a um novo *ethos*. O pensamento complexo conduz a outra maneira de agir, outra maneira de ser. É claro que não há dedução lógica do conhecimento à ética, da ética à política, mas há comunicação, e comunicação mais rica, por ser consciente, no reino da complexidade, do que havia no reino da simplicidade.

No antigo paradigma, racionalismo fechado e humanismo fechado ladeavam ideologicamente o desenvolvimento da ciência, alimentando mitologicamente a ética e a política, enquanto praticamente eram a manipulação e a tecnologização que alimentavam a ética, a política, e transformavam as sociedades. O sujeito, nesse quadro, era manipulado como coisa, por ser invisível e desconhecido, ou era o senhor absoluto a quem eram permitidos todos os caprichos, porque era ocultado na visão objetivista ou exaltado no humanismo. Decerto que havia complexidade clandestina e secreta, na simplificação científica (cujo ímpeto de descoberta em descoberta reconheceu progressivamente a complexidade do real), na razão (polarizada entre racionalidade crítica e racionalidade dogmática, entre razão e racionalização), no humanismo (substituindo o deus caído pelo homem deus, mas reconhecendo em cada homem uma subjetividade a respeitar, "a dignidade da pessoa humana", não podendo, contudo, respeitar essa "dignidade" se ela não for julgada digna, ou seja, se não se tratar de um sujeito racional).

No sentido da complexidade, tudo se passa de outro modo. Reconhece-se que não há ciência pura, que há em suspensão — mesmo na ciência que se considera a mais pura — cultura, história, política, ética, embora não se possa reduzir a ciência a essas noções. Mas, sobretudo, a possibilidade de uma teoria do sujeito no cerne da ciência, a possibilidade de uma crítica do sujeito na e pela epistemologia complexa, tudo isso pode esclarecer a ética, sem, evidentemente, a desencadear e comandar; de igual modo, correlativamente como vimos, uma teoria da complexidade antropossociológica leva necessaria-

Para o pensamento complexo

mente todo o rosto do humanismo a modificar-se, tornando-o complexo, e permite igualmente retomar a questão política do progresso e da revolução.

Referências

"Para a ciência", artigos publicados em *Le Monde*, 5, 6, 7 e 8 de janeiro de 1982.

"O conhecimento do conhecimento científico", in *Sens et Place des connaissances dans la société*, Ed. do C.N.R.S. (Ação local Bellevue), 1986.

"A idéia de progresso do conhecimento", apresentado no Forum europeu de Alpbach, "Os efeitos do progresso", setembro de 1980.

"Epistemologia da tecnologia", apresentado no colóquio internacional "Tecnologia e cultura pós-industrial", organizado pelo Centro de estudos do século XX e pela Universidade de Nice, Nice, 12 de maio de 1978, publicado em *Mediaanalyses*, Cahiers des recherches communicationnelles, I, 1981.

"A responsabilidade do pesquisador perante a sociedade e o homem", conferência de encerramento da 159.ª conferência anual da Sociedade helvética das ciências naturais. Publicado em *Sonderdruck aus dem Jahrbuch der Schweizerischen Naturforschende Gasellschafts*, Wissenschaftlicher Teil, 1979.

"Teses sobre a ciência e a ética", comunicação apresentada no colóquio internacional de bioética, "Scienza e Etica nelle centralita dell'uomo", Istituto Scientifico H. Sal-Raffaele, Milan, abril de 1968.

"A antiga e a nova transdisciplinaridade", apresentado na A.X. (Amicale des anciens élèves de l'École polytechnique), publicado em φ + X, *La Rencontre de l'ingénieur et du philosophe,* Les Éd. d'Organization, Paris, 1980.

"O erro de subestimar o erro", apresentado no colóquio interdisciplinar sobre o erro, Universidade de Lyon, Patch Club, 5 de dezembro de 1981, publicado em *Prospective et Santé,* n.º 21, primavera de 1982.

"Para uma razão aberta", apresentado na Academia de ciências morais e políticas, 21 de maio de 1979. Publicado na *Revue des travaux de l'Academie des sciences morales et politiques,* 1.º semestre de 1979, *Théorie et Méthode,* Art-press.

"O desafio da complexidade". O início do texto é extrato de "Sobre a definição da complexidade", in *Science et Pratique de la complexité,* Universidade das Nações Unidas, Paris, La Documentation française, 1986. A continuação do texto foi extraída de "Desafio da complexidade", in *Lettre internationale,* n.º 14, 1987.

"Ordem — Desordem — Complexidade", apresentado no simpósio internacional "Disorder and order", Stanford University, 14-16 de agosto de 1981.

"A inseparabilidade da ordem e da desordem", in *Ordre et Désordre,* textos das conferências e entrevistas organizadas pelos XXIX Encontros internacionais de Genebra, 1983, Neuchâtel, Ed. de la Baconnière, 1984.

"O retorno do acontecimento", in *Communications,* n.º 18, *L'Événement,* 1972.

"O sistema: paradigma ou teoria", conferência inaugural, congresso da A.F.C.E.T., Versalhes, 21 de novembro de 1977.

"Pode-se conceber uma ciência da autonomia?", in *Cahiers internationaux de sociologie,* LXXI, 1981.

"Si e *autos,* in *Autopoiesis,* "A theory of living organization", Éd. Milan Zeleny, North Holland, 1981.

"*Computo ergo sum*: a noção de sujeito", in *Dialectiques,* n.º 31, inverno de 1981.

Este livro foi composto na tipografia
Minion Pro, em corpo 12,5/15, e impresso em
papel off-set no Sistema Digital Instant Duplex
da Divisão Gráfica da Distribuidora Record.